高等职业教育机电类专业新形态教材

机械三维模型设计

主　编　闫旭辉　黎江龙

副主编　罗澄清　赵浩林

参　编　申军伟　胡思远　李　力

　　　　张建丽　李静松　雷丽萍

　　　　乔永胜　张　杰　王　欢

机械工业出版社

本书内容基于中望 CAD、中望 3D、中望结构仿真软件，以国家技术标准及专业教学标准为依据，以培养综合职业能力为目标，以典型工作任务为载体，以学生为中心，根据典型工作任务和工作过程设计了一系列模块化的学习任务。

本书主要内容包括认识中望 CAD 软件、CAD 二维绘图、认识中望 3D 软件、3D 草图绘制、实体建模基础、典型零件三维建模、复杂零件三维建模、3D 曲面设计、零部件装配、结构仿真分析、零部件工程图、数控加工编程和综合实训。

本书是对接"岗课赛证"要求编写的新形态教材，有机融入新媒体教学手段，通过不断应用、总结与开发，形成系统化的职业能力清单，并以各职业能力为核心构建学习模块，每个模块由相关的多个任务组成，以满足不同教学目标要求。

学习者可访问中望教育云平台（https://www.cadexam.com）进行学习。本书中的学习任务均配有相应视频，并以二维码的形式嵌入书中，可扫码观看。为便于教学，本书配套有教学资源，凡使用本书作为教材的教师，均可登录机械工业出版社教育服务网（http://www.cmpedu.com），注册后免费下载。

本书符合"岗课赛证"综合育人的要求，可供装备制造大类专业师生选用，也可作为机械新产品三维模型设计职业技能等级认证教材和技能大赛培训教材，还可供企业人员参考。

图书在版编目（CIP）数据

机械三维模型设计 / 闫旭辉，黎江龙主编. -- 北京：机械工业出版社，2025. 2. --（高等职业教育机电类专业新形态教材）. -- ISBN 978-7-111-77415-0

Ⅰ. TH122

中国国家版本馆 CIP 数据核字第 2025PN7909 号

机械工业出版社（北京市百万庄大街 22 号　邮政编码 100037）
策划编辑：王英杰　　　　　　责任编辑：王英杰
责任校对：贾海霞　张　薇　　封面设计：王　旭
责任印制：刘　媛
涿州市殷润文化传播有限公司印刷
2025 年 4 月第 1 版第 1 次印刷
184mm×260mm · 20 印张 · 491 千字
标准书号：ISBN 978-7-111-77415-0
定价：54.00 元

电话服务　　　　　　　　　　网络服务
客服电话：010-88361066　　　机　工　官　网：www.cmpbook.com
　　　　　010-88379833　　　机　工　官　博：weibo.com/cmp1952
　　　　　010-68326294　　　金　书　网：www.golden-book.com
封底无防伪标均为盗版　　机工教育服务网：www.cmpedu.com

前言

党的二十大报告提出，要统筹职业教育、高等教育、继续教育协同创新，推进职普融通、产教融合、科教融汇，优化职业教育类型定位。中共中央办公厅、国务院办公厅印发的《关于推动现代职业教育高质量发展的意见》中指出，要完善"岗课赛证"综合育人机制，按照生产实际和岗位需求设计开发课程，开发模块化、系统化的实训课程体系，提升学生实践能力，深入实施职业技能等级证书制度。因此，编者根据实际工作岗位需要、国家职业技能大赛赛项要求、机械产品三维模型设计职业技能等级标准的工作任务和职业能力要求编写了本书。

本书由多年从事 CAD 教学工作的高等职业院校一线教师与广州中望龙腾软件股份有限公司的工程师、山西华翔集团股份有限公司的工程师合作编写。为完善职业教育人才培养体系，促进技术、技能、人才创新，本书基于产教融合理念，服务产业，促进创新，将对应的岗位需求、技能大赛赛点、1+X 证书标准等深度融入到内容体系中，在装备制造大类专业学生培养过程中，围绕专业核心能力培养，构建任务驱动式的模块化实训课程体系。

本书内容编排遵循由易入难的原则，各模块相对独立又相互统一，使用过程中可根据不同需要灵活选择模块中对应难度的任务，对教学内容进行组合。

临汾职业技术学院闫旭辉与广州中望龙腾软件股份有限公司黎江龙任主编并负责制订全书的体例和大纲。具体编写人员及分工如下：闫旭辉编写模块一、模块二任务四、模块十一任务三、模块十三任务四；临汾职业技术学院李力编写模块二任务一~三，模块十三任务三；太原城市职业技术学院雷丽萍编写模块三、模块十任务三；临汾职业技术学院乔永胜编写模块四、模块十三任务一；山西经济管理干部学院胡思远编写模块五、模块十三任务二；临汾职业技术学院张建丽编写模块六、模块十三任务六；太原城市职业技术学院罗澄清编写模块七，模块十一任务一和任务二；临汾职业技术学院李静松编写模块八、模块十三任务五；临汾职业技术学院赵浩林编写模块九，模块十任务一和任务二，模块十三任务七；山西机电职业技术学院申军伟编写模块十二；黎江龙、闫旭辉和山西华翔集团股份有限公司张杰、王欢编写附录。全书由赵浩林统稿。

尽管在探索教材创新方面做了很多努力，但由于编者水平有限，书中难免有不足之处，敬请广大读者提出宝贵意见。

编　者

目录

前言

模块一　认识中望 CAD 软件 ………… 1
　任务一　了解中望 CAD 软件的功能及配置
　　　　　要求 ……………………… 1
　任务二　体验中望 CAD 软件的简单操作 … 2

模块二　CAD 二维绘图 ………… 12
　任务一　绘制平面图形 ……………… 12
　任务二　绘制零件图 ………………… 33
　任务三　绘制装配图 ………………… 42
　任务四　打印出图 …………………… 47

模块三　认识中望 3D 软件 ………… 51
　任务一　了解中望 3D 软件的特点及应用 … 51
　任务二　体验中望 3D 软件的简单操作 … 52

模块四　3D 草图绘制 ………… 59
　任务一　绘制简单草图 ……………… 59
　任务二　绘制较复杂草图 …………… 64
　任务三　绘制复杂草图 ……………… 71

模块五　实体建模基础 ………… 76
　任务一　支架三维建模 ……………… 76
　任务二　法兰盘三维建模 …………… 85
　任务三　弯管三维建模 ……………… 89

模块六　典型零件三维建模 ………… 96
　任务一　传动轴三维建模 …………… 96
　任务二　端盖三维建模 ……………… 103
　任务三　叉架三维建模 ……………… 111
　任务四　箱体三维建模 ……………… 120

模块七　复杂零件三维建模 ………… 132
　任务一　标准直齿圆柱齿轮三维建模 … 132
　任务二　蜗轮三维建模 ……………… 141
　任务三　阀体三维建模 ……………… 150

模块八　3D 曲面设计 ………… 164
　任务一　安全头盔三维建模 ………… 164

　任务二　汤匙三维建模 ……………… 173

模块九　零部件装配 ………… 183
　任务一　连杆机构装配 ……………… 183
　任务二　齿轮泵装配 ………………… 189
　任务三　精密平口钳装配 …………… 196

模块十　结构仿真分析 ………… 201
　任务一　中望结构仿真软件介绍 …… 201
　任务二　薄板静力学分析 …………… 202
　任务三　壳体模态分析 ……………… 206

模块十一　零部件工程图 ………… 208
　任务一　工程图模板 ………………… 208
　任务二　创建轴的工程图 …………… 214
　任务三　创建万向节的装配工程图 … 225

模块十二　数控加工编程 ………… 236
　任务　凸模编程 …………………… 236

模块十三　综合实训 ………… 249
　任务一　手机壳的设计 ……………… 249
　任务二　凸轮机构的设计与装配 …… 254
　任务三　千斤顶的设计与装配 ……… 258
　任务四　节流阀的设计与装配 ……… 265
　任务五　齿轮螺旋机构的设计与装配 … 270
　任务六　机用虎钳的设计与装配 …… 281
　任务七　单动卡盘的设计与装配 …… 291

附录 ………………………………… 294
　附录 A　职业院校技能大赛数字化设计与
　　　　　制造样题 …………………… 294
　附录 B　机械产品三维模型设计职业技能
　　　　　等级证书（初级）样题 …… 300
　附录 C　机械产品三维模型设计职业技能
　　　　　等级证书（中级）样题 …… 306

参考文献 …………………………… 313

模块一

认识中望CAD软件

任务一 了解中望 CAD 软件的功能及配置要求

一、中望 CAD 软件的主要功能

中望 CAD 是一款国产软件，拥有独立自主知识产权。它是基于微软视窗操作系统的通用 CAD 绘图软件，主要用于二维绘图，兼有部分三维功能，被广泛应用于机械、模具、汽车、建筑、装饰、电子、航空航天等领域。在当前我国企业软件逐步国产化的大背景下，中望 CAD 产品目前已成为许多制造企业 CAD 正版化的重要解决方案；同时中望软件也在积极开拓海外市场，并且效果显著。中望 CAD 2023 的主要功能包括以下 5 个方面。

1. 绘图功能

用户可以通过输入命令及参数、单击工具按钮或执行菜单命令等方式来绘制各种图形，中望 CAD 软件会根据命令的具体情况给出相应的提示和可供选择的选项。

2. 编辑功能

中望 CAD 软件提供了多种方式供用户对单一图形或一组图形进行编辑，如移动、复制、旋转、镜像等。用户还可以根据需要编辑线条的颜色、宽度等特性。熟练掌握编辑命令的使用，可以显著提高绘图速度。

3. 打印输出功能

中望 CAD 软件具有打印及输出各种格式图形文件的功能，可以调整打印或输出图形的比例、颜色等特征。中望 CAD 软件支持绝大多数的绘图仪和打印机。

4. 三维功能

中望 CAD 专业版软件提供三维绘图功能，可用多种方法按尺寸精确绘制三维实体，生成三维真实感图形，支持动态观察三维对象。

5. 高级扩展功能

中望 CAD 软件作为一个绘图平台，提供多种二次开发接口，如 LISP、VBA、NET、ZRX（VC）等，用户可以根据自己的需要定制特有的功能。同时，用户已有的二次开发程序，可以轻松移植到中望 CAD 软件中。

二、中望 CAD 软件对计算机的配置要求

在安装和运行中望 CAD 软件时，计算机须达到表 1-1 所列的配置要求。计算机的内存容量越高，绘图过程就越顺畅。

表 1-1　中望 CAD 软件对计算机的配置要求

配置	要求
处理器	i5 2500K 同类型及以上
内存	≥8GB（推荐）
显示器	1280×1024 32 位真彩色及以上
硬盘	剩余空间大于 10GB
定点设备	鼠标、轨迹球或其他设备
操作系统	Windows 10 以上

任务二　体验中望 CAD 软件的简单操作

一、初始界面

中望 CAD 软件的界面采用简洁直观的二维草图与注释界面，与其他 Windows 应用程序的工作界面相似，如图 1-1 所示。相较于经典界面，二维草图与注释界面对用户有着更高的友好度，使用户能够更加轻松地使用。软件也支持二维草图与注释界面与经典界面相互切换，用户可以根据个人习惯进行选择。

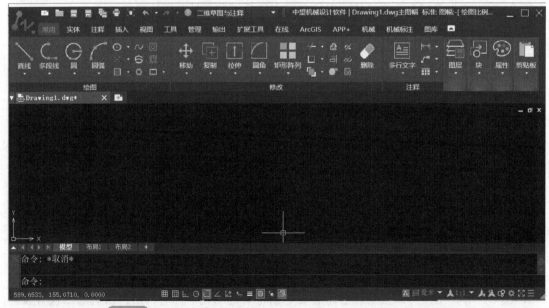

图 1-1　中望 CAD 软件主要的工作界面——二维草图与注释界面

中望 CAD 软件的二维草图与注释界面主要有标题栏、二维草图与注释界面功能区、绘图区、命令提示区、状态栏，以及绘图工具栏、修改工具栏等可自行设定的工具栏。

1. 标题栏

标题栏由 4 部分组成。

（1）菜单浏览器　在初始界面单击左上角中望 CAD 软件的徽标就可进入菜单浏览器界面，如图 1-2 所示，其功能类似于其他 Windows 应用程序。

（2）快速访问工具栏　此处提供了中望 CAD 软件中部分常用工具的快捷访问方式，包括新建、打开、保存、另存为、打印、预览、撤销、恢复、帮助及快速切换软件界面等。

（3）当前图形文件　此处显示当前所操作的图形文件的名称。

（4）窗口控制按钮　与 Windows 应用程序的窗口控制按钮的功能完全相同，可以利用右上角的控制按钮将窗口最小化、最大化或关闭。

图 1-2　菜单浏览器界面

2. 二维草图与注释界面功能区

此功能区将中望 CAD 软件中所有的功能分类后，以功能区选项卡的形式来表现。其用法与其他 Windows 应用程序相似。

（1）功能区选项卡　功能区选项卡是显示基于任务的命令和控件的选项卡。在创建或打开文件时，会自动显示功能区选项卡，提供一个创建文件所需的所有工具的小型选项板。中望 CAD 软件的二维草图与注释界面包括"常用""实体""注释""插入""视图""工具""管理""输出"等功能选项卡，如图 1-3 所示。

常用	实体	注释	插入	视图	工具	管理	输出	扩展工具	在线	ArcGIS

图 1-3　二维草图与注释界面功能区选项卡

（2）功能区选项面板　每个功能选项卡下有一个展开的面板，即功能选项面板。这些面板按照其功能标记在相应选项卡中，其中包含很多与工具栏和对话框中相同的工具和控件。"常用"功能选项面板如图 1-4 所示，其中包括"直线""多段线""圆""移动""复制""拉伸"等功能按钮。

图 1-4　"常用"功能选项面板

（3）功能选项面板下拉菜单　在功能选项面板中，很多按钮还有可展开的下拉菜单，用于选择更详细的功能命令。如图 1-5 所示，单击"多段线"的下拉箭头标记，显示"多段线"按钮的下拉菜单。

3. 绘图区

绘图区为界面中央的空白区域,所有的绘图操作都是在该区域中完成的。在绘图区的左下角显示当前坐标系图标,水平向右为 X 轴正方向,竖直向上为 Y 轴正方向。绘图区没有边界,无论多大的图形都可置于其中。将鼠标指针移动到绘图区中时,指针会变为十字光标,十字的交点为光标的当前位置。选择对象时,鼠标指针会变成一个方形的拾取框。

4. 命令提示区

命令提示区位于界面的下方,是人机交互的区域,区域内显示用户输入的命令记录以及软件对命令的提示。用户可以通过拖动边框来改变提示区的大小,使其显示多行或一行信息。

当命令栏中显示"命令:"提示时,表明软件等待用户输入命令。当软件处于命令执行过程中时,命令栏显示对应操作的提示。如图 1-6 所示,当前显示为直线命令绘图步骤。用户在绘图的整个过程中,要时刻留意命令栏中的提示内容。

5. 状态栏

状态栏位于界面的最下方,用于显示或设置当前的绘图状态。如图 1-7 所示,左侧的一组数字反映了当前光标在绘图区所处的绝对坐标位置;其余按钮是常用的控制按钮,如捕捉、栅格、正交等,单击一次使按钮按下,表示启用该功能,再次单击则表示关闭该功能。

图 1-5 "多段线"的下拉菜单

```
命令: _line
指定第一个点:
指定下一点或 [角度(A)/长度(L)/放弃(U)]:
```

图 1-6 命令栏

```
0.0000, 0.0000, 0.0000
```

图 1-7 状态栏

上述是对中望 CAD 软件二维草图与注释界面的简单介绍。如果希望使用经典风格的中望 CAD 界面,可单击状态栏右下角的"设置工作空间"按钮或者标题栏中的"工作空间选择"按钮进行选择,单击"二维草图与注释"显示为二维草图与注释界面;单击"ZW-CAD 经典"则显示为经典界面。

6. 自行设定工具栏

在经典界面中,系统默认打开"绘图""修改""图层"等工具栏。用户可根据自己的使用习惯及需要自行调用一系列工具栏。在中望 CAD 软件中,共提供了几十个已命名的工具栏,可根据实际情况自由选择。如果要显示当前隐藏的工具栏,可在任意工具栏空白处单击鼠标右键,此时将弹出一个快捷菜单,如图 1-8 所示,通过选择工具栏名称,可显示或关闭相应的工具栏。

图 1-8 自定义工具栏的快捷菜单

二、命令执行方法

在中望 CAD 软件中,命令的执行方法有多种,例如可以通过工具栏中的命令按钮、下拉菜单或命令行执行命令等。在绘图时，应根据实际情况选择最佳的命令执行方法，以提高工作效率。

1. 命令行输入法

通过键盘输入执行命令是最常用的一种绘图方法，当要使用某个命令进行绘图时，只需在命令行中输入该命令，然后根据提示逐步完成绘图即可。图1-9所示为通过该方法执行绘制圆的命令的过程。

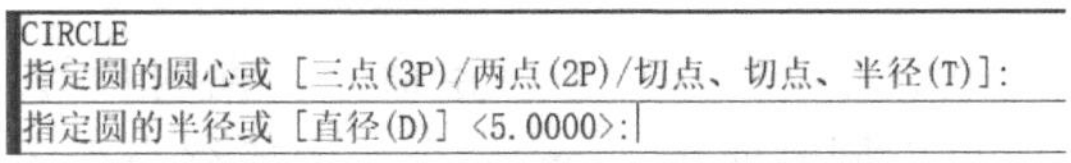

CIRCLE
指定圆的圆心或 [三点(3P)/两点(2P)/切点、切点、半径(T)]：
指定圆的半径或 [直径(D)] <5.0000>：

图 1-9 通过键盘输入执行绘制圆命令

中望CAD软件提供了动态输入的功能，在状态栏中单击"动态输入"按钮后，可直接在光标附近显示命令行提示，也可以在提示文本框中直接输入选项或值，如图1-10所示。

指定第一个点： 467.0939　306.0915

图1-10 动态输入功能

2. 工具输入法

在工具栏中单击要执行的命令所对应的工具按钮，然后按照提示完成绘图工作。其执行过程和结果与命令行输入法相同。

3. 菜单输入法

通过选择下拉菜单中的相应命令来执行命令，执行过程与上述两种方式相同。同时，在中望CAD软件中单击鼠标右键可弹出快捷菜单，如图1-11所示，在快捷菜单中会根据绘图的状态提示一些常用的命令。

除键盘外，鼠标是最常用的输入工具，灵活使用鼠标，可大大提高绘图和编辑的速度。在中望CAD软件中绘图时鼠标的左、右两个键有特定的功能。左键代表选择，用于选择目标、拾取点、选择菜单命令选项和工具按钮等；右键代表确定，相当于〈Enter〉键，用于结束当前的操作。

4. 退出正在执行的命令

在中望CAD软件中可随时退出正在执行的命令。执行某命令后，可按〈Esc〉键退出该命令，也可按〈Enter〉键结束命令。执行过程中，有的命令要多次按〈Esc〉键或〈Enter〉键才能退出。

5. 重复执行上一次操作命令

当某个操作命令已经结束后，若要再一次执行该命令，可以按〈Enter〉键或〈Space〉键来重复执行上一次的命令；按上、下方向键可以翻阅前面执行的数个命令，然后选择执行。

图 1-11 单击鼠标右键后的快捷菜单

6. 取消已执行的命令

绘图中出现错误操作，需要取消执行过的命令时，使用 Undo 命令，或单击工具栏中的"放弃"按钮，即可退回到前一步或者前几步的状态。

7. 恢复已撤销的命令

当撤销了命令后，又想恢复已撤销的命令，可以使用 Redo 命令或单击工具栏中的"重做"按钮来恢复。

8. 使用透明命令

中望 CAD 软件中有些命令可以插入到另一条命令的期间执行，例如在使用 Line 命令（直线命令）绘制直线时，可以同时使用 Zoom 命令放大或缩小视图范围，这样的命令称为透明命令。中望 CAD 软件只有少数命令为透明命令，在使用透明命令时，必须在命令前加一个单引号"'"，软件才能识别到。

三、软件快捷键

使用中望 CAD 软件绘图的过程中，使用常用命令对应的快捷键可以提高绘图速度。快捷键使用得当，可事半功倍。中望 CAD 软件的快捷键见表 1-2。

表 1-2　中望 CAD 软件的快捷键

	快捷键	执行指令	命令说明
符号键	Ctrl+1	Properties	对象特性管理器
	Ctrl+2	Adcenter	设计中心
	Ctrl+3	Toolpalettes	工具选项板
控制键	Ctrl+A	AI_SELALL	全部选择
	Ctrl+C 或 CO/CP	Copyclip 或 Copy	复制
	Ctrl+D 或 F6	Coordinate	坐标（相对和绝对）
	Ctrl+E 或 F5	Isoplane	等轴测平面
	Ctrl+H 或 Set	Setvar	系统变量
	Ctrl+K	Hyperlink	超级链接
	Ctrl+N	New	新建
	Ctrl+O	Open	打开
	Ctrl+P	Print	打印
	Ctrl+Q 或 Alt+F4	Quit 或 Exit	退出
	Ctrl+S	Qsave 或 Save	保存
	Ctrl+T 或 F4	Tablet	数字化仪初始化
	Ctrl+V	Pasteclip	粘贴
	Ctrl+X	Cutclip	剪切
	Ctrl+Y	Redo	重做
	Ctrl+Z	Undo	放弃

（续）

	快捷键	执行指令	命令说明
组合键	Ctrl+Shift+A 或 G	Group	切换组
	Ctrl+Shift+C	Copybase	带基点复制
	Ctrl+Shift+S	Saveas	另存为
	Ctrl+Shift+V	Pasteblock	将 Windows 剪贴板中的数据作为块进行粘贴
	Ctrl+Enter		要保存修改并退出多行文字编辑器
功能键	F1	Help	帮助
	F2	Pmthist	文本窗口
	F3 或 Ctrl+F/ OS	Osnap	对象捕捉
	F7 或 GI	Grid	栅格
	F8	Ortho	正交
	F9	Snap	捕捉
	F10		极轴
	F11		对象捕捉追踪
	F12		动态输入
换档键	Ctrl+F6 或 Ctrl+TAB		打开多个图形文件,切换图形
	Alt+F8	Vbarun	VBA 宏命令
	Alt+F11	VBA	Visual Basic 编辑器
中望 CAD 命令及简化命令	A	Arc	圆弧
	B	Block	创建块
	C	Circle	圆
	D	Ddim	标注样式管理器
	E	Erase	删除
	F	Fillet	圆角
	L	Line	直线
	M	Move	移动
	O	Offset	偏移
	P	Pan	实时平移
	R	Redraw	更新显示
	S	Stretch	拉伸
	W	Wblock	写块
	Z	Zoom	缩放
	X	Explode	分解
	H 或 BH	Bhatch	图案填充
	I	Ddinsert 或 Insert	插入块
	AL	ALign	对齐
	AP	APpload	加载应用程序

（续）

快捷键		执行指令	命令说明
中望 CAD 命令及简化命令	AR	ARray	阵列
	BO 或 BPOLY	Boundary	边界
	BR	Break	打断
	CH	Change	修改属性
	DI	Dist	距离
	DO	Donut	圆环
	EL	Ellipse	椭圆
	EX	Extend	延伸
	FI	Filter	图形搜索定位
	HI	Hide	消隐
	IM	Image	图像管理器
	IN	Intersect	交集
	LA	Layer	图层特性管理器
	LI 或 LS	List	列表显示
	LW	Lweight	线宽
	MA	Matchprop	特性匹配
	ME	Measure	定距等分
	MI	Mirror	镜像
	ML	Mline	多线
	MS	Mspace	将图纸空间切换到模型空间
	MT 或 T	Mtext 或 mText	多行文字
	MV	Mview	控制图纸空间的视口的创建与显示
	OR	Ortho	正交模式
	OP	Options	选项
	OO	Oops	取回由删除命令所删除的对象
	PA	Pastespec	选择性粘贴
	PE	Pedit	编辑多段线
	PL	Pline	多段线
	PO	Point	单点或多点
	PS	Pspace	切换模型空间视口到图纸空间
	PU	Purge	清理
	RE	Regen	重生成
	RO	Rotate	旋转
	SC	Scale	比例缩放
	SE	Settings	草图设置
	SL	Slice	实体剖切

（续）

快捷键	执行指令	命令说明
SN	Snap	限制光标间距移动
SO	Solid	二维填充
SP	Spell	检查拼写
ST	Style	文字样式
SU	Subtract	差集
TH	Thickness	设置三维厚度
TI	Tilemode	控制最后一个布局（图纸）空间和模型空间的切换
TO	Toolbar	工具栏
TR	Trim	修剪
UC	Ucsman	命名 UCS
VS	Vslide 或 Vsnapshot	观看快照
WE	Wedge	楔体
XL	Xline	构造线
XR	Xref	外部参照管理器
TM	Time	时间
TX 或 DT	Text 或 Dtext	单行文字
VL	Vplayer	控制视口中的图层显示
RI	Reinit	重新加载或初始化程序文件
RA	Redrawall	重画
WI	Wmfin	输入 WMF
WO	Wmfout	输出 WMF
TO	Tbconfig	自定义工具栏
LT	Linetype	线型管理器
BM	Blipmode	标记
DN	Dxfin	加载 DXF 文件
HE	Hatchedit	编辑填充图案
IO	Insertobj	OLE 对象
LE	Qleader	快速引线
AA	Area	面积
3A	3darray	三维阵列
3F	3dface	三维面
3P	3dpoly	三维多段线
VP	Ddvpoint	视点预置
UC	Dducs	命名 UCS 及设置
UN	Ddunits	单位
ED	Ddedit	编辑

注：左侧合并单元格标注为"中望 CAD 命令及简化命令"。

（续）

快捷键	执行指令	命令说明
CHA	Chamfer	倒角
DIM	Dimension	访问标注模式
DIV	Divide	定数等分
EXP	Export	输出
EXT	Extrude	面拉伸
IMP	Import	输入
LEN	Lengthen	拉长
LTS	Ltscale	线型的比例系数
POL	Polygon	正多边形
PRE	Preview	打印预览
REC	Rectangle	矩形
REG	Region	面域
REV	Revolve	实体旋转
SCR	Script	运行脚本
SEC	Section	实体截面
SHA	Shade	着色
SPL	Spline	样条曲线
TOL	Tolerance	几何公差
TOR	Torus	圆环体
UNI	Union	并集
DST	Dimstyle	标注样式
DAL	Dimaligned	对齐标注
DAN	Dimangular	角度标注
DBA	Dimbaseline	基线标注
DCE	Dimcenter	圆心标记
DCO	Dimcontinue	连续标注
DDI	Dimdiameter	直径标注
DED	Dimedit	编辑标注
DLI	Dimlinear	线性标注
DOR	Dimordinate	坐标标注
DOV	Dimoverride	标注替换
DRA	Dimradius	半径标注
IAD	Imageadjust	图像调整
IAT	Imageattach	附着图像
ICL	Imageclip	图像剪裁
ATE	Ddatte 或 Attedit	编辑图块属性

中望 CAD 命令及简化命令

（续）

	快捷键	执行指令	命令说明
中望 CAD 命令及简化命令	ATT	Ddattdef 或 Attdef	定义属性
	COL	Setcolor	选择颜色
	INF	Interfere	干涉
	REA	Regenall	全部重生成
	SPE	Splinedit	编辑样条曲线
	LEAD	Leader	引线

模块二

CAD二维绘图

任务一 绘制平面图形

平面图形的形状相对简单，创建起来比较容易，是整个 CAD 的绘图基础。因此，只有熟练掌握平面图形的绘制方法和技巧，才能够更好地绘制出复杂的零件图和装配图。本任务通过运用 CAD 绘制平面图形的具体案例，介绍 CAD 的绘图命令、编辑命令、尺寸标注等命令的使用方法。通过平面图形的绘制训练，培养学生认真细致、一丝不苟的工作作风和良好的绘图习惯，使学生在实践中注重学思结合、知行合一。

【子任务一导入】

本子任务主要进行简单平面图形的绘制，通过图 2-1 所示图形的绘制，学习鼠标的操作、图层的调用以及直线、删除、对象选择、对象捕捉等命令的使用方法和操作技巧。

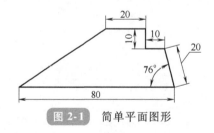

图 2-1 简单平面图形

【子任务一分析】

该平面图形是由数条直线组成的简单平面图形。图中有水平线、竖直线、倾斜线，通过直线命令的学习，可完成该图形的绘制。本子任务的重点是直线的绘制方法；难点是倾斜线角度的判断。

【子任务一知识链接】

一、图层、线宽的设置及图层的切换

中望 CAD 2023 教育版软件有智能图层功能，可以自动创建图层。因此，绘图过程中只

须学会调用该功能，设置线宽即可。

1. 创建图层

新建一个图形文件后，软件不能直接自动创建图层，需要先执行"机械"或"机械标注"菜单栏中的任意命令。

2. 修改线宽

单击图层中的"图层特性"，在弹出的"图层特性管理器"对话框中，单击"轮廓实线层"中的"线宽"，将其值改为 0.5mm，其余图层的线宽均改为 0.25mm。

3. 切换图层

若要绘制粗实线，则在"图层列表"中选择"轮廓实线层"。如果想改变已有图线的线型，则要先选中图线，然后在"图层列表"中选择需要的图层或输入相应图层前面的数字然后按〈Enter〉键。

二、直线命令

2.1

直线命令是中望 CAD 软件中常用的绘图命令。用直线命令可以画出一条线段，也可以画出连续的多条线段，其中每条线段都是单独的对象。

1. 直线命令的调用方式

（1）工具输入法　单击"绘图栏"→"直线"按钮，执行该命令。

（2）命令行输入法　在"命令栏"输入"Line"或"L"后按〈Enter〉键，执行该命令。

（3）命令的重复　当完成一个直线命令后，接着按〈Space〉键或〈Enter〉键，就可以重复刚刚执行的直线命令。

2. 使用说明

执行直线命令时，命令行会出现"指定第一点："的提示，则在绘图区单击指定的第一点；完成后，命令行出现"指定下一点或［角度（A）/长度（L）放弃（U）］："，如果绘制水平线或竖直线，则沿水平线或竖直线方向拖拽，当出现绿色的极轴线时直接输入距离即可，如图 2-2 所示。如果绘制倾斜线，则在命令行中输入"A"，并指定角度，按〈Enter〉键后再指定长度；或先输入长度，再按〈Tab〉键将长度值锁住，然后指定角度，如图 2-3 所示，即可完成第二点的绘制。按照命令行的提示继续绘制下一点，直到完成绘制，完成后按〈Enter〉键、〈Space〉键或〈Esc〉键退出直线命令。

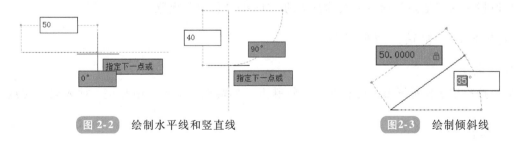

图 2-2　绘制水平线和竖直线　　　　图 2-3　绘制倾斜线

三、鼠标的操作

1. 鼠标左键

鼠标左键一般作为拾取键，主要用来选择菜单、工具按钮、目标对象，以及捕捉某些特殊点等。

2. 鼠标右键

在中望 CAD 软件界面的大部分区域中单击鼠标右键，都会弹出快捷菜单。

3. 鼠标滚轮

滚动鼠标滚轮，可放大或缩小图形；如果按住滚轮并移动鼠标，则可平移图形。

四、选择对象

选择对象是进行图形编辑的前提。在编辑复杂图形时，往往需要同时对多个实体进行编辑，设置适当的对象选择方式，对于快速、准确地确定编辑对象有着重要的作用。

1. 用光标直接选择

将光标移至目标对象上单击，即可选中对象。用光标每次只能选取一个对象，重复操作，可依次选取多个对象。

2. 窗口选择

在 1 处单击，然后从左向右拖动光标到 2 处（拖动时不按鼠标），完全位于区域中的对象被选择，如图 2-4 所示。

3. 交叉选择

在 1 处单击，然后从左向右拖动光标到 2 处（拖动时不按鼠标），被区域完全包围的或与其相交的对象均被选择，如图 2-5 所示。

图 2-4　窗口选择及结果　　　　　图 2-5　交叉选择及结果

五、删除对象

该命令用于删除不符合要求的图形或不小心画错的图形。可先选择要删除的对象，然后单击修改栏中的"删除"命令或按键盘上的〈Delete〉键进行删除。

六、对象捕捉、极轴、对象追踪

1. 对象捕捉

对象捕捉用于捕捉屏幕上已有图形的特殊点，如端点、中点、中心点、插入点、交点、切点等。

2. 极轴

在绘图时，将光标移到极轴角或它的倍数时，会出现一条绿色极轴线，它可以辅助绘图。

3. 对象追踪

通过该功能，可用光标以目标捕捉点为对象拖拽出临时追踪路径，用于确定水平方向、竖直方向对齐的任意点。

【子任务一实施过程】

一、新建文件

新建一个图形文件后，执行"机械"菜单栏中的任意命令，图层便会自动创建。设置"轮廓实线层"中的"线宽"为 0.5mm，其余图层线宽为 0.25mm，并将"轮廓实线层"置为当前层。

二、绘图步骤

2.2

1）命令：L↓

2）指定第一个点：（在绘图区的适当位置单击）

3）指定下一点或［角度（A）/长度（L）/放弃（U）］：80 ↓

4）指定下一点或［角度（A）/长度（L）/放弃（U）］：A ↓

5）指定角度：104 ↓

【说明】"↓"表示按〈Enter〉键；角度是指要确定点与前一点的连线与 X 轴正方向的夹角。

6）指定长度：20↓

7）指定下一点或［角度（A）/长度（L）/闭合（C）/放弃（U）］：10↓

8）指定下一点或［角度（A）/长度（L）/闭合（C）/放弃（U）］：10↓

9）指定下一点或［角度（A）/长度（L）/闭合（C）/放弃（U）］：20↓

10）指定下一点或［角度（A）/长度（L）/闭合（C）/放弃（U）］：C↓（或用光标捕捉第一点）

【子任务一技能训练】

利用直线命令绘制图 2-6~图 2-10 所示的简单平面图形，不标注尺寸。

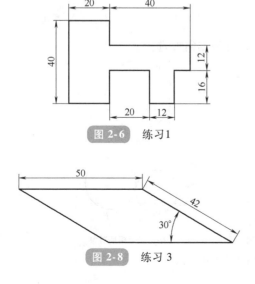

图 2-6　练习1

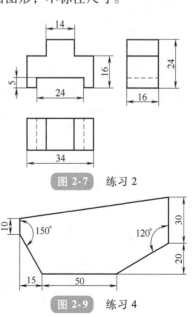

图 2-7　练习 2

图 2-8　练习3

图 2-9　练习4

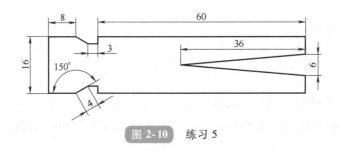

图 2-10 练习5

【子任务二导入】

本子任务完成图 2-11 所示中等复杂程度平面图形的绘制。通过该图形的绘制，学习圆、修剪、偏移等命令的使用方法，使学生养成勤于学、善于思、敏于行的良好习惯。

【子任务二分析】

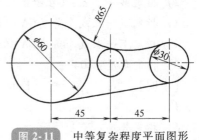

图 2-11 中等复杂程度平面图形

该平面图形由两个已知圆 φ60mm、φ30mm，一个与两已知圆都外切的 R65mm 圆弧，一条已知圆的外公切线和一个与 R65mm 圆弧相切的小圆组成。本子任务的重点是圆命令、偏移命令、修剪命令的使用；难点是如何找出小圆与 R65mm 圆弧的切点。

【子任务二知识链接】

一、圆命令

1. 调用方式

单击"常用"→"绘图"→"圆"按钮；或在命令行输入"C"，再按〈Enter〉键，执行圆命令。

2. 画圆方法

系统提供了 6 种画圆的方法，如图 2-12 所示，可根据需要选择。

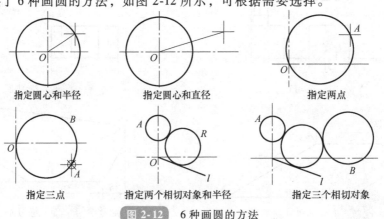

指定圆心和半径   指定圆心和直径   指定两点

指定三点   指定两个相切对象和半径   指定三个相切对象

图 2-12 6 种画圆的方法

（1）圆心、半径　这是画圆的系统默认方法，以指定的圆心和半径绘制一个圆。

（2）圆心、直径　指定圆心和直径绘制一个圆。

（3）两点　指定两点（直径的两个端点）绘制一个圆。

（4）三点　通过给定圆上三个点绘制一个圆。

（5）相切、相切、半径　可绘制与已知两个目标对象（直线或圆、圆弧）相切的圆。

（6）相切、相切、相切　可绘制与三个目标对象相切的一个圆。

二、偏移命令

偏移命令主要用于创建与选定的对象平行的新对象。可以创建偏移的对象有直线、圆（弧）、椭圆（弧）等。

1. 调用方式

单击"常用"→"修改"→"偏移"按钮；或在命令行中输入"offset"或"O"，再按〈Enter〉键。

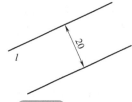

图 2-13　偏移直线

2. 操作说明

举例：将直线 l 向右下方向偏移 20mm，如图 2-13 所示。

操作步骤：

1）命令：O↓

2）指定偏移距离或［通过（T）/擦除（E）/图层（L）］＜通过＞：20↓

3）选择要偏移的对象或［放弃（U）/退出（E）］＜退出＞：（选中直线 l）

4）指定目标点或［退出（E）/多个（M）/放弃（U）］＜退出＞：（单击直线 l 的右下方）

……

只要偏移距离不变，可连续使用。

三、修剪命令

1. 调用方式

单击"常用"→"修改"→"修剪"按钮；或在命令行中输入"TR"，再按〈Enter〉键。

2. 操作说明

1）命令：TR↓

2）选择对象或＜全部选择＞：（选择剪切边界，再按〈Enter〉键；或直接按〈Enter〉键，将所有边界作为剪切边界）

3）选择要修剪的对象，或按住〈Shift〉键选择要延伸的对象，或［边缘模式（E）/围栏（F）/窗交（C）/投影（P）/删除（R）/放弃（U）］：（单击需要剪切的对象）

四、中心线

根据所选择的不同类型的目标绘制中心线，比如圆、矩形、椭圆等对象。

1. 调用方式

单击"机械"→"绘图工具"→"中心线"按钮；或在命令行输入"ZX"，再按〈Enter〉键。

2. 操作说明

举例：给图 2-14 所示圆和矩形绘制中心线。

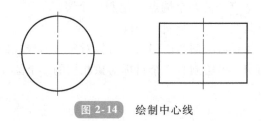

图 2-14　绘制中心线

操作步骤：

1）命令：ZX↓

2）选择线、圆、弧、椭圆、多段线或［中心点（C）/单条中心线（S）/批量增加中心线选择圆、弧、椭圆（B）/同排（R）/设置出头长度（E）］<批量增加（B）>：（选中圆和矩形）

五、公切线

绘制两个圆、圆弧或椭圆的公切线。

1. 调用方式

单击"机械"→"绘图工具"→"公切线"按钮。

2. 操作说明

举例：绘制两圆的外公切线和内公切线，如图 2-15 所示。

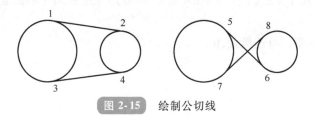

图 2-15　绘制公切线

操作步骤：

1）单击"机械"→"绘图工具"→"公切线"按钮。

2）选择第一个圆（弧）或椭圆（弧）：（在 1 点处单击）

3）指定第二个圆（弧）或椭圆（弧）上的切点位置或［指定任意点（F）/切线反向（R）］<R>：（捕捉到切点 2 并单击）

其余三条公切线同理，按〈Enter〉键后执行<R>即切线反向。

六、镜像命令

镜像是将选定的对象做对称复制，即绘制出关于某条直线完全对称的对象。因此，对于呈对称关系的图形，如果绘制了这些图例的一半，就可以用镜像命令得到另一半，避免重复工作，提高绘图效率。

1. 调用方式

单击"常用"→"修改"→"镜像"按钮；或在命令行中输入"MI"，再按〈Enter〉键。

2. 操作说明

举例：将三角形以 *AB* 线为对称轴镜像，如图 2-16 所示。

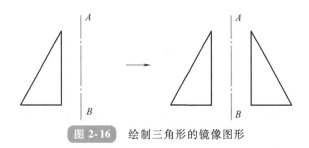

图 2-16 绘制三角形的镜像图形

操作步骤：

1）命令：MI↓

2）选择对象：（选中三角形）

3）选择对象：↓（结束对象选择）

4）指定镜像线的第一点：（单击指定 *A* 点）

5）指定镜像线的第二点：（单击指定 *B* 点）

6）要删除源对象吗？［是(Y)/否(N)］<N>:↓

七、夹点编辑

当图形对象被选中后，对象的关键点上将会显示若干个蓝色小方框，即为夹点，单击夹点，将其激活成红色，按〈Space〉键可以使用不同类型的夹点模式重新编辑图形对象，比如可以对图形进行拉伸、移动、旋转、比列缩放、镜像等操作。被激活的夹点就是基点。利用夹点拉伸直线如图 2-17 所示。

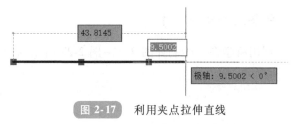

图 2-17 利用夹点拉伸直线

【子任务二实施过程】

一、新建文件

新建一个图形文件后，完成图层设置并将"轮廓实线层"置为当前层。

二、绘图步骤

2.3

1）调用圆命令，在绘图区的适当位置绘制一个 $\phi60mm$ 圆，并绘制圆的中心线。

2）调用偏移命令，将垂直中心线向右偏移 45mm，再将偏移过来的对象向右偏移 45mm，利用夹点将水平中心线拉长，如图 2-18 所示。

3）以 *B* 点为圆心绘制一个 $\phi30mm$ 圆，再绘制出 $\phi60mm$ 圆和 $\phi30mm$ 圆的外公切线，如图 2-19 所示。

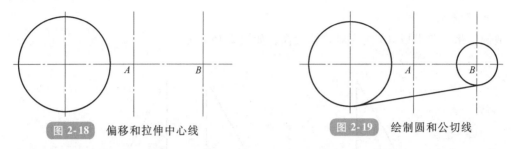

| 图 2-18 | 偏移和拉伸中心线 | | 图 2-19 | 绘制圆和公切线 |

4）绘制 ϕ60mm 圆和 ϕ30mm 圆的外切圆，并将其圆心与 A 点连接，交圆周于 C 点，如图 2-20 所示。

5）以 A 点为圆心、AC 为半径作圆；然后利用修剪命令、删除命令、夹点拉伸将图形编辑成图 2-21 所示的图形。

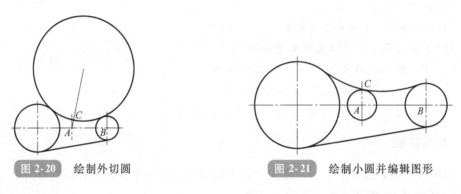

| 图 2-20 | 绘制外切圆 | | 图 2-21 | 绘制小圆并编辑图形 |

【子任务二技能训练】

利用所学命令绘制如图 2-22～图 2-27 所示的中等复杂程度平面图形，不标注尺寸。

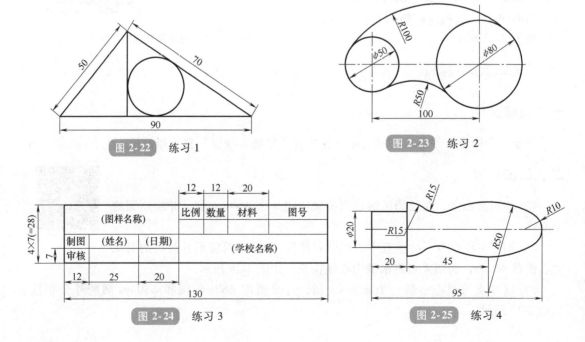

| 图 2-22 | 练习 1 | | 图 2-23 | 练习 2 |
| 图 2-24 | 练习 3 | | 图 2-25 | 练习 4 |

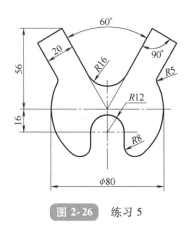

图 2-26　练习5

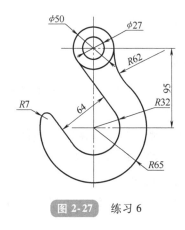

图 2-27　练习6

【子任务三导入】

本子任务绘制图 2-28 所示的复杂平面图形。通过该图形的绘制，学习矩形、椭圆、正多边形等命令的使用方法。

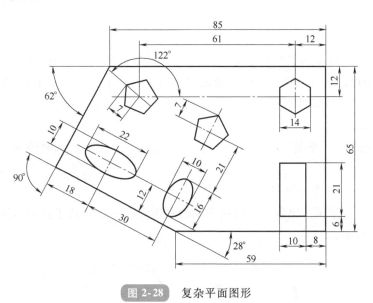

图 2-28　复杂平面图形

【子任务三分析】

组成该平面图形的直线、矩形、正多边形、椭圆之间的相对位置是靠给定的尺寸来确定的。绘图时，如何通过尺寸与线段的关系来确定正多边形、椭圆、矩形的位置是关键。本任务重点是矩形和正多边形命令的使用，难点是如何确定不同方向的椭圆和正多边形。

通过图形分析，使学生产生疑问，引发思考进而自主探究，古人云：学起于思，思源于疑。

【子任务三知识链接】

一、矩形命令

通过不同方式创建直角、倒角或圆角矩形。直角矩形通常是通过指定两个角点来绘制的。

1. 调用方式

单击"常用"→"绘图"→"矩形"按钮；或在命令行中输入"REC"，再按〈Enter〉键。

2. 操作说明

举例：绘制一个 50mm×30mm 的矩形，如图 2-29 所示。

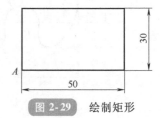

图 2-29 绘制矩形

操作步骤：

1）命令：REC↓

2）指定第一个角点或 [倒角（C）/圆角（F）/正方形（S）/厚度（T）/宽度（W）]：（单击指定 A 点）

3）指定其他的角点或 [面积（A）/尺寸（D）/旋转（R）]：50（再按〈Tab〉键）30↓（长 +〈Tab〉键 + 宽）

二、正多边形

创建具有 3～1024 条等长边的正多边形。绘制正多边形的方法有：绘制外切正多边形；绘制内接正多边形；通过指定一条边绘制正多边形。实际应用中，前两种方法用得较多，绘图时要根据给定的条件灵活选择。

1. 调用方式

单击"常用"→"绘图"→"正多边形"按钮；或在命令行中输入"POL"，再按〈Enter〉键。

2.4

2. 操作说明

举例：绘制一个内接于圆的六边形和一个外切于圆的六边形，如图 2-30 所示。

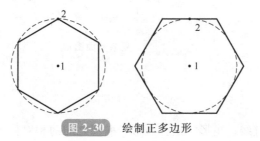

图 2-30 绘制正多边形

操作步骤：

1）命令：POL↓

2）输入边的数目 <4> 或 [多个（M）/线宽（W）]：6↓

3）指定正多边形的中心点或 [边（E）]：（单击指定中心点 1）

4) 输入选项［内接于圆(I)／外切于圆(C)］＜外切于圆＞：C 或 I↓

5) 指定圆的半径：(输入圆半径) ↓ (常用捕捉特殊点的方式来指定圆半径)

三、椭圆

椭圆由其长度和宽度上的两条轴决定，较长的轴称为长轴，较短的轴称为短轴。系统提供了两种绘制椭圆的方式，即中心点方式、轴端点方式。实际应用中，需要根据给定的条件灵活选择。

1. 调用方式

单击"常用"→"绘图"→"椭圆"按钮；或在命令行中输入"EL"，再按〈Enter〉键。

2. 操作说明

举例：用中心点方式和轴端点方式各绘制一个椭圆，如图 2-31 所示。

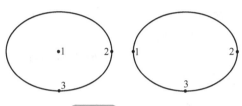

图 2-31　绘制椭圆

操作步骤（中心点方式）

1) 命令：EL↓

2) 指定椭圆的中心：(单击指定 1 点)

3) 指定轴向第二端点：(单击指定 2 点)

4) 指定其他轴或［旋转(R)］：(单击指定 3 点)

操作步骤（轴端点方式）

1) 命令：EL↓

2) 指定椭圆的第一个端点：(单击指定 1 点)

3) 指定轴向第二个端点：(单击指定 2 点)

4) 指定其他轴或［旋转(R)］：(单击指定 3 点)

四、圆角

创建两个对象的圆角，创建的圆角要与两个对象相切，如图 2-32 所示。

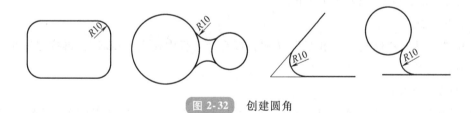

图 2-32　创建圆角

1. 调用方式

单击"常用"→"绘图"→"圆角"按钮；或在命令行中输入"F"，再按〈Enter〉键。

2. 操作说明

1) 命令：F

当前设置：模式＝TRIM，半径＝0.0000

2) 选取第一个对象或［多段线(P)／半径(R)／修剪(T)／多个(M)］：R↓ (设置半径)

3) 圆角半径＜0.0000＞：10↓ (输入圆角半径值)

4）选取第一个对象或［多段线（P）/半径（R）/修剪（T）］：（单击要生成圆角一侧的对象）

5）选择第二个对象：（单击要生成圆角另一侧的对象）

五、倒角

用斜线连接两个不平行的线性对象。

1. 调用方式

单击"常用"→"绘图"→"倒角"按钮；或在命令行中输入"CHA"，再按〈Enter〉键。

2. 操作说明

举例：将矩形的直角绘制成6mm×6mm倒角，结果如图2-33所示。

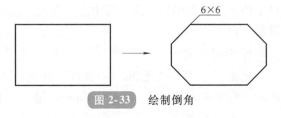

图2-33　绘制倒角

操作步骤：

1）命令：CHA↓

当前设置：模式=TRIM，距离1=0.0000，距离2=0.0000

2）选择第一条直线或［多段线（P）/距离（D）/角度（A）/方式（E）/修剪（T）/多个（M）/放弃（U）］：D↓（设置距离方式的倒角）

3）指定基准对象的倒角距离 <0.0000>：6↓

4）指定另一个对象的倒角距离 <6.0000>：6↓

5）选择第一条直线或［多段线（P）/距离（D）/角度（A）/方式（E）/修剪（T）/多个（M）/放弃（U）］：（单击要生成倒角一侧的对象）

6）选择第二个对象或按住〈Shift〉键选择对象以应用角点：（单击生成倒角另一侧的对象）

六、拉长

修改对象的长度和圆弧的包含角。

1. 调用方式

单击"常用"→"修改"→"拉长"按钮；或在命令行中输入"LEN"，再按〈Enter〉键。

2. 操作说明

1）命令：LEN↓

2）列出选取对象长度或［动态（DY）/递增（DE）/百分比（P）/全部（T）］：DE↓（选择拉长的方式）

3）输入长度递增量或［角度（A）］：（输入长度递增量）

4）选取变化对象或［方式（M）/撤销（U）］：（选择要修改的对象，进行拉长）

提示的各选项的含义如下。

动态（DY）：动态拖拽模式，可用拖拽的方法来动态地改变对象。

递增（DE）：用指定递增量的方法改变对象。长度或角度递增量可正可负。

百分比（P）：用指定占总长度百分比的方法改变对象。小于100为缩短，大于100为拉长。

全部（T）：用指定新的长度或总角度值的方法来改变对象。

【子任务三实施过程】

一、新建文件

新建一个图形文件后，完成图层设置并将"轮廓实线层"置为当前层。

二、绘图步骤

2.5

1）调用直线命令，在绘图区适当位置按尺寸要求绘制如图2-34所示的直线外框。

2）调用偏移命令，将外框的4条直线向内侧分别偏移12mm、12mm、12mm、18mm，再将偏移18mm的线向右侧偏移30mm，结果如图2-35所示。

图 2-34　绘制直线外框

图 2-35　偏移外框线

3）调用椭圆命令，用中心点方式绘制两个椭圆，如图2-36所示。

4）修剪椭圆中心线，再使用偏移命令定位正六边形和正五边形的中心点及捕捉点（也可以绘制辅助圆）；绘制 *OA* 直线时，捕捉 *O* 点后输入"7"，再按〈Tab〉键，然后输入"122"，得到 *A* 点，如图2-37所示。

5）调用正多边形命令，绘制正六边形，选择外切于圆，指定半径时直接捕捉 *C* 点；绘制两个正五边形，都选择内接于圆，指定半径时分别捕捉 *A*、*B* 点即可，结果如图2-38所示。

6）调用矩形命令绘制矩形；然后按要求修剪并删除多余的线段，用中心线命令绘制椭圆的中心线；切换多边形的中心线为"3中心线层"，通过拉长命令将中心线拉长超过轮廓3mm，如图2-39所示。

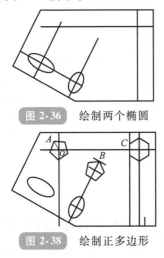

图 2-36　绘制两个椭圆

图 2-38　绘制正多边形

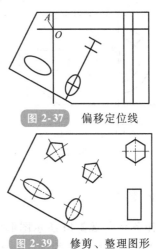

图 2-37　偏移定位线

图 2-39　修剪、整理图形

【子任务三技能训练】

利用所学命令绘制如图 2-40~图 2-45 所示的复杂平面图形，不标注尺寸。

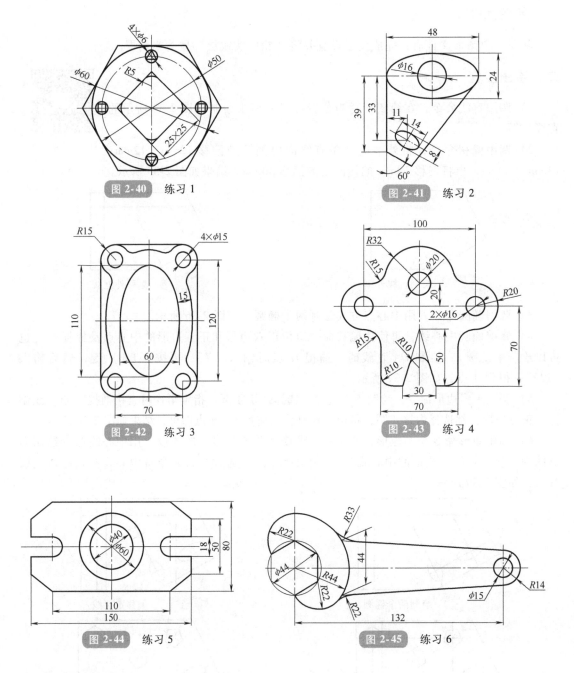

图 2-40　练习 1

图 2-41　练习 2

图 2-42　练习 3

图 2-43　练习 4

图 2-44　练习 5

图 2-45　练习 6

【子任务四导入】

本子任务完成图 2-46 所示图形的绘制及尺寸标注。平面图形中相同且均匀分布的结构要素，可以通过阵列命令快速高效地绘制，以便提高绘制效率。另外，平面图形表达的只是图形的形状，要想知道图形的大小，则需要对图形进行尺寸标注。标注尺寸是绘图过程中不可缺少的重要一步。

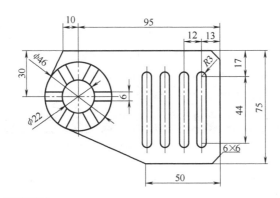

图 2-46　含有相同且均匀分布的结构要素的平面图形

【子任务四分析】

　　该平面图形由直线、圆、4个相同且排列均匀的长圆形、6个均匀分布的辐条（轮辐）和两个倒角组成。通过对阵列命令的学习，完成该平面图形的绘制；图形绘制完成后再进行尺寸标注。尺寸不仅要标注正确，还要符合机械制图的相关国家标准。通过绘图及标注训练，培养规矩意识和规范作图的良好职业习惯。

【子任务四知识链接】

一、阵列命令

　　阵列命令用于将选定的对象有规律地复制多个，分为矩形阵列、环形阵列和路径阵列。

1. 矩形阵列

　　（1）调用方式　单击"常用"→"修改"→"矩形阵列"按钮；或在命令行中输入"arrayrect"，再按〈Enter〉键。

　　（2）操作说明　创建矩形阵列时，选择了要阵列的对象后，在如图2-47所示的对话框中指定行、列的数量及间距。还可以通过夹点来编辑行数、列数及行间距、列间距。

图 2-47　指定矩形阵列的参数

【注意】

　　1）若选择"关联"，则阵列生成的对象和源对象一起成为一个新的对象；取消"关联"，则阵列的每个对象都是独立的。

　　2）行间距是正值时表示复制的对象在上，是负值时则在下；列间距是正值时表示复制的对象在右，是负值时则在左。

2. 环形阵列

（1）调用方式　单击"常用"→"修改"→"环形阵列"按钮；或在命令行中输入"arraypolar"，再按〈Enter〉键。

（2）操作说明　环形阵列是通过围绕指定的中心点复制选定对象。创建环形阵列时，命令提示"选择要环形阵列的对象"，指定阵列的中心点后，在如图 2-48 所示的对话框中输入项目数、填充角度以及是否旋转项目、阵列方向等参数。

图 2-48　指定环形阵列参数

举例，图 2-49 所示为 2 行 5 列的矩形阵列，图 2-50 所示为环形阵列：

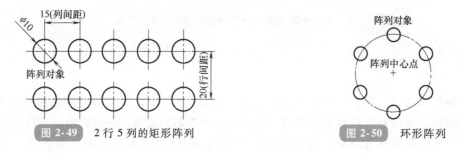

图 2-49　2 行 5 列的矩形阵列

图 2-50　环形阵列

二、复制命令

复制命令用于将选择的对象依照原样进行一次或多次生成。对机件上一些相同的结构要素，利用复制命令可以提高绘图效率。

1. 调用方式

单击"常用"→"修改"→"复制"按钮；或在命令行中输入"CO"，再按〈Enter〉键。

2. 操作说明

1）命令：CO↓

2）选择对象：（选择要复制的对象）

3）选择对象：↓（结束选择）

4）指定基点或［位移（D）/模式（O）］＜位移＞：（基点即基准点，以它来确定下一点位置）

5）指定第二个点或［阵列（A）/等距（E）/等分（I）/沿线（P）］＜使用第一点当作位移＞：（用光标拾取或直接输入距离）

6）指定第二个点或［阵列（A）/退出（E）/放弃（U）］＜退出＞：（继续或按〈Enter〉键退出）

举例：复制 4 个小圆，如图 2-51 所示。

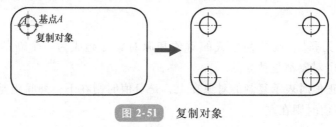

图 2-51　复制对象

三、移动命令

移动命令用于在指定方向上按指定距离移动对象。

1. 调用方式

单击"常用"→"修改"→"移动"按钮；或在命令行中输入"M"，再按〈Enter〉键。

2. 操作说明

举例：利用移动命令将 B 对象移动到 A 对象下面，如图 2-52 所示。

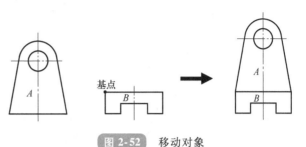

图 2-52 移动对象

操作步骤：

1）命令：M↓

2）选择对象：（选择要移动的对象 B）

3）选择对象：↓（结束选择）

4）指定基点或［位移（D）］<位移>：（选择 B 对象的左上角点）

5）指定第二点的位移或者<使用第一点当作位移>：（捕捉 A 对象的左下角点）

与复制命令不同的是，使用移动命令时，对象被移动后，原位置处的对象消失。

四、旋转命令

旋转命令用于绕指定基点旋转图形中的对象。

1. 调用方式

单击"常用"→"修改"→"旋转"按钮；或在命令行中输入"RO"，再按〈Enter〉键。

2. 操作说明

1）命令：RO↓

2）选择对象：（选择要旋转的对象）

3）选择对象：↓（结束对象选择）

4）指定基点：（指定旋转的中心点）

5）指定旋转角度，或［复制（C）/参照（R）］<0>：（指定旋转角度或其他选项）

提示的各选项的含义如下。

复制（C）：选择该选项，旋转对象的同时保留源对象。

参照（R）：采用参照方式旋转对象，对象被旋转至指定角度的位置。

举例：按如图 2-53 所示的要求旋转对象。

2.6

参照旋转的使用方法如下：

1）将图 2-53d 变成图 2-53e，旋转时以 A 点为基准，以 AB 线为参照角（参照线），捕捉 C 点来确定新角度。

2）将图 2-53e 变成图 2-53f，旋转时以 A 点为基准，以 AD 线为参照角（参照线），新角度为 90°。

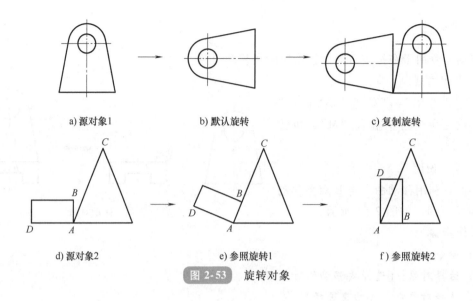

a) 源对象1　　　　　　b) 默认旋转　　　　　　c) 复制旋转

d) 源对象2　　　　　　e) 参照旋转1　　　　　　f) 参照旋转2

图 2-53　旋转对象

五、缩放命令

缩放命令用于在 X、Y 方向按比例放大或缩小对象。

1. 调用方式

单击"常用"→"修改"→"缩放"按钮；或在命令行中输入"SC"，再按〈Enter〉键。

2. 操作说明

1）命令：SC↓

2）选择对象：↓（选择要缩放的对象）

3）选择对象：↓（结束选择）

4）指定基点：（指定缩放的中心点，即缩放时位置保持不变的点）

5）指定比例因子或［复制(C)/参照(R)］：（指定缩放比例）↓

【注意】比例因子大于 1 时，将放大对象；比例因子介于 0 和 1 之间时，将缩小对象。

另外，还可以拖动光标使对象放大或缩小。其他选项功能与旋转命令相关选项功能相同。

举例：按如图 2-54 所示的要求缩放对象。

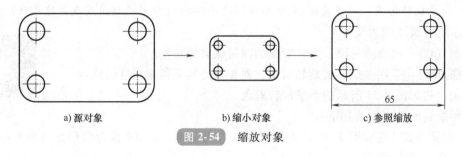

a) 源对象　　　　　　b) 缩小对象　　　　　　c) 参照缩放

图 2-54　缩放对象

六、智能标注

智能标注用于在单一命令中创建多种类型的尺寸标注。

1. 调用方式

单击"机械标注"→"尺寸标注"→"智能标注"按钮；或在命令行中输入"D"，再按〈Enter〉键。

2. 操作说明

1）标注线性尺寸时，在命令行中输入"D"并按〈Enter〉键后，在线段的两端各单击一下，拖出来在适当的位置单击来放置标注的尺寸。

2）标注直径或半径尺寸时，在命令行中输入"D"并按两次〈Enter〉键后在圆周上单击，转到适当位置单击来放置标注的尺寸。

3）标注角度尺寸时，在命令行中输入"D"并按〈Enter〉键，再输入"A"并按〈Enter〉键，然后在角度的两侧线上各单击一下，拖到适当位置单击来放置标注的尺寸。

举例：按如图 2-55 所示的要求标注尺寸。

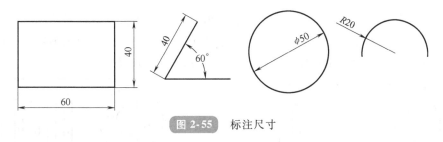

图 2-55 标注尺寸

七、倒角标注

1. 调用方式

单击"机械标注"→"尺寸标注"→"倒角标注"按钮。

2. 操作说明

单击"倒角标注"按钮后，选择倒角线，再按两次〈Enter〉键，在弹出的"倒角标注"对话框中输入相应数值，如标注 5×5、5×45°、C2，如图 2-56 所示。

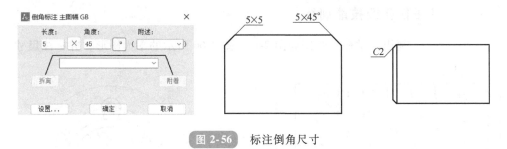

图 2-56 标注倒角尺寸

【子任务四实施过程】

一、新建文件

新建一个图形文件后，完成图层设置并将"轮廓实线层"置为当前层。

2.7

二、绘图步骤

1）调用直线命令和圆命令，在绘图区适当位置按尺寸要求绘制如图 2-57 所示的图形。

2）调用倒角命令以及中心线绘图工具，绘制如图 2-58 所示的图形。

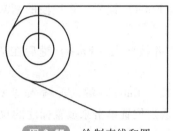

图 2-57　绘制直线和圆

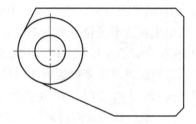

图 2-58　绘制倒角

3）调用偏移命令、直线命令、圆命令和修剪命令，绘制如图 2-59 所示的图形。

4）调用矩形阵列命令，阵列产生图中其余 3 个长圆形，注意列间距为负值。调用环形阵列命令，以圆心为中心，阵列产生图中其余 5 个辐条，如图 2-60 所示。

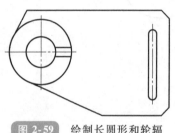

图 2-59　绘制长圆形和轮辐

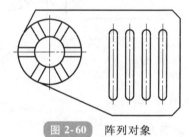

图 2-60　阵列对象

5）图形绘制完成后，单击"机械标注"→"尺寸标注"→"智能标注"按钮，标注图中的线性尺寸及圆和圆弧尺寸，通过"倒角标注"标注图中 6×6 的倒角，标注结果如图 2-46 所示。

2.8　【子任务四技能训练】

利用所学命令绘制如图 2-61~图 2-66 所示的平面图形，并标注尺寸。

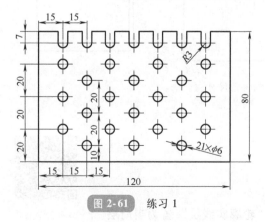

图 2-61　练习 1

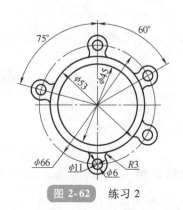

图 2-62　练习 2

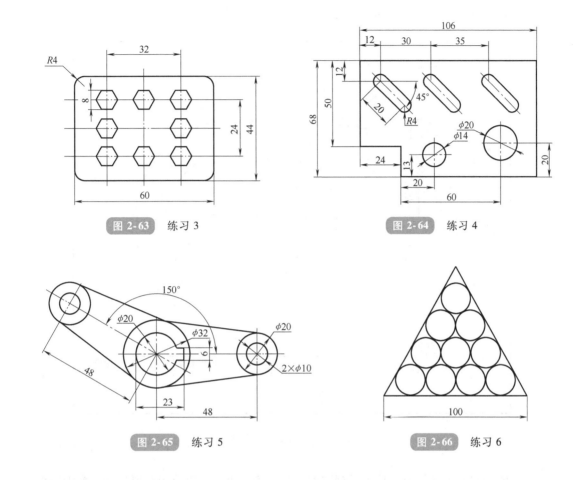

图 2-63 练习 3

图 2-64 练习 4

图 2-65 练习 5

图 2-66 练习 6

任务二 绘制零件图

零件图是制造和检验零件的依据，是指导生产的重要技术文件之一。21世纪以来，我国科学技术发展突飞猛进，研制了一大批令国人引以为豪的大国重器，比如中国高铁、C919大飞机、盾构机、潜水艇等。这些复杂的机械产品，也都是从一张张机械图样的设计和绘制开始的。训练绘制零件图的基本能力是本课程的主要任务之一。通过该任务的学习，使学生掌握零件图的绘制、公差的标注、图案的填充、图纸幅面的设置、标题栏和技术要求的填写等内容。

【任务导入】

本任务绘制图2-67所示油封盖零件图。通过绘制油封盖零件图，学会图纸幅面的设置，标题栏的填写，引线、尺寸公差、形位公差[⊖]、表面粗糙度的标注以及剖面线的填充等操

⊖ 国家标准 GB/T 1182—2008 中规定为"几何公差"，但软件中使用的是"形位公差"，为保持一致，本书仍采用"形位公差"。

作，并根据零件的结构特点选择最佳的表达方案，确定零件图的作图步骤。

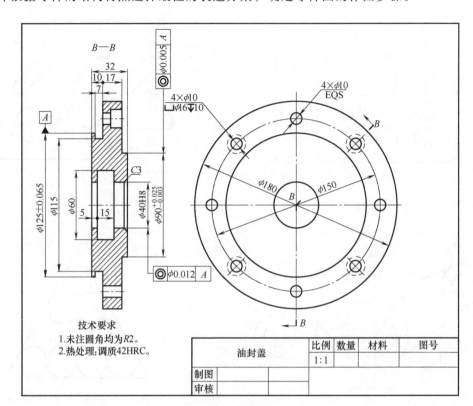

图 2-67 油封盖零件图

零件图绘制的正确与否直接关系到装配图的正确与否，所以绘图时要保持科学严谨的工作作风、精益求精的工匠精神。

【任务分析】

油封盖属于盘盖类零件，其主视图采用了全剖视图，表示油封盖的内部孔结构及轴向变化，左视图表达了油封盖外缘孔的分布情况。零件图采用了 1 : 1 的绘制比例，根据图形尺寸应选择尺寸为 A3 的图纸幅面。绘图时先画左视图，再画主视图，主视图只需画一半，另一半利用镜像命令即可画出。

【知识链接】

一、图纸幅面的设置及标题栏的填写

单击菜单栏中的"机械"→"图框"→"图幅设置"按钮，弹出"图幅设置"对话框，如图 2-68 所示，在此对话框中设置图幅相关参数，完成图纸幅面的设置，如图 2-69 所示。在标题栏上双击后，在弹出的"标题栏编辑"对话框中填写相关内容，如图 2-70 所示。

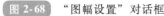

图 2-68　"图幅设置"对话框

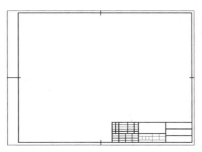

图 2-69　尺寸为 A3 的图纸幅面

图 2-70　"标题栏编辑"对话框

二、对象捕捉追踪

对象捕捉追踪是以捕捉的特殊点为基点，按指定的极轴角或极轴角的倍数对齐要指定点的路径。对象捕捉追踪是将"对象捕捉"按钮和"对象追踪"按钮配合使用，辅助作图，非常方便。

三、技术要求

尺寸公差、形位公差、表面结构的标注（详见【实施过程】）。

【实施过程】

2.9

一、新建文件

新建一个图形文件，文件类型为"dwg"，文件名为"油封盖 . dwg"。

二、设置 A3 图纸幅面、填写标题栏、修改各图层线宽

略。

三、绘图步骤

1. 绘制左视图

将"轮廓实线层"置为当前层后执行圆命令，绘制一组直径分别为 ϕ40mm、ϕ125mm、ϕ150mm、ϕ180mm 的同心圆；将 ϕ150mm 的圆切换到"3 中心线"层；绘制 ϕ180mm 圆的中心线，注意调整线型比例；在 ϕ150mm 圆的象限点上绘制一个 ϕ10mm 的圆，如图 2-71 所示。

2. 环形阵列

单击"环形阵列"，阵列的对象选择 ϕ10mm 的圆，阵列的中心点选择 ϕ180mm 圆的圆心，"项目数"设置为"8"，不进行关联，然后单击"关闭阵列"按钮，得到如图 2-72 所示的图形。

3. 绘制虚线圆

绘制 1 个 $\phi16mm$ 的虚线圆和一条过虚线圆的中心线，用"打断"命令打断多余的中心线，得到如图 2-73 所示图形。

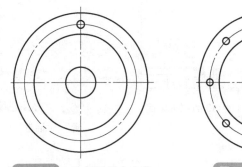

图 2-71 绘制圆及中心线

图 2-72 阵列小圆

图 2-73 绘制虚线圆

4. 绘制主视图基本结构

2.10

主视图是基本对称的全剖视图，可采用先绘制图形的上半部分，通过镜像完成下半部分的方法绘制。首先绘制中心线，然后利用直线命令和偏移命令，完成主视图上半部分的绘制，如图 2-74 所示；以中心线为镜像线进行镜像完成主视图的绘制，结果如图 2-75 所示。

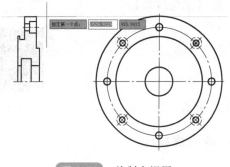

图 2-74 绘制主视图

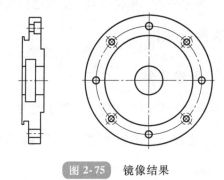

图 2-75 镜像结果

5. 绘制倒角 C3

单击"机械"→"构造工具"→"倒角"按钮，按〈Enter〉键后弹出"倒角设置"对话框，如图 2-76 所示，选择第 5 个倒角类型，再将"第一个倒角长度"设置为"3"，"倒角角度"设置为"45"，单击"确定"后按提示完成倒角的绘制。

6. 绘制圆角 R2

单击"机械"→"构造工具"→"倒圆"按钮，按〈Enter〉键后弹出"圆角设置"对话框，如图 2-77 所示，选择第 3 个圆角类型，再将圆角尺寸设置为"2"，单击"确定"后按提示完成圆角的绘制，如图 2-78 所示。

7. 标注尺寸

单击"机械"→"尺寸标注"→"智能标注"按钮，进行尺寸标注，标注结果如图 2-79 所示。

2.11

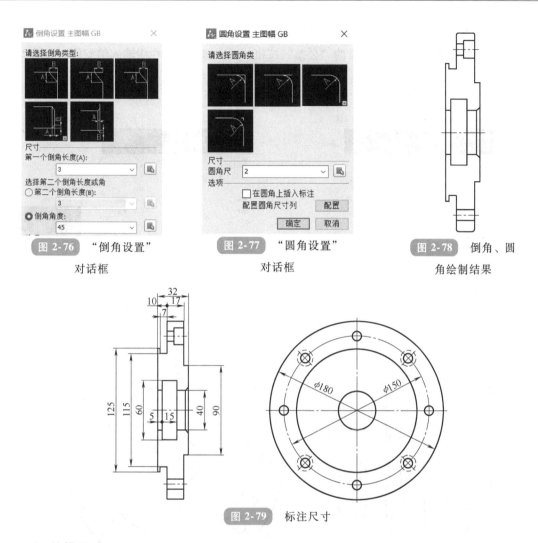

图 2-76　"倒角设置"
对话框

图 2-77　"圆角设置"
对话框

图 2-78　倒角、圆
角绘制结果

图 2-79　标注尺寸

8. 编辑尺寸

双击要编辑的尺寸，在"增强尺寸标注"对话框中对尺寸进行编辑，主要有以下 4 个方面。

1）添加直径符号"ϕ"，还可以添加数量，例如 $\phi 60$，如图 2-80 所示。

2）添加公差代号。单击右上方的"配合"按钮，选择孔公差，例如 $\phi 40H8$，如图 2-81
所示。

图 2-80　标注直径符号

图 2-81　标注公差代号 $\phi 40H8$

3）添加直径符号"φ"和"±"，例如φ125±0.065，如图 2-82 所示。

4）添加极限偏差。单击右上方的"公差"按钮，在"偏差量"栏中输入偏差值，如图 2-83 所示。

图 2-82　标注 φ125±0.065

图 2-83　添加极限偏差

尺寸公差标注的结果如图 2-84 所示。

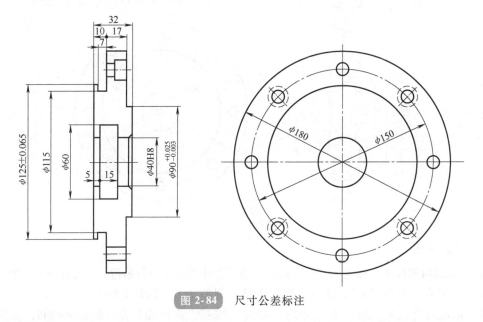

图 2-84　尺寸公差标注

9. 标注形位公差和基准

单击"机械标注"→"符号标注"→"形位公差"按钮，进行零件图上形位公差的标注。形位公差设置如图 2-85 所示，在符号栏中选择对应的公差符号，"公差 1"中输入具体公差值，"基准 1"中输入基准，确定后选择要附着的对象。单击"机械标注"→"符号标注"→"基准符号"按钮，在弹出的对话框中完成基准符号的设置，如图 2-86 所示。形位公差和基准的标注结果如图 2-87 所示。

10. 引线标注

单击"机械标注"→"符号标注"→"引线标注"按钮，在弹出的"引线标注"对话框的"线上文字"栏和"线下文字"栏中输入相应内容，需要的符号在"插入符"中选择，如图 2-88 所示；单击"确定"按钮后选择要附着的对象，引线标注结果如图 2-89 所示。

图 2-85 形位公差设置

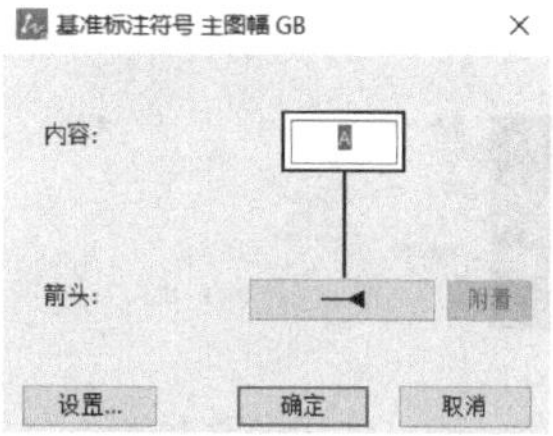

图 2-86 基准符号设置

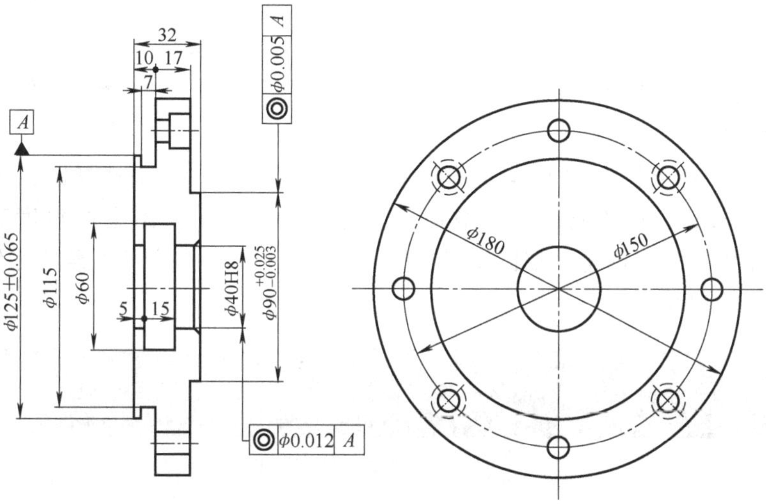

图 2-87 形位公差和基准的标注

图 2-88 "引线标注"对话框

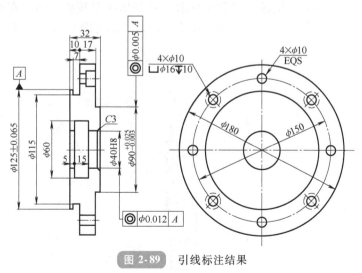

图 2-89 引线标注结果

11. 标注表面结构

单击"机械标注"→"符号标注"→"粗糙度"按钮，在"粗糙度"对话框中选择粗糙度的基本符号，在 C 处填写粗糙度参数（例：Ra12.5），还可以将设置好的粗糙度添加到右侧模板中，方便下次使用，如图 2-90 所示。表面结构标注示例如图 2-91 所示。

图 2-90　表面粗糙度的设置

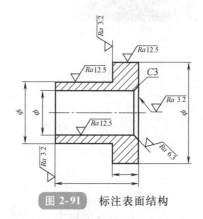

图 2-91　标注表面结构

12. 填充剖面线

单击"常用"→"绘图"→"图案填充"按钮，在"图案"栏中选择图案为"ANSI31"，单击"拾取点"按钮，在填充区域拾取内部点进行填充，填充图案的角度和疏密可以在"角度"和"比例"栏中调整，如图 2-92 所示，完成后单击"关闭图案填充创建"按钮即可，填充效果如图 2-93 所示。

图 2-92　"图案填充"栏

13. 标注剖切位置符号和剖视图名称

单击"机械"→"创建视图"→"剖切线"按钮，然后在剖切线的起始、转折、终止处单击，按〈Enter〉键后指定箭头方向以及剖视图名称的位置即可，标注结果如图 2-93 所示。

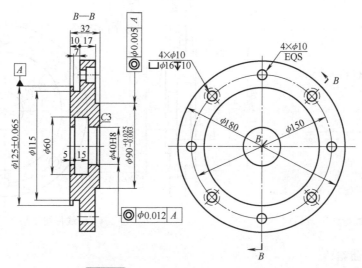

图 2-93　填充剖面线和标注剖切符号

14. 注写技术要求

单击"机械标注"→"文字处理"→"技术要求"按钮，在弹出的"技术要求"对话框中进行注写，技术要求的内容可以在"技术库"中选择，也可以自行输入；注意勾选"自动编号"，如图 2-94 所示，单击"确认"按钮后在图纸的标题栏附近指定合适位置即可，注写结果如图 2-95 所示。

图 2-94 　"技术要求"对话框

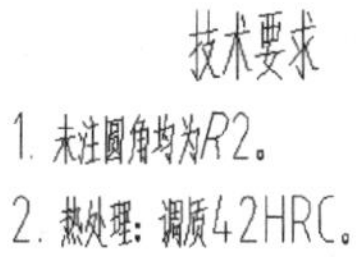

技术要求

1. 未注圆角均为R2。

2. 热处理：调质42HRC。

图 2-95 　技术要求

【技能训练】

按要求绘制如图 2-96 所示的零件图。

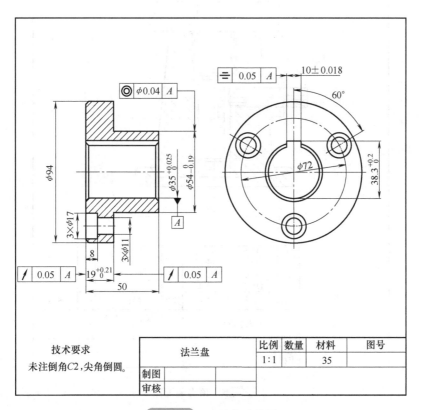

图 2-96 　法兰盘零件图

任务三　绘制装配图

装配图主要表达机器或部件的工作原理、装配关系、结构形状和技术要求，它是机械设计、制造、使用、维修以及进行技术交流的重要技术文件。因此，要正确、规范地绘制装配图。作图时要注重养成认真仔细、一丝不苟的工作作风和规范作图的职业习惯。

【任务导入】

本任务绘制图 2-97 所示顶尖装配图。通过绘制顶尖装配图，了解顶尖的装配关系，掌握装配图的绘制方法，学会标注必要尺寸、编写零件序号、根据序号生成明细栏等。顶尖各零件图如图 2-98 所示。

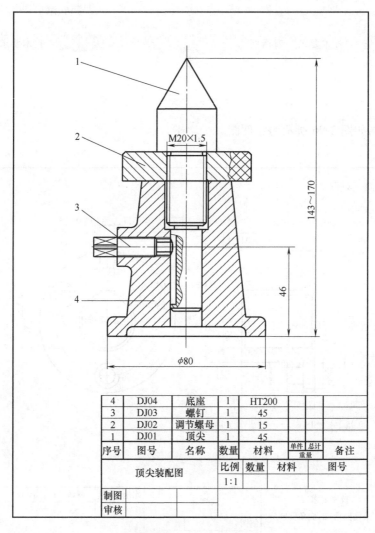

4	DJ04	底座	1	HT200			
3	DJ03	螺钉	1	45			
2	DJ02	调节螺母	1	15			
1	DJ01	顶尖	1	45			
序号	图号	名称	数量	材料	单件 总计 重量		备注
顶尖装配图			比例	数量	材料		图号
			1:1				
制图							
审核							

图 2-97　顶尖装配图

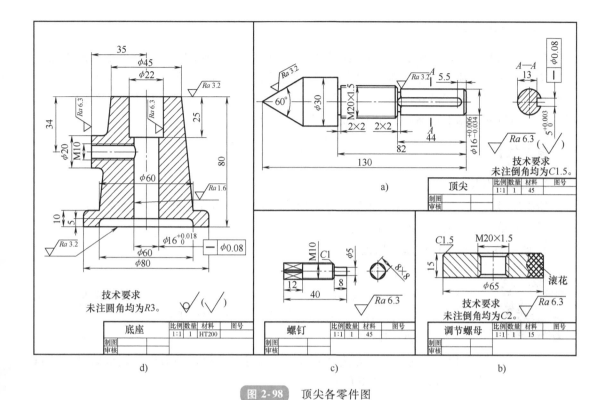

图 2-98 顶尖各零件图

【任务分析】

顶尖由 4 个零件组成，装配图采用了 1∶1 的比例，根据图形尺寸应选择 A4 图纸幅面。装配时调节螺母的下表面与底座的上表面重合，轴线对齐；顶尖从螺母的上方插入；螺钉拧入底座左侧的螺纹孔中。

【知识链接】

一、装配图的绘制方法

1. 直接绘制装配图

对于一些比较简单的装配图，可以按照手工绘制装配图的方法将其绘制出来，与零件图的绘制方法相同。在绘制过程中，要充分利用"对象捕捉""极轴""对象追踪"等绘图辅助工具以提高绘图的效率和准确性。

2. 图形文件插入法

在中望 CAD 软件中，可以将多个图形文件通过单击菜单栏中的"插入"→"块"→"插入"按钮，直接插入到同一图形中，插入后的图形文件以块的形式存在于图形中。因此，可以用直接插入图形文件的方法来拼绘装配图，如果需要对零件图进行编辑，可以将其分解。

二、看懂顶尖装配图

看懂顶尖装配图，需要了解顶尖装配体的工作性能、工作原理及零件之间的装配连接关系。顶尖的作用是顶紧工件。其工作原理是利用螺旋传动来顶紧工件，工作时调节螺母用于调整顶尖的高度，使其沿着轴线方向上下移动，从而顶紧或松开工件。顶尖下方的圆柱上有长圆槽，螺钉的末端卡在槽内，用于限定顶尖的极限高度。

【实施过程】

1. 绘制零件图

绘制序号为 1、2、3、4 的零件图，分别用"顶尖""调节螺母""螺钉"和"底座"命名保存为单个图形文件，不标注尺寸。

2. 调用 A4 图纸幅面并填写标题栏

2.12

3. 插入底座

单击菜单栏"插入"→"块"→"插入"按钮，浏览所绘制的图形，选择"底座"零件图，指定适当插入点放置，如图 2-99 所示。

4. 插入调节螺母

用与上述相同的方法，插入调节螺母，并用移动命令将调节螺母移动到指定位置，如图 2-100 所示。

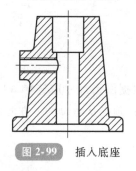

图 2-99　插入底座

图 2-100　插入调节螺母

5. 插入顶尖

顶尖要先按它在装配体中指定的位置旋转，再用移动命令将其移动到所在位置，如图 2-101 所示。

6. 插入调节螺钉

按装配要求最后插入调节螺钉，如图 2-102 所示。

7. 编辑图形

拼装完成后，选中装配体，单击"常用"→"修改"→"分解"按钮，分解图块，然后按装配图要求编辑图形。

8. 标注尺寸

单击"机械标注"→"尺寸标注"→"智能标注"按钮，标注装配图上必要的尺寸。

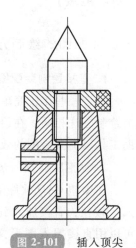

图 2-101　插入顶尖

9. 编写零件序号和明细表

在命令行中输入"XH"并按〈Enter〉键，或单击"机械"→"序号/明细表"→"序号标注"按钮，在弹出的"引出序号"对话框中进行设置，选择序号类型为开放型，设置序号为1，勾选"填写明细表内容"和"序号自动调整"，如图 2-103 所示，单击"确定"按钮后在要标注序号的零件上单击，拖出引线后再单击，弹出"序号输入"对话框，在此框中输入零件的图号、数量、材料等，如图 2-104 所示。零件序号可连续标注，标注结果如图 2-105 所示。

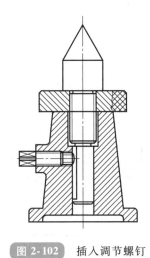

图 2-102　插入调节螺钉

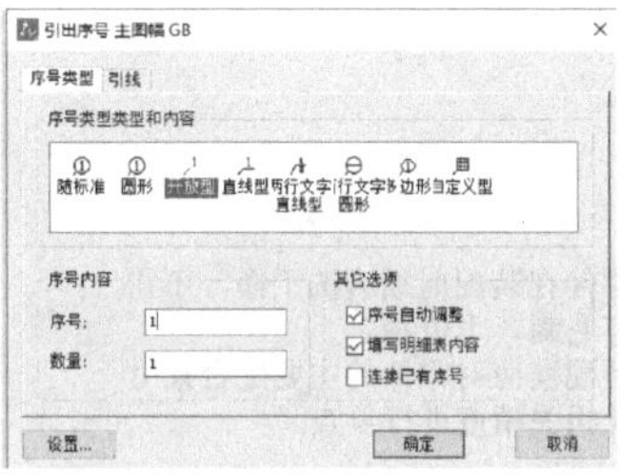

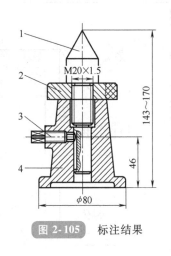

图 2-103　标注零件序号

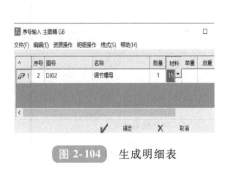

图 2-104　生成明细表

图 2-105　标注结果

【技能训练】

按图 2-107~图 2-110 所示的零件图以及图 2-106 的要求完成低速滑轮装置的装配图的绘制。

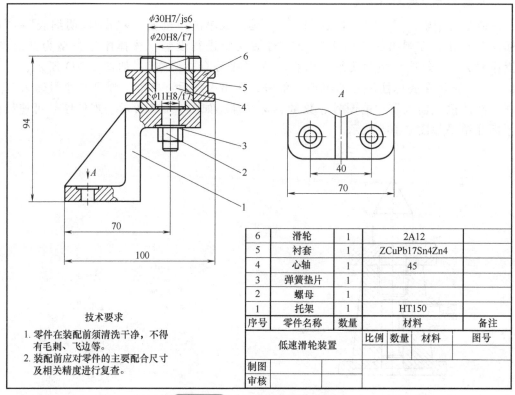

图 2-106 低速滑轮装置装配图

技术要求
1. 零件在装配前须清洗干净，不得有毛刺、飞边等。
2. 装配前应对零件的主要配合尺寸及相关精度进行复查。

6	滑轮	1	2A12	
5	衬套	1	ZCuPb17Sn4Zn4	
4	心轴	1	45	
3	弹簧垫片	1		
2	螺母	1		
1	托架	1	HT150	
序号	零件名称	数量	材料	备注
低速滑轮装置		比例	数量	材料	图号
制图					
审核					

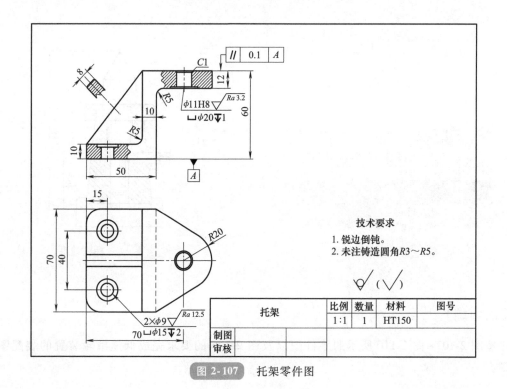

图 2-107 托架零件图

技术要求
1. 锐边倒钝。
2. 未注铸造圆角R3～R5。

托架	比例	数量	材料	图号
	1:1	1	HT150	
制图				
审核				

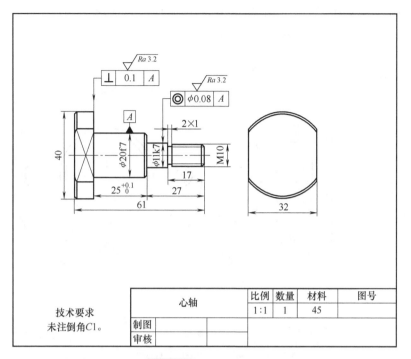

图 2-108 心轴零件图

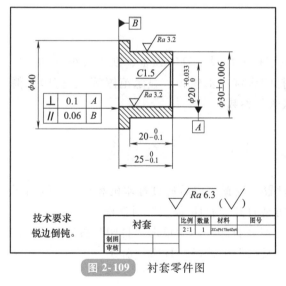

图 2-109 衬套零件图

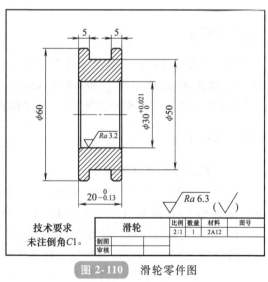

图 2-110 滑轮零件图

任务四　打印出图

【任务导入】

在实际工作中，图形创建完成后都需要将图形打印出来，以便后期的工艺编排、交流以及审核等。请利用中望 CAD 软件的打印输出功能将图 2-111 所示的零件图打印成 PDF 格式输出。

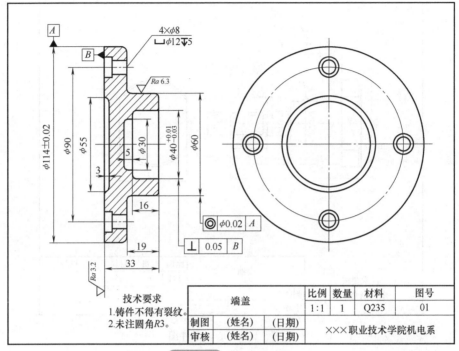

图 2-111 端盖零件图

【任务分析】

本任务通过打印输出端盖零件图，使学生掌握如何设置打印设备、纸张大小（如 A4、A3 等，常见 A4 纸尺寸为 210mm×297mm）、打印区域（如窗口、显示范围等）、打印比例（可选择按比例打印或者布满图纸）、打印样式表等参数。

【知识链接】

1. 打印命令的激活方法

在"打印-模型"对话框中可以进行打印设置，设置完成后通过打印机和绘图仪输出图形。在中望 CAD 软件中，可以通过以下 4 种方法打开"打印-模型"对话框。

1）单击功能区中的"输出"功能选项卡，在"打印"栏中单击"打印"按钮。

2）单击"菜单浏览器"按钮，在弹出的下拉菜单中选择"打印"命令。

3）在菜单中选择"文件"→"打印"命令。

4）在快速访问工具栏中单击"打印"按钮。

2. 设置打印区域

打开"打印-模型"对话框，在"打印范围"栏中单击"显示"右侧下拉菜单按钮，下拉列表中包括"窗口""范围""图形界限"和"显示"4 个选项，各选项的含义如下。

1）窗口：选择该选项，可打印指定窗口内的图形对象。

2）范围：选择该选项，可打印整个图形上的所有对象。

3）图形界限：选择该选项，可打印界限范围内的所有图像对象。

4）显示：选择该选项，可打印当前显示的图形对象。

3. 打印预览效果

完成打印设置后，可以预览打印效果，如果不满意还可以重新设置。在中望 CAD 软件中，当设置好打印机型以后，可以通过以下 4 种方法预览打印效果。

1）单击"菜单浏览器"按钮，在弹出的下拉菜单中选择"打印预览"命令。

2）在"打印-模型"对话框中单击"预览"按钮。

3）在功能区中单击"输出"功能选项卡，在"打印"栏中单击"预览"按钮。

4）在快速访问工具栏中单击"预览"按钮。

使用以上任意一种方法，中望 CAD 软件都将按照当前的页面设置、绘图设备设置及绘图样式表等，在屏幕上显示出最终要输出的图形。

如果要退出预览状态，可以单击窗口左上角的"关闭预览窗口"按钮；也可以按〈Esc〉键或单击鼠标右键，在弹出的快捷菜单中选择"退出"命令，返回"打印-模型"对话框。如果对设置的预览效果满意，则单击"确定"按钮，即可开始进行打印输出。

【实施过程】

按照如图 2-112 所示的流程操作，具体步骤如下。

1）单击"打印机"按钮，在弹出的"打印-模型"对话框中，打印机名称选择"DWG to PDF. pc5"。

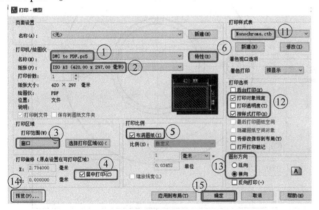

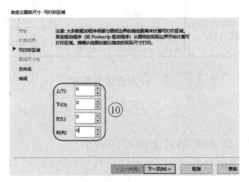

图 2-112 操作示意图

2）选择需要的纸张大小。

3）以"窗口"方式选择打印范围。

4）在"打印偏移"中勾选"居中打印"。

5）在"打印比例"中勾选"布满图纸"。

6）单击"特性"按钮。

7）在弹出的"绘图仪配置编辑器"对话框的"设备和文档设置"选项卡下选择"修改标准图纸尺寸（可打印区域）"。

8）在"修改标准图纸尺寸"列表框中选择与步骤2）一致的纸张大小。

9）单击"修改"按钮。

10）在弹出的对话框中将4个方向的页边距修改为0。

11）"打印样式表"选择"Monochrome. ctb"单色打印样式。

12）在"打印选项"中勾选"打印对象线宽"和"按样式打印"项。

13）"图形方向"选择"横向"或者"纵向"。

14）在"打印-模型"对话框中单击"预览"按钮，查看打印效果，如图2-113所示。

15）若预览效果满意，则单击"确定"按钮，即可开始打印输出。

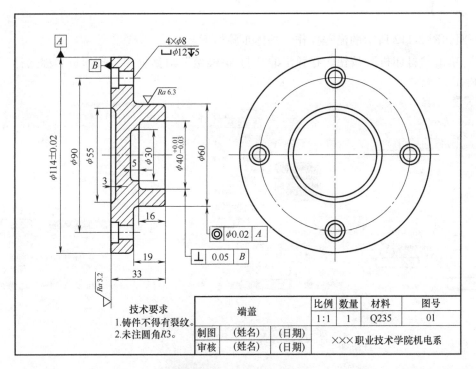

图 2-113 打印预览效果图

【技能训练】

采用虚拟打印机将图2-97以PDF格式文档打印输出。

模块三

认识中望3D软件

任务一　了解中望 3D 软件的特点及应用

中望 3D 软件是一款国产软件，是拥有自主知识产权的三维 CAD/CAM 一体化产品，其软件技术建立在 Overdrive 混合建模内核上，计算速度更快，精度更高，也使处理复杂图形和海量数据时有了保证。中望 3D 软件可使工程师加快设计速度，缩短开发周期，从而使设计更加完善、准确。从入门级的模型设计到全面的一体化解决方案，中望 3D 软件都能提供强大的功能以及性能，提供从设计到加工的一体化方案，CAD/CAM/CAE 首创的实体曲面混合建模技术在工业设计、机械产品设计、模具设计、模具加工领域有着越来越丰富的应用，越来越多的制造厂家已经利用 CAD/CAM/CAE 来推动新产品的开发、工艺设计及制造。国产软件已在国民生产各领域发挥越来越重要作用，其中不断涌现的优秀者也必将走向更大的世界舞台。

本模块主要介绍中望 3D 2023 版软件的界面环境和基本操作。通过学习，将会对中望 3D 2023 版软件的工作环境及操作方法有初步的了解，为进一步的深入学习奠定基础。

一、中望 3D 软件的特点

1. 参数化设计和特征功能

中望 3D 软件是采用参数化设计的、基于特征的实体模型化系统，工程设计人员采用基于特征的功能生成模型，如拔模、孔、倒角、筋等，可以随意勾画草图，轻易改变模型。这一功能特性使工程设计更加简易和灵活。

2. 单一数据库

中望 3D 软件建立在统一图层的数据库上，不像一些传统的 CAD/CAM 系统建立在多个数据库上。所谓单一数据库，就是工程中的资料全部来自一个库，使得每一个独立用户在为同一件产品造型而工作。整个设计过程中的任何一处发生改动，都可以反映在整个设计过程的相关环节上。例如，一旦工程详图有改变，NC（数控）刀具路径也会自动更新；组装工程图如有任何变动，也同样反映在整个三维模型上。这种独特的数据结构与工程设计的完美结合，使得一件产品的整个设计过程的相关环节结合起来。这一优点，使得设计更优化，产品质量更高，价格也更便宜，有利于产品更好地推向市场。

3. 以特征为设计单位

中望 3D 软件是一个基于特征的实体模型建模工具。它可以根据工程设计人员的习惯思维模式，以各种特征作为设计的基本单位，方便地创建零件的实体模型，如拉伸、旋转、扫掠、放样等，均为零件设计的基本特征。用这些方法创建实体，更自然，更直观，无须采用复杂的几何设计方法。

二、中望 3D 软件在机械设计上的应用

中望 3D 软件在机械设计上的应用如下。

1）特征驱动设计（如拔模、孔、倒角、筋等）。

2）参数化设计（如参数尺寸、特征、载荷、边界条件等）。

3）关系设计（如零件的特征值之间，载荷、边界条件与特征参数之间的关系等）。

4）复杂设计（如系列组件的规则排列、交替排列，各种零件设计功能及程序化方法等）。

5）相关性设计（如一个地方的变动引起与之有关的每个地方变动）。

任务二　体验中望 3D 软件的简单操作

一、基本操作

1. 初始界面

当用户打开中望 3D 2023 版软件时，系统打开初始界面，如图 3-1 所示。

图 3-1　初始界面

软件默认的样式为"Silver"，可以在标题栏位置单击鼠标右键对软件样式进行更改，所

有样式包含 Black、Blue、Silver、FlatSilver。

在该界面环境下，除了可以新建和打开文件外，还为用户提供了"边学边用"的学习功能，这是中望3D软件独有的培训系统，用户通过该系统可以在操作过程中得到全程指导。系统会显示并提示每一个操作步骤，用户可以在系统的提示下进行操作。单击初始界面右上角的"帮助"→"边学边用"按钮，弹出"边学边用"的下拉菜单，如图3-2所示，其中包含"简介""建模""装配""工程图""更多"（自动链接到中望软件官网社区）和"打开"。单击"简介"按钮，系统将打开如图3-3所示的"边学边用简介"界面，可以通过左、右箭头按钮进行翻页，单击"退出"按钮 ☒ ，退出"边学边用简介"界面。

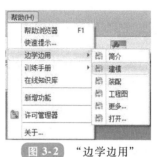

图 3-2 "边学边用"下拉菜单

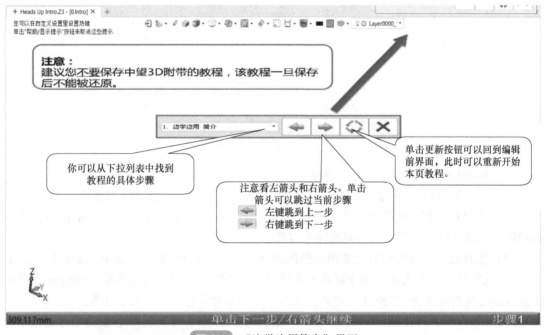

图 3-3 "边学边用简介"界面

中望3D软件还为用户提供了"训练手册"功能。如图3-4所示，单击"帮助"→"训练手册"按钮，弹出"训练手册"的下拉菜单，系统默认包含了"CAD产品设计""CAM铣削""Mold模具设计"和"更多"选项。

图 3-4 "训练手册"下拉菜单

2. 建模环境

新建或打开一个文件后，可以激活并进入建模环境界面，如图 3-5 所示。

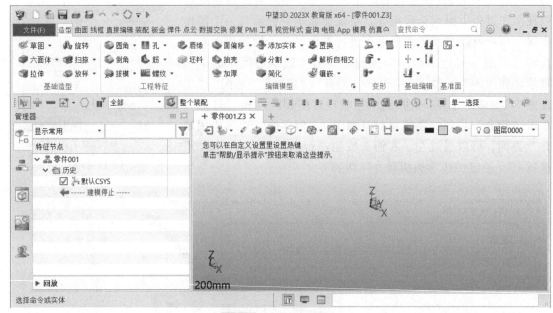

图 3-5　建模环境界面

（1）标题栏　标题栏配有常用的操作命令，如新建、打开、保存、撤销、更新等。另外，还显示中望 3D 软件的版本信息、工作文件（激活零件）、当前工作图层等。

（2）菜单栏　菜单栏配有下拉菜单操作命令，下拉菜单中有子菜单。菜单栏中的大部分功能也可以通过工具栏中的功能图标来实现。

（3）工具栏　工具栏配有功能图标操作命令。中望 3D 软件按照模块分类进行管理，如"造型"功能选项卡中大部分命令都基于实体建模，"线框"功能选项卡中大部分命令都基于曲线创建及曲线操作，"模具"功能选项卡中大部分命令都基于模具设计等。

（4）DA 工具栏　中望 3D 软件将实际工作中使用频率非常高的命令集成在一起，布局在绘图区上方最方便使用的位置，即 DA 工具栏，方便用户获取功能。

（5）管理器　中望 3D 软件的各种操作管理器，在不同的环境中表现不同。例如，在建模环境中包含历史特征管理、装配管理、图层管理、视图管理、视觉管理；在加工环境中为加工操作管理；在工程图中包含图层管理和表格管理等。

（6）提示栏　提示栏的作用是提示用户下一步操作。

（7）信息输入　信息输入是指可以输入系统能识别的命令进行操作。在加工环境中可以显示捕捉的坐标点信息。

二、显示控制

1. 模型显示模式和显示视角

在中望 3D 软件中，模型显示模式和显示视角均可以在 DA 工具栏中进行切换，如图 3-6 所示。

图 3-6 在 DA 工具栏中切换显示模式和显示视角

软件中，可以在键盘上按〈Ctrl+F〉键来切换着色显示和线框显示两种显示模式，如图 3-7 所示。

a) 着色显示模式　　　　　b) 线框显示模式

图 3-7 显示模式

除了系统提供的几种常见的视图类型，有时候需要调整到特别的视角去显示整个模型。这时候可以选择"视图管理器"→"自定义视图"，创建一个新的视图，如图 3-8 所示，这样就可以在任何时候切换到自定义视角。

图 3-8 创建新视图

2. 最大距离测量

单击"查询"→"距离"按钮，弹出"距离"对话框，在绘图区分别单击要测量距离的两个点，如图 3-9 所示，可测量两点距离。中望 3D 软件在距离测量功能中新增"最大距离"选项，适用于零件环境、装配环境、草图环境、3D 草图环境、工程图环境以及 CAM 环境下的距离测量，"几何体到点""几何体到几何体"测量模式均支持该选项。

图 3-9 "距离"对话框

3. 智能旋转中心

中望 3D 软件在 DA 工具栏中提供了一个可选择中心的切换按钮，其下拉菜单包含"智能旋转中心""绕视图原点""绕包络框中心"和"绕鼠标位置"4 个选项，如图 3-10 所示，方便用户切换视图旋转中心。

图 3-10 切换按钮的下拉菜单

三、文件管理

中望 3D 软件有两种文件管理方式，一种是多对象文件，另一种是单对象文件。与其他 3D 软件相比，多对象文件是中望 3D 软件特有的一种文件管理方式，可以同时将中望 3D 零件图、装配图、工程图和加工文件放在一起以一个单一的 Z3 文件进行管理。

1. 多对象文件

中望 3D 软件默认的文件管理方式是多对象文件。但同时中望 3D 软件也兼容一个文件下包含一个对象的单对象文件。

默认状态下新建文件，可以创建多对象文件。在多对象环境中，可以创建不同的对象，它们之间可以是装配关系，也可以是相互独立的。如果要在文件内部新建零件，则单击左上方零件名称左边的"+"按钮；如果要在文件外部新建零件，则单击左上方零件名称右边的"+"按钮，如图 3-11 所示。如果要编辑某零件，双击零件名称可激活并进入零件操作环境。

图 3-11 新建零件

多对象文件可以将包含零件的装配文件对其零件进行内部管理并产生关联，而不需要将零件单独保存，这使文件管理更加简洁。如图 3-12 所示，打开 Z3 文件后，在标签界面上，会显示文件名和后缀；管理器中"名称"下是对象名称，"类型"下是每一个对象的类型，在对象列表中显示的是这个多对象文件所包含的 1 个装配对象和 5 个零件对象。

图 3-12 多对象文件

2. 单对象文件

单对象文件，即零件图、装配图、工程图和加工文件都被保存成单独的文件。这是一种常见的文件保存类型，也是其他 3D 软件常采用的文件类型。在中望 3D 软件中，单对象文件类型不是默认类型，需要在"配置"的"通用"中勾选此类型后才能生效，如图 3-13 所示。

图 3-13 单对象文件设置

在"配置"设置中，勾选"单文件单对象"，就会把默认的多对象文件修改为单对象文件，但这个设置只对新建的文件有效。

3. 多对象文件和单对象文件的互相转换

（1）多对象文件转单对象文件 在多对象文件中，选择对象列表下的所有对象，再单击鼠标右键，在弹出的快捷菜单中单击"分离"按钮，如图 3-14 所示，可将多对象文件中的多个对象分离成一个个独立的单对象文件并保存到指定位置。

（2）单对象文件转多对象 确认配置选项是多对象设置，然后新建一个多对象文件，对于已经完成设计并装配好的单对象文件，使用装配界面下的"插入"按钮，直接插入总装图。如图 3-15 所示，选择复制零件（即勾选"复制零件""复制整个装配零件""复制关联 2D 图层"选项）后，在对象列表中可以看到装配下的所有单对象文件已转化为多对象文件。

图 3-14　多对象文件分离

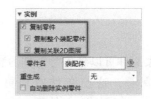

图 3-15　单对象文件复制

模块四

3D草图绘制

任务一　绘制简单草图

【任务导入】

草图是学习三维建模非常重要的基础，请利用中望 3D 软件草图功能绘制如图 4-1 所示的简单草图。

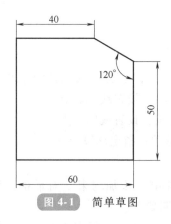

图 4-1　简单草图

【任务分析】

绘制简单平面草图是为了熟悉草图操作环境，掌握绘制草图常用工具与创建草图约束等操作。根据给定的简单草图，从基准原点出发，从水平直线依次开始作图，形成封闭草图，最后给草图添加约束。

【知识链接】

1. 创建草图

草图是使用尺寸和几何约束加以限制的平面几何造型，大多数几何模型及特征都是通过草图创建的。

选择"造型"功能选项卡，单击"草图"按钮，弹出"草图"对话框，如图 4-2 所示。

对话框中各参数说明如下。

1）"必选"栏中"平面"选项：指定草图平面。

2）"定向"栏中"向上"选项：指定草图水平轴方向。

3）"定向"栏中"原点"选项：指定草图原点位置。

2. 创建直线

使用直线工具可以绘制两点直线、平行点直线、平行偏移直线、垂直直线、角度直线、水平或者竖直直线、中点直线。

在"草图"功能选项卡下单击"直线"按钮，弹出"直线"对话框，如图 4-3 所示。下面仅对常用的两点直线法予以介绍，对话框中各参数说明如下。

图 4-2 "草图"对话框

图 4-3 "直线"对话框

1）"必选"栏中两点图标选项：给定两点绘制线段的方式。

2）"必选"栏中"点 1"选项：设置线段起点。

3）"必选"栏中"点 2"选项：设置线段终点。

4）"设置"栏中"长度"选项：指定线段长度。

3. 草图几何约束

单击"添加约束"按钮，弹出"添加约束"对话框，如图 4-4 所示。对话框中各参数说明如下。

1）"必选"栏中"曲线/点"选项：选择需要添加约束的对象。

2）"约束"栏中图标选项：选择添加对应的几何约束。

图 4-4 "添加约束"对话框

4. 草图尺寸约束

"标注"工具栏有快速标注、线性、角度、半径/直径、方程式管理器、切换参考工具，其中快速标注工具可以自动判断标注尺寸的类型。

单击"快速标注"按钮，弹出"快速标注"对话框，如图 4-5 所示。对话框中各参数说明如下。

1）"必选"栏中"点 1"选项：选择需要标注的起点。

2）"必选"栏中"点 2"选项：选择需要标注的终点。

图 4-5 "快速标注"对话框

3）"标注模式"栏中图标选项：选择需要标注的模式。

【实施过程】

4.1

一、新建零件

单击"新建"按钮新建文件，"类型"选择"零件"，"子类"选择"标准"，"唯一名称"修改为"简单草图"。设置完成后单击"确定"按钮。

二、创建草图

选择"造型"功能选项卡，单击"草图"按钮，在弹出的"草图"对话框中创建草图。设置完成后单击按钮 ✅，进入草图环境，软件自动使视图朝向草图平面。

三、绘制大致草图

1. 绘制水平直线

在"草图"功能选项卡中单击"直线"按钮，弹出"直线"对话框。

在弹出的对话框中完成如下设置以绘制水平直线。

1）在"必选"栏中选择"两点"图标，单击"点1"选项，在绘图区选择基准坐标系的原点。

2）在"设置"栏中将"长度"设置为"60"，并勾选"显示向导"选项。

3）在"必选"栏中单击"点2"选项，在绘图窗口中从基准坐标系原点处向右移动指针，看到虚线辅助线时，沿着辅助线60mm处单击，设置效果如图4-6所示，设置完成后单击按钮 ✅ 。

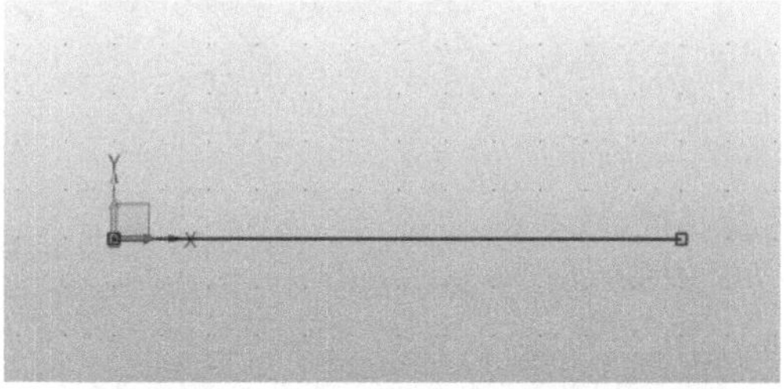

图 4-6　长度为60mm的水平直线

2. 绘制竖直线

在"草图"功能选项卡中单击"直线"按钮，弹出"直线"对话框。

在弹出的对话框中完成如下设置以绘制竖直线。

1）在"必选"栏中选择"垂直"图标；"参考线"选择刚创建的水平直线；单击"点1"选项，在绘图区选择水平直线终止点。

2）在"设置"栏中将"长度"设置为"50"，勾选"显示向导"选项。

3）在"必选"栏中单击"点2"选项，在绘图区中从水平直线终止点，向直线方向移动指针，看到虚线辅助线时，沿着辅助线50mm处单击，设置完成后单击按钮 ✅ 。

绘制的竖直线如图4-7所示。

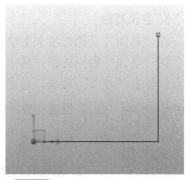

图 4-7　长度为50mm的竖直线

3. 绘制带角度直线

在"草图"功能选项卡中单击"直线"按钮，弹出"直线"对话框。

在弹出的对话框中完成如下设置以绘制带角度直线。

1）在"必选"栏中选择"角度"图标；"参考线"选择刚创建的竖直线；单击"点1"选项，在绘图区选择竖直线终止点；将"角度"设置为"60"。

2）在"设置"栏中将"长度"设置为"23"，勾选"显示向导"选项。

3）在"必选"栏中单击"点2"选项，在绘图区出现虚线辅助线，沿辅助线大约23mm处单击，设置完成后单击按钮 。

绘制的带角度直线如图4-8所示。

4. 利用参考线绘制直线

在"草图"功能选项卡中单击"直线"按钮，弹出"直线"对话框。

在弹出的对话框中完成如下设置以绘制该直线。

1）在"必选"栏中选择"平行点"图标；"参考线"选择水平直线；单击"点1"选项，在绘图区单击带角度直线的终止点。

2）在"设置"栏中将"长度"设置为"40"，勾选"显示向导"选项。

3）在"必选"栏中单击"点2"选项，在绘图区出现辅助线，沿辅助线大约40mm处单击，设置完成后单击按钮 。

利用参考线绘制的直线如图4-9所示。

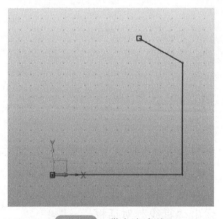

图 4-8　带角度直线

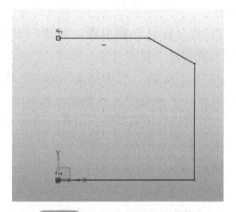

图 4-9　利用参考线绘制直线

5. 封闭草图

在"草图"功能选项卡中单击"直线"按钮，弹出"直线"对话框。

在"必选"栏中选择"两点"图标；单击"点1"选项，在绘图区选择基准坐标系的原点；单击"点2"选项，在绘图区选择需要封闭的点（即上一步骤绘制的直线的终止点），设置完成后单击 。

四、添加约束

1. 添加几何约束

在"约束"工具栏中，单击"添加约束"按钮，依次单击两条水平直

4.2

线，在弹出的"添加约束"对话框中选择"线水平约束"；然后依次单击两条竖直线，在"添加约束"对话框中选择"线竖直约束"，如图4-10所示。

2. 添加尺寸约束

在"标注"工具栏中单击"快速标注"按钮，依次标注角度、两条水平线长度和竖直线长度，如图4-11所示。

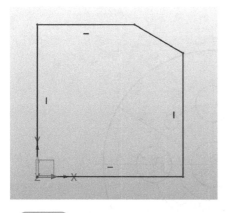

图 4-10　添加水平、竖直几何约束

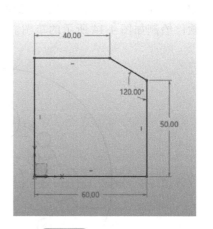

图 4-11　添加尺寸约束

五、结束草图绘制

单击"草图"功能选项卡中的"退出"按钮，结束草图绘制。

六、保存文件

选择"文件"中的"保存"按钮，进行草图的保存。

【技能训练】

请完成如图4-12、图4-13所示的简单草图的绘制。

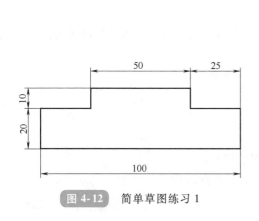

图 4-12　简单草图练习1

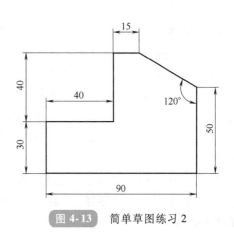

图 4-13　简单草图练习2

任务二　绘制较复杂草图

【任务导入】

　　镜像、旋转是绘制草图中的常见命令，而且两个命令在绘图中往往交叉使用。试用中望 3D 软件绘制如图 4-14 所示的草图。

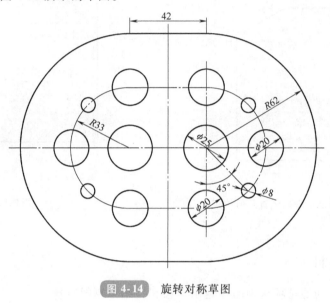

图 4-14　旋转对称草图

【任务分析】

　　本任务的学习主要是为了掌握镜像和旋转零件草图的绘制方法，掌握添加对称、旋转约束的方法。分析草图，可以先绘制不同的曲线，然后通过旋转、镜像命令来绘制草图。

【知识链接】

1. 创建圆

　　圆命令中包含边界圆、半径圆、通过点圆、两点半径圆、两点圆等绘制圆的方式。下面重点介绍半径圆绘制方式及其参数设置。

　　在"草图"功能选项卡中单击"圆"按钮，弹出"圆"对话框，如图 4-15 所示。对话框中各参数说明如下。

　　1）"必选"栏中图标选项：指定绘制圆的方式，选择"半径"图标。

　　2）"必选"栏中"圆心"选项：指定绘制圆的圆心。

　　3）"必选"栏中"半径""直径"选项：指定绘制圆时使用的半径或直径。

图 4-15　"圆"对话框

4）"必选"栏中"半径"选项：设置绘制圆的半径。

2. 旋转命令

以移动或者复制的方式将目标图形围绕基点旋转一定的角度，所选图形与其他图形间的位置不变，内部图形保持原来的几何关系。

在"草图"功能选项卡中单击"旋转"按钮，弹出"旋转"对话框，如图 4-16 所示。对话框中各参数说明如下。

1）"必选"栏中"实体"选项：在绘图区选择需要旋转的目标图形。

2）"必选"栏中"基点"选项：在绘图区选择旋转所围绕的基点。

3）"必选"栏中"角度"选项：指定旋转角度。

4）"设置"栏中"移动""复制"选项：指定目标图形的旋转方式。

3. 镜像命令

使用镜像命令后，以镜像线为对称产生一个原图形的镜像图形，两个图形保持对称关系。

在"草图"功能选项卡中单击"镜像"按钮，弹出"镜像几何体"对话框，如图 4-17 所示。对话框中各参数说明如下。

图 4-16　"旋转"对话框

图 4-17　"镜像几何体"对话框

1）"必选"栏中"实体"选项：在绘图区选择需要镜像的图形。

2）"必选"栏中"镜像线"选项：在绘图区选择图形的镜像线。

3）"设置"栏中"保留原实体"选项：选择是否保留原图形。

【实施过程】

4.3

一、新建零件

新建文件"旋转对称草图"。

二、创建草图

选择"造型"功能选项卡，单击"草图"按钮，在弹出的"草图"对话框中创建草图，设置完成后进入草图环境，软件自动使视图朝向草图平面。

三、绘制草图

1. 绘制参考线

在"草图"功能选项卡中单击"绘图"按钮，在绘图区绘制一条水平直线和一条与水平直线垂直的竖直直线。注意：绘制完一条直线后按〈Esc〉键，再次单击"绘图"按钮进行下一段直线的绘制。

在绘图区单击水平直线后，单击鼠标右键，弹出如图 4-18 所示的快捷菜单，单击"切换类型"（构造型/实体型）按钮 ，水平直线变成参考线。用同样的方法将竖直直线切换为参考线。

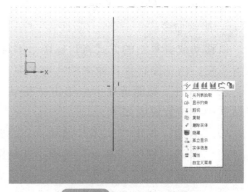

图 4-18　切换参考直线

在绘图区绘制一条竖直线，将其转换成参考线。在"约束"工具栏中单击"快速标注"按钮，标注两条竖直参考线距离为 21mm，设置效果如图 4-19 所示。

在绘图区绘制一条水平直线，将其转换成参考线。在"约束"工具栏中单击"快速标注"按钮，标注两条水平参考线距离为 33mm，如图 4-20 所示。

图 4-19　标注竖直参考线

图 4-20　标注水平参考线

2. 绘制圆

在"草图"功能选项卡中单击"圆"按钮，弹出"圆"对话框。

在如图 4-21 所示的对话框中，在"必选"栏中选择"半径"图标，单击"圆心"选项，在绘图区捕捉圆心，如图 4-22 所示；选择"半径"选项，在"半径"处输入"10"，设置完成后单击按钮 。

绘制的圆如图 4-23 所示。

图 4-21　"圆"对话框
　　　　　参数设置

图 4-22　捕捉圆心

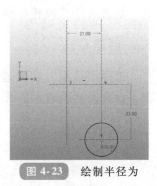

图 4-23　绘制半径为
　　　　　10mm 的圆

3. 旋转圆

在"草图"功能选项卡中单击"旋转"按钮，弹出"旋转"对话框。

在如图4-24所示的对话框中完成如下设置。

1）在"必选"栏中单击"实体"选项，在绘图区选择需要旋转的圆；单击"基点"选项，在绘图区选择旋转所围绕的基点；选择"角度"选项，在"角度"处输入"45"。

2）在"设置"栏中选择"复制"选项，在"复制个数"处输入"2"，设置完成后单击按钮 ✔。

旋转圆如图4-25所示。

图 4-24　"旋转"对话框参数设置

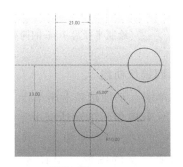

图 4-25　旋转圆

4. 再次绘制圆

在"草图"功能选项卡中单击"圆"按钮，分别绘制半径为62mm、12.5mm的圆，如图4-26所示。

5. 绘制同心圆

在"草图"功能选项卡中单击"圆"按钮，弹出"圆"对话框。

在"必选"栏中选择"半径"图标；选择"半径"选项，在"半径"处输入"4"；单击"圆心"选项，在绘图区捕捉同心圆圆心，如图4-27所示，当出现同心圆约束图标后，在绘图区任意处单击以绘制同心圆，如图4-28所示。

随后将外侧半径为10mm的圆转换成参考图形，如图4-29所示。

4.4

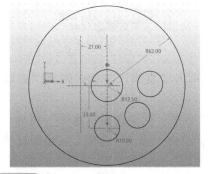

图 4-26　绘制半径为62mm、12.5mm的圆

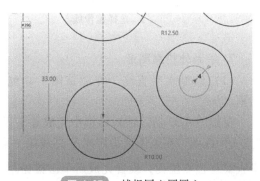

图 4-27　捕捉同心圆圆心

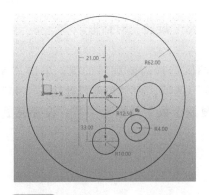

图 4-28　绘制半径为 4mm 的同心圆

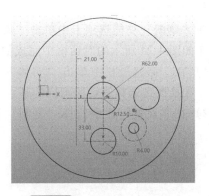

图 4-29　切换成参考同心圆

6. 绘制镜像曲线

在"草图"功能选项卡中单击"镜像"按钮，弹出"镜像几何体"对话框。

在如图 4-30 所示的对话框中完成如下设置。

1）在"必选"栏中单击"实体"选项，在绘图区选择需要镜像的图形（半径为 62mm 的圆）；单击"镜像线"选项，在绘图区选择图形的镜像线，如图 4-31 所示。

2）在"设置"栏中勾选"保留原实体"选项。设置完成后单击按钮 ✔ 。

图 4-30　"镜像几何体"对话框设置

绘制的镜像图形如图 4-32 所示。

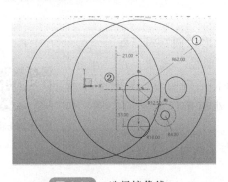

图 4-31　选择镜像线

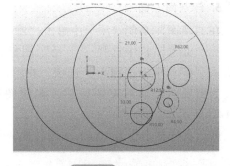

图 4-32　镜像圆

7. 绘制外轮廓图形

（1）绘制水平直线　在"草图"功能选项卡中单击"直线"按钮，弹出"直线"对话框。

在如图 4-33 所示的对话框中完成如下设置。在"必选"栏中选择"水平"图标；单击"点 1"选项，在绘图区指定水平直线第一点的位置；单击"点 2"选项，在绘图区指定水平直线终止点位置，设置完成后单击按钮 ✔ 。

绘制结果如图 4-34 所示。

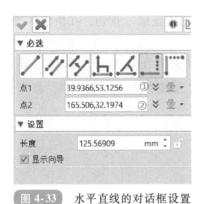

图 4-33　水平直线的对话框设置

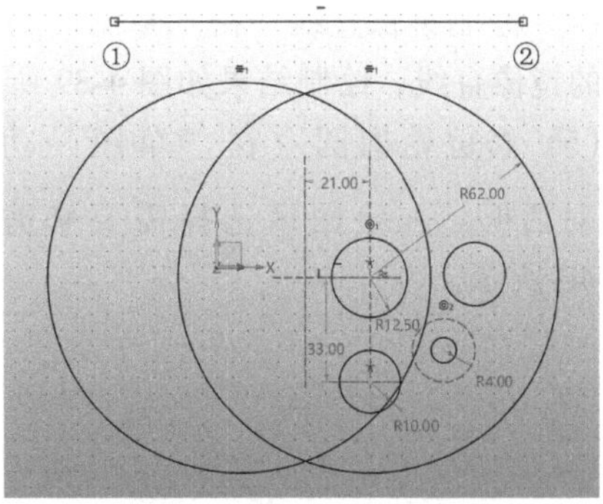

图 4-34　水平直线绘制结果

（2）添加几何约束（相切）　在"约束"栏中单击"添加约束"按钮，弹出"添加约束"对话框。

在如图 4-35 所示的对话框中完成如下设置。

1）在"必选"栏中单击"曲线/点"选项，在绘图区依次单击水平直线和圆，如图 4-36 所示。

2）在"约束"栏中选择"相切"图标，设置完成后单击按钮 ✔ 。

绘制的相切直线如图 4-37 所示。

（3）修剪相切直线　在"草图"功能选项卡中单击"单击修剪"按钮，弹出"单击修剪"对话框。在绘图区选择需要修剪的部分，设置完成后单击按钮 ✔ ，修剪结果如图 4-38 所示。

图 4-35　添加相切约束的对话框

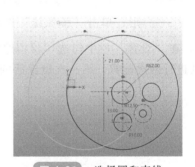

图 4-36　选择圆和直线

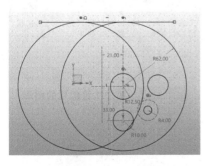

图 4-37　绘制相切直线

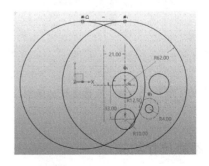

图 4-38　修剪后的相切直线

（4）绘制镜像直线　在"草图"功能选项卡中单击"镜像"按钮，在绘图区绘制相切直线的镜像直线，绘制结果如图4-39所示。

（5）修剪轮廓圆　在"草图"功能选项卡中单击"单击修剪"按钮，弹出"修剪"对话框。在绘图区选择需要修剪的部分，设置完成后单击按钮 ，修剪结果如图4-40所示。

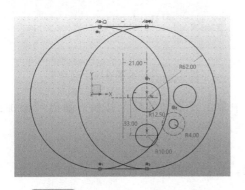

图 4-39　绘制相切直线的镜像直线

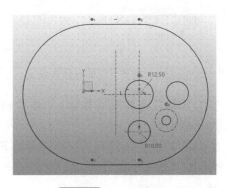

图 4-40　修剪轮廓圆

8. 绘制轮廓内对称图形

在"草图"功能选项卡中单击"镜像"按钮，弹出"镜像几何体"对话框。在弹出的对话框中完成如下设置。

1）在"必选"栏中单击"实体"选项，在绘图区选择需要镜像的图形；单击"镜像线"选项，在绘图区选择图形的镜像线。

4.5

2）在"设置"栏中勾选"保留原实体"选项，设置完成后单击按钮 。

共进行两次镜像，第一次镜像后的图形如图4-41所示，第二次镜像后的图形如图4-42所示。

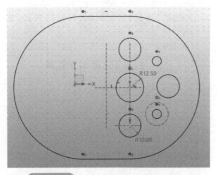

图 4-41　第一次镜像后的图形

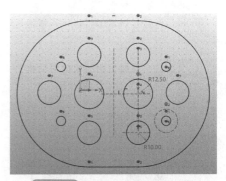

图 4-42　第二次镜像后的图形

四、添加尺寸约束

在"约束"工具栏中单击"快速标注"按钮，依次标注图形尺寸，如图4-43所示。

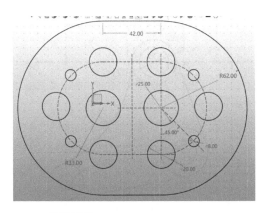

图 4-43　添加尺寸约束后的图形

五、结束草图绘制

单击"草图"功能选项卡中的"退出"按钮,结束草图绘制。

六、保存文件

选择"文件"中的"保存"按钮,进行草图的保存。

【技能训练】

请完成如图 4-44、图 4-45 所示草图的绘制。

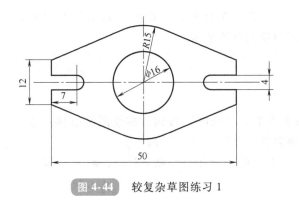

图 4-44　较复杂草图练习 1　　　　图 4-45　较复杂草图练习 2

任务三　绘制复杂草图

【任务导入】

复杂草图往往由直线与曲线、曲线与曲线相交而成,复杂草图还伴随着复杂尺寸的标注。请利用中望 3D 软件草图功能绘制如图 4-46 所示的草图。

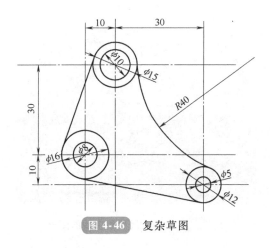

图 4-46　复杂草图

【任务分析】

掌握复杂草图的绘制方法。

【实施过程】

4.6

一、新建零件

新建文件"复杂草图"。

二、创建草图

选择"造型"功能选项卡，单击"草图"按钮，在弹出的"草图"对话框中创建草图，设置完成后进入草图环境，软件自动使视图朝向草图平面。

三、绘制草图

1. 绘制 ϕ8mm、ϕ16mm 圆

（1）绘制参考线　在"草图"功能选项卡中单击"绘图"按钮，在绘图区绘制一条水平直线、与水平直线垂直的竖直直线，并转换为参考直线如图 4-47 所示。

（2）绘制圆　在"草图"功能选项卡中单击"圆"按钮，绘制 ϕ8mm、ϕ16mm 圆，如图 4-48 所示。

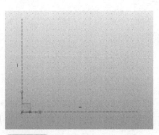

图 4-47　绘制两条参考直线

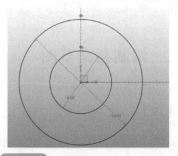

图 4-48　绘制 ϕ8mm、ϕ16mm 圆

2. 绘制 $\phi15mm$、$\phi10mm$ 圆

（1）绘制基准直线　在"草图"功能选项卡中单击"偏移"按钮，弹出"偏移"对话框，在对话框中完成设置：在"必选"栏中单击"曲线"选项，在绘图区选择需要偏移的图形（$\phi8mm$、$\phi16mm$ 圆的竖直基准直线）；在"距离"处，输入"10"，如图 4-49 所示，设置完成后单击按钮 。

使用偏移命令得到的竖直基准直线如图 4-50 所示。

图 4-49　"偏移"对话框参数设置

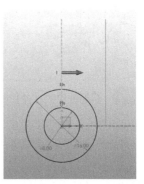

图 4-50　使用偏移命令得到的竖直基准直线

用同样的方法绘制 $\phi15mm$、$\phi10mm$ 圆的水平基准直线，如图 4-51、图 4-52 所示。

图 4-51　"偏移"对话框参数设置

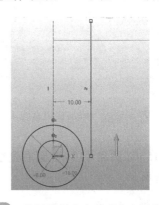

图 4-52　使用偏移命令得到的水平基准直线

（2）绘制圆　在"草图"功能选项卡中单击"圆"按钮，绘制 $\phi15mm$、$\phi10mm$ 圆，如图 4-53 所示。

用同样的方法绘制 $\phi12mm$、$\phi5mm$ 圆，如图 4-54 所示。

3. 绘制相切曲线

在 $\phi15mm$ 圆和 $\phi16mm$ 圆左侧绘制一条直线，给其添加相切约束并修剪，如图 4-55 所示。

在 $\phi16mm$ 圆和 $\phi12mm$ 圆下侧绘制一条直线，给其添加相切约束并修剪，如图 4-56 所示。

4.7

4.8

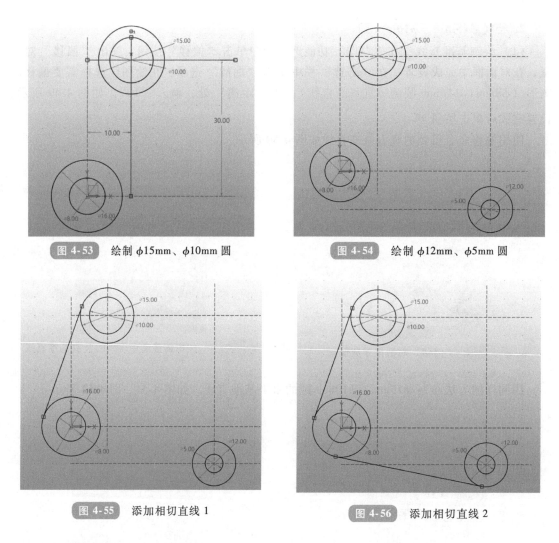

图 4-53 绘制 φ15mm、φ10mm 圆

图 4-54 绘制 φ12mm、φ5mm 圆

图 4-55 添加相切直线 1

图 4-56 添加相切直线 2

在 φ15mm 圆和 φ12mm 圆右侧绘制一个 φ80mm 圆，给其添加相切约束并修剪，效果如图 4-57 所示。

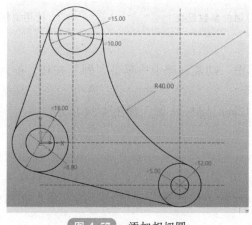

图 4-57 添加相切圆

四、结束草图绘制

单击"草图"功能选项卡中的"退出"按钮，结束草图绘制。

五、保存文件

单击"文件"中的"保存"按钮，进行草图的保存。

【技能训练】

请完成如图 4-58、图 4-59 所示的草图的绘制。

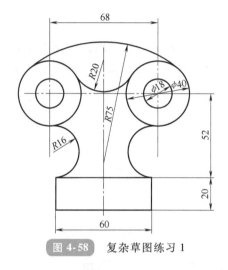

图 4-58　复杂草图练习 1

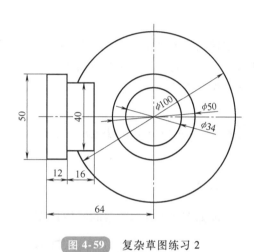

图 4-59　复杂草图练习 2

模块五

实体建模基础

本模块主要介绍中望 3D 软件的三维建模功能及三维建模的具体使用，结合任务学习拉伸特征、旋转特征、扫掠特征等在建模中的应用，以及边特征、复制特征、修改特征等常用特征操作和特征编辑方法。

任务一　支架三维建模

【任务导入】

完成如图 5-1 所示支架的实体建模。

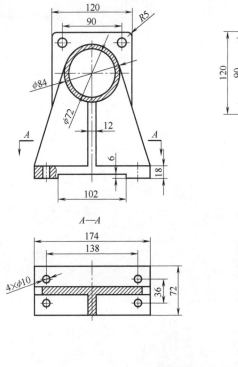

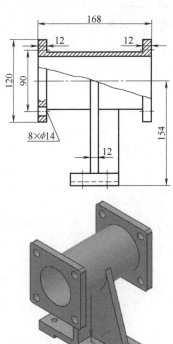

图 5-1　支架

【任务分析】

支架主要起支撑作用，主要由底座、支撑板和支撑体组成。在创建此零件模型时，可以先利用拉伸命令创建出各部分的实体轮廓，然后利用孔命令创建孔特征。

【知识链接】

5.1

1. 拉伸

拉伸是将拉伸对象沿所指定的矢量方向拉伸到某一指定位置所形成的实体。拉伸对象可以是草图、曲线等二维元素。

在"选型"功能选项卡中的"基础造型"工具栏中单击"拉伸"按钮，弹出"拉伸"对话框，如图 5-2 所示。对话框中各参数说明如下。

（1）必选

1）轮廓：选择要拉伸的轮廓；或单击右侧的  按钮，选择"草图"，在草图中创建轮廓。轮廓可选择为面、线框几何图形、面边界或一个草图。

2）拉伸类型：定义拉伸的方式，有以下 4 种方式。

① 1 边：拉伸的起始点默认为所选的轮廓位置，通过定义拉伸的结束点来确定拉伸的长度。如图 5-3a 所示为 1 边拉伸 10mm 的效果图。

② 2 边：通过定义拉伸的起始点和结束点来确定拉伸的长度。如图 5-3b 所示为起始点为−10mm、结束点为 10mm 的拉伸效果图。

③ 对称：与 1 边方式类似，但会沿反方向拉伸同样的长度。如图 5-3c 所示为对称拉伸 10mm 的效果图。

④ 总长对称：通过定义总长的方式对称拉伸。

图 5-2　"拉伸"对话框

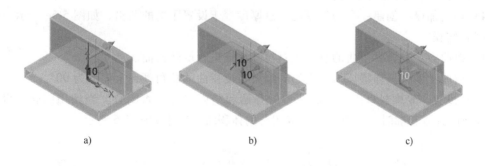

a)　　　　　　　　　　　b)　　　　　　　　　　　c)

图 5-3　各类型拉伸效果图

3）起始点、结束点：指定拉伸特征的开始和结束位置。可输入精确的值，或在界面上拖动光标来实时预览，也可单击下拉按钮显示额外的输入选项。

（2）布尔运算　指定布尔运算的方法和进行布尔运算的造型。

1）基体：用于定义零件的初始基础形状。如果活动零件中没有几何体，则自动选择该方法；如果有几何体，则用这个方法创建一个单独的基体造型，如图 5-4a 所示。

2）加运算：该方法向布尔造型中增加材料，如图 5-4b 所示。

3）减运算：该方法从布尔造型中删除材料，如图 5-4c 所示。

4）交运算：该方法返回与布尔造型相交的材料，如图 5-4d 所示。

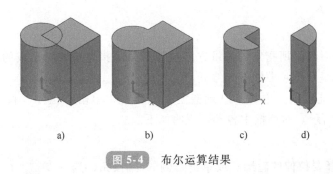

a)　　　　　　　b)　　　　　　　c)　　　　　　d)

图 5-4　布尔运算结果

（3）拔模

1）拔模角度：输入所需的拔模角度，可以是正值或负值，正值会使特征沿拉伸的正方向增大，使模型变大。

2）桥接：使用该选项，可选择拔模拐角条件。

3）按拉伸方向拔模：勾选此选项，可在拉伸方向应用拔模。否则，拔模将应用在轮廓或草图平面的法向方向。

（4）偏移　指定一个应用于曲线、曲线列表、开放或闭合的草图轮廓的偏移方法和距离。

1）无：不创建偏移。

2）收缩/扩张：通过收缩或扩张轮廓创建一个偏移，如图 5-5a 所示。负值表示向内部收缩轮廓，正值表示向外部扩张轮廓。

3）加厚：为轮廓创建一个由两个距离值决定的厚度，如图 5-5b 所示。偏移 1 向外部偏移轮廓，偏移 2 向内部偏移轮廓。

4）均匀加厚：创建一个均匀厚度，总厚度等于设置距离的两倍，如图 5-5c 所示。

（5）转换

1）扭曲点：选择要扭曲的点，以对拉伸特征进行旋转扭曲。

2）扭曲角度：拉伸特征从其起始到结束将要扭曲的总角度，上限值为 90°。

（6）设置　轮廓封口用于控制造型的开始和结束位置是否闭合。当使用闭合轮廓或有边界选项的开放轮廓时，可以自动构成闭合的体积块，效果如图 5-6 所示。

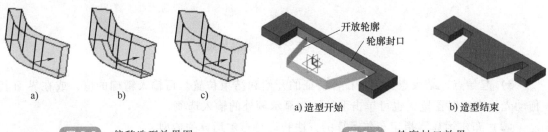

a)　　　　　　　b)　　　　　　c)　　　　　　　a) 造型开始　　　　　　　　b) 造型结束

图 5-5　偏移造型效果图　　　　　　　图 5-6　轮廓封口效果

（7）公差　用于设置局部公差。该公差仅对当前命令有效。命令结束后，后续建模仍然使用全局公差。

2. 孔

5.2

孔命令可创建常规孔、间隙孔和螺纹孔，并支持不同的孔造型，包括简单孔、锥形孔、沉孔、台阶孔和台阶面孔。孔的结束端有多种类型，包括盲孔、终止面和通孔。

在"造型"功能选项卡中的"工程特征"工具栏中单击"孔"按钮，弹出"孔"对话框，如图5-7所示。对话框中各参数说明如下。

（1）必选

1）类型：该选项用于设置孔类型，包括常规孔、间隙孔和螺纹孔。

2）位置：选择孔位置，然后单击鼠标中键继续。可以创建多个孔，但是所有的孔被认为是一个有相同标注值的特征。

（2）孔对齐

1）面：选择孔特征的基面。可以是面、基准面或者草图。孔的深度是从该基面开始计算的，孔轴将与该基面的法线方向对齐。如果基面是一个面，孔将位于该面上。如果该字段为空，则每个孔的位置点将作为测量孔深度和孔方向的基面。

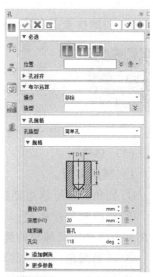

图 5-7　"孔"对话框

2）方向：默认情况下，孔特征垂直于面。可以使用此选项选择需要的中心线方向。

（3）布尔运算　指定创建孔特征的布尔运算操作和造型。

1）操作：选择创建孔特征的布尔运算操作。有两种选择，分别为"移除"和"无"。选择"移除"，则激活下面的造型选项，可自行选择要移除的造型；选择"无"，则创建独立的孔特征。

2）造型："操作"选择"移除"之后，指定创建孔特征的造型，不指定则默认选择所有的造型。

（4）孔规格

1）孔造型：当创建常规孔或螺纹孔时，该选项可设置孔类型为简单孔、锥形孔、台阶孔、沉孔或台阶面孔。系统会显示一个孔类型的图片，并且激活相应的选项。各种孔的类型和需要设置的参数值如图5-8所示。当创建间隙孔时，该选项可设置为简单孔、台阶孔和沉孔。

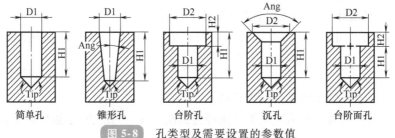

简单孔　　锥形孔　　台阶孔　　沉孔　　台阶面孔

图 5-8　孔类型及需要设置的参数值

2）添加倒角：设置孔起始端或末端倒角。

3）更多参数：提供编号标签、偏差等。

4）孔模板：提供孔模板，并查找孔模板中现有的孔特征属性，也可以将新创建的孔特征保存到模板文件。

（5）设置

1）沿锥面延伸：当创建锥孔或沉孔时，可勾选该选项。若勾选该选项，则顶部沿锥面延伸；否则，顶部沿孔轴方向延伸。

2）投影位置点：若勾选该选项，则将孔的位置点投射到孔的放置平面。

5.3

3. 圆角

该命令用于创建圆角、桥接转角，包括桥接转角的平滑度、圆弧类型或二次曲线比率、可变圆角属性。

在"造型"功能选项卡中的"工程特征"工具栏中单击"圆角"按钮，弹出"圆角"对话框，如图5-9所示。对话框中各参数说明如下。

（1）必选

1）圆角类型。

① 圆角：在所选边创建圆角。

② 椭圆圆角：创建一个椭圆圆角特征。此命令使用圆角距离和角度来定义圆角的椭圆横截面的大小。

③ 环形圆角：沿面的环形边创建一个不变半径圆角，可通过选择面来选择所有的边。

④ 顶点圆角：在一个或多个顶点处创建圆角。

2）边：选择圆角的边。

3）半径：指定圆角半径。

4）列表：使用列表在一个圆角命令中存储边、半径和其他信息。该列表可以支持为不同的圆角边设置不同的半径。

5）倒角距离：属于椭圆圆角类型的选项，用于指定圆角的大小，与角度共同决定圆角形状。

图 5-9 "圆角"对话框

6）角度：此选项与倒角距离配合使用，来决定圆角横截面的大小。

7）面（环形圆角）：选择要倒圆角的面。

8）顶点（顶点圆角）：选择要创建圆角的顶点。

（2）高级设置 使用这些选项可创建可变半径的圆角。沿着所选的边，在选择的任何位置添加可变半径属性，则得到可变半径圆角。

（3）拐角突然停止 使用此选项可以在边的某一点处停止，从而达到局部倒圆角的目的。

（4）圆角造型

1）圆弧：指定要创建的圆角弧线类型。

2）二次曲线：如果上面的圆弧类型选择为二次曲线，可在此处输入 0~1 范围内的二次曲线比率。

（5）翻转控制

1）保持圆角到边：如果需要圆角保持至边附近，则勾选此选项。两条圆角边缘不断延伸，当延伸至支撑面时，其中一条边缘将与支撑面重合。

2）搜索根切：搜索其他特征被新圆角完全根切的区域，逆着新圆角的方向延伸或修剪其他特征。若不勾选该选项，则其他特征被圆角完全根切；若勾选该选项，则圆角沿着其他特征形成倒角链。

3）角部强制端部停止：若勾选该选项，则圆角仅保持至边；若不勾选该选项，则圆角将延伸至边所在的面。

4）斜接角部：若勾选该选项，则对均匀的凸面使用斜接的方法。

5）追踪角部：若勾选该选项，则使曲率变化更连续和均匀。

6）桥接角部：若勾选该选项，则通过基于FEM的曲面拟合方法，为每个转角创建一个光滑的转角。如果不勾选该选项，则用多个相切连续的面来修补转角。

（6）设置

1）基础面：默认情况下，圆角的基础面缝合至圆角边，保证实体闭合。

2）圆角面：此选项用于修改新圆角面的相切。默认情况下，新圆角面与基础面相切匹配。

4. 镜像特征

在"造型"功能选项卡中的"基础编辑"工具栏中单击"镜像特征"按钮，弹出"镜像特征"对话框，如图5-10所示。对话框中各参数说明如下。

（1）必选

1）特征：选择要镜像的特征。

2）平面：选择镜像平面（基准面、面或草图），如图5-11所示。

（2）设置

1）移动：选择该项，原始实体将被删除。

2）复制：选择该项，复制原始实体。

图 5-10　"镜像特征"对话框

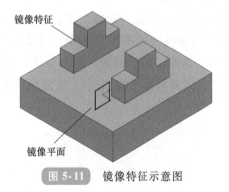

图 5-11　镜像特征示意图

【实施过程】

1. 新建模型文件

单击"新建"按钮，在弹出的"新建"对话框中，将"唯一名称"设置为"支架"，然后单击"确认"按钮，进入中望3D

5.4

5.5

软件建模环境。

2. 创建支架模型底座

（1）绘制支架底座 单击"基础造型"工具栏中的"拉伸"按钮，弹出"拉伸"对话框，在"必选"栏中的"轮廓"下拉列表中单击"草图"按钮，弹出"草图"对话框，选取工作坐标系的 XY 平面为草图平面，绘制如图 5-12 所示的底座草图，完成后单击"退出"按钮。在"拉伸"对话框中，"拉伸类型"选择"1边"，"结束点"设置为"18"，创建出支架模型的底座部分。

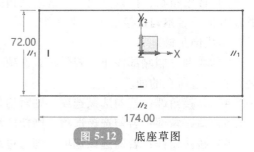
图 5-12 底座草图

（2）创建孔特征 单击"工程特征"工具栏中的"孔"按钮，弹出"孔"对话框，类型选择常规孔，在"必选"栏中的"位置"处输入零件图所示的孔中心的 4 个坐标值，如图 5-13 所示，"孔"造型选择"简单孔"，"直径"为"10"，"结束端"选择"通孔"，"布尔运算"栏中的"操作"选择"移除"，完成后单击按钮 ✔ ，完成 4×ϕ10mm 孔的创建，如图 5-14 所示。

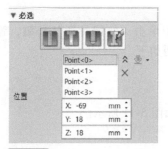
图 5-13 输入4个孔中心坐标

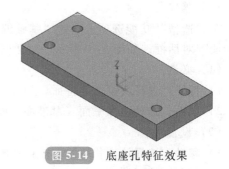
图 5-14 底座孔特征效果

（3）创建缺口 单击"基础造型"工具栏中的"拉伸"按钮，弹出"拉伸"对话框，在"必选"栏中的"轮廓"下拉列表中单击"草图"按钮，弹出"草图"对话框，选取已完成的拉伸特征的下平面为草图平面，绘制如图 5-15 所示的底座缺口草图，完成后单击"退出"按钮。在"拉伸"对话框中，"结束点"设置为"6"，"布尔运算"栏中选择"减运算"，完成后单击按钮 ✔ ，完成缺口的创建，如图 5-16 所示。

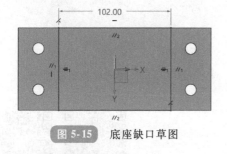
图 5-15 底座缺口草图

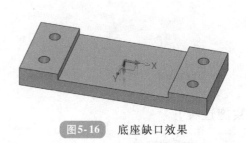
图5-16 底座缺口效果

3. 绘制圆筒特征

单击"基础造型"工具栏中的"拉伸"按钮，弹出"拉伸"对话框，在"必选"栏中

的"轮廓"下拉列表中单击"草图"按钮，弹出"草图"对话框，选取工作坐标系的 *XZ* 平面为草图平面，绘制如图 5-17 所示的 ϕ84mm 及 ϕ72mm 圆，完成后单击"退出"按钮。在"拉伸"对话框中，"拉伸类型"选择"对称"，"结束点"处输入"84"，"布尔造型"选择"基体"，完成后单击按钮 ✔，完成圆筒特征的创建。

4. 绘制扇形加强筋

单击"基础造型"工具栏中的"拉伸"按钮，弹出"拉伸"对话框，在"必选"栏中的"轮廓"下拉列表中单击"草图"按钮，弹出"草图"对话框，选取工作坐标系的 *XZ* 平面为草图平面，绘制如图 5-18 所示的扇形加强筋草图，完成后单击"退出"按钮。在"拉伸"对话框中，"拉伸类型"选择"对称"，"结束点"处输入"6"，"布尔运算"栏中选择"加运算"，完成后单击按钮 ✔，完成扇形加强筋的创建。

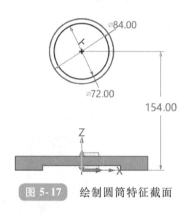

图 5-17　绘制圆筒特征截面

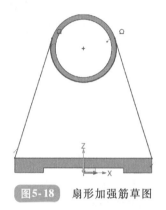

图 5-18　扇形加强筋草图

5. 绘制加强筋

单击"基础造型"工具栏中的"拉伸"按钮，弹出"拉伸"对话框，在"必选"栏中的"轮廓"下拉列表中单击"草图"按钮，弹出"草图"对话框，选取扇形加强筋前平面为草图平面，绘制如图 5-19 所示的加强筋草图，完成后单击"退出"按钮。在"拉伸"对话框中，"拉伸类型"选择"1 边"，"结束点"选择"到延伸面"，在新弹出的对话框中，"点"选择底座前侧面，"布尔运算"栏中选择"加运算"，完成后单击按钮 ✔，加强筋造型效果如图 5-20 所示。

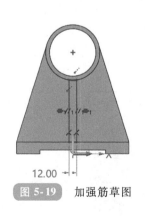

图 5-19　加强筋草图

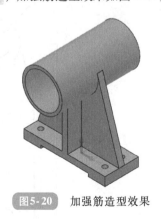

图 5-20　加强筋造型效果

6. 创建前侧板特征

单击"基础造型"工具栏中的"拉伸"按钮，弹出"拉伸"对话框，在"必选"栏中

的"轮廓"下拉列表中单击"草图"按钮,弹出"草图"对话框,在"定向"栏中的"原点"下拉列表中选择"曲率中心",然后在草图中选择 ϕ84mm 圆(或者 ϕ72mm 圆),"平面"选择已创建的圆筒前侧面,完成后单击按钮 ✓,进入草图平面绘制如图 5-21 所示的侧板草图,完成后单击"退出"按钮。在"拉伸"对话框中,"结束点"设置为"12",并确定正确的拉伸方向,"布尔运算"栏中选择"加运算",完成后单击按钮 ✓。

单击"工程特征"工具栏中的"圆角"按钮,在弹出的"圆角"对话框中,"边"选择为侧板的 4 条棱线,"半径"设置为"5",完成后单击按钮 ✓,创建圆角特征,完成前侧板的创建,如图 5-22 所示。

7. 创建后侧板特征

单击"基础编辑"工具栏中的"镜像特征"按钮,"特征"选择前侧板特征,"平面"选择 XZ 平面,完成后单击按钮 ✓,完成侧板特征的创建。支架最终效果如图 5-23 所示。

图 5-21　前侧板草图　　　　图 5-22　前侧板效果　　　　图 5-23　支架最终效果

【技能训练】

完成如图 5-24 所示底座零件的建模。

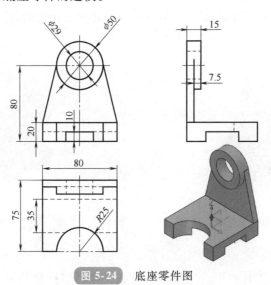

图 5-24　底座零件图

任务二　法兰盘三维建模

【任务导入】

完成如图 5-25 所示法兰盘的实体建模。

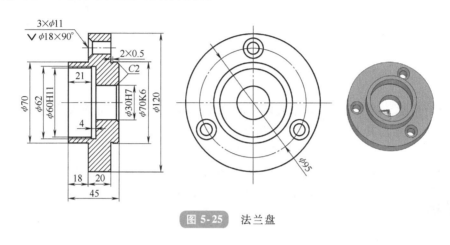

图 5-25　法兰盘

【任务分析】

法兰盘主要起连接的作用。对于法兰盘的建模，可以先利用旋转命令创建出主体部分的实体轮廓，然后利用孔、倒斜角、阵列命令等创建出其他细节特征。

【知识链接】

1. 旋转

旋转是将草图截面或曲线等二维对象绕所指定的旋转轴旋转一定角度而形成实体模型的操作，如带轮、法兰盘和轴类等零件的创建。

在"基础造型"工具栏中，单击"旋转"按钮，弹出"旋转"对话框，如图 5-26 所示。对话框中各参数的说明如下。

（1）必选

1）轮廓：选择草图中的一个封闭图形作为旋转截面。

2）轴：指定旋转轴线。

3）旋转类型

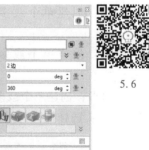

5.6

图 5-26　"旋转"对话框

① 1 边：只能指定旋转的结束角度，如图 5-27a 所示为 1 边旋转 90°的效果图。

② 2 边：可以分别指定旋转的起始角度和结束角度，如图 5-27b 所示为起始角度为 -45°、结束角度为 90°的旋转效果图。

③ 对称：从截面正、反两个方向进行等角度旋转，如图 5-27c 所示为对称旋转 90°的效果图。

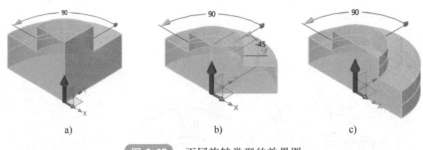

a)   b)   c)

图 5-27 不同旋转类型的效果图

4）起始角度、结束角度：指定旋转特征的开始和结束角度。可输入精确的值，拖动指针显示预览，或单击其下拉按钮以显示额外的输入选项。

5.7

（2）设置　在造型的开始和结束处，对封闭面的位置进行控制。当使用闭合轮廓或有边界选项的开放轮廓时，可以自动构成闭合的体积块。

2. 阵列

此命令可对特征、草图进行阵列。

在"基础编辑"工具栏中单击"阵列特征"按钮，弹出"阵列特征"对话框，如图 5-28 所示。对话框中各参数的说明如下。

（1）必选

1）类型。

① 线性：创建单个或多个对象的线性阵列，如图 5-29所示。

② 圆形：创建单个或多个对象的圆形阵列，如图 5-30所示。

图 5-28 "阵列特征"对话框

③ 多边形：创建单个或多个对象的多边形阵列。

2）基体：选择需阵列的基体对象或草图。

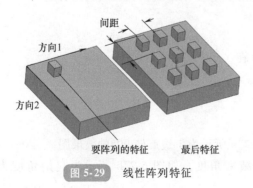

图 5-29 线性阵列特征

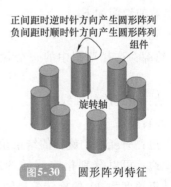

图 5-30 圆形阵列特征

3）方向：为阵列选择第一线性方向或旋转轴。

4）间距：输入每个方向上实例之间的间距。

5）第二方向：为阵列选择第二线性方向。对于线性阵列，支持选择平行于初始方向的相反方向。

6）直径：在圆形阵列中，添加圆的轴线和直径。使用该选项可改变默认直径，也可通过编辑标注值命令来改变直径。直径改变之后基体特征会被移除，而且整个阵列（包括已移除的基体）会处于新直径上。

7）角度：圆形阵列实例之间的角度间距。

8）数目：输入阵列的数目或沿每个方向的实例的数目。

（2）定向

1）对齐：对齐阵列内的每个实例。

2）交错：在第一个方向并以一半的间距朝着第二个方向将索引乃至行列错开。

3）边界：在曲线或面上，用于控制阵列对象在边界上的位置是系统自动安排的、固定的、还是移动的。

（3）设置　排除基体实例：控制阵列的实例是否包含基体实例。若勾选此项，则所生成的阵列实体不包含基体。

3. 倒角

用于创建倒角。

在"工程特征"工具栏中单击"倒角"按钮，弹出"倒角"对话框，如图 5-31 所示。对话框中各参数的说明如下。

图 5-31　"倒角"对话框

（1）必选

1）类型。

① 倒角：在所选的边上建立等距的倒角。

② 不对称倒角：根据所选边上的两个倒角距离来创建一个倒角。

③ 顶点倒角：在一个或多个顶点处创建倒角特征。

2）方法：选择倒角的方式。

① 偏移距离：通过选择实体的边或面，输入倒角距离来创建倒角。

② 偏移曲面：通过偏移选中的边线旁边的面来求解等距面的倒角，偏移面后求交，得到交线，再向支撑面投射得到倒角边。

3）边：选择要创建倒角的边。

4）倒角距离：指定倒角尺寸。

5）列表：用列表在一个倒角命令中存储边、倒角距离和其他信息。

（2）设置

1）基础面：默认情况下，进行倒角操作的基础面会被缝合到倒角边，从而保证实体闭合。

2）圆角面：用于修改新圆角面的相切。默认情况下，新圆角面与基础面相切匹配。

5.8

【实施过程】

1. 新建模型文件

单击"新建"按钮，在弹出的"新建"对话框中，将"唯一名称"设置为"法兰盘"，然后单击"确认"按钮，进入中望 3D 软件的建模环境。

2. 创建法兰盘主体

（1）绘制法兰盘草图 单击"基础造型"工具栏中的"旋转"按钮，在"必选"栏中的"轮廓"下拉列表中单击"草图"按钮，弹出"草图"对话框，选取工作坐标系的 *XZ* 平面为草图平面，绘制如图 5-32 所示的法兰盘草图。

（2）创建法兰盘主体特征 单击"退出"按钮，在"旋转"对话框中设置旋转轴为 *X* 轴，"旋转类型"为"1 边"，"结束角度"为"360"，完成后单击按钮 ✓，完成法兰盘主体的创建，如图 5-33 所示。

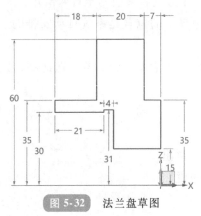

图 5-32 法兰盘草图

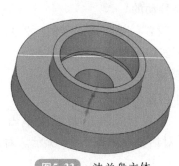

图5-33 法兰盘主体

3. 创建沉孔

单击"工程特征"工具栏中的"孔"按钮，弹出"孔"对话框，类型选择"常规孔"，在"必选"栏中"位置"的下拉列表中单击"草图"按钮，选取草图平面，绘制如图 5-34 所示的孔中心点位置，完成后单击"退出"按钮。在"孔"对话框中，孔规格参数设置如图 5-35 所示，完成后单击按钮 ✓，完成沉孔的创建，如图 5-36 所示。

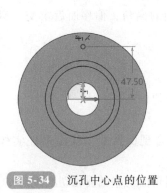

图 5-34 沉孔中心点的位置

图 5-35 沉孔参数设置

图5-36 沉孔特征效果图

4. 阵列沉孔

单击"基础编辑"工具栏中的"阵列特征"按钮，布局选择"圆形"选项，基体选择上一步创建的沉孔，方向选择 X 轴，设置直径为 95mm，数目为 3，角度为 120（°），完成后单击按钮 ✔，完成沉孔阵列的创建，效果如图 5-37 所示。

5. 倒斜角

在"工程特征"工具栏中单击"倒角"按钮，弹出"倒角"对话框，分别单击要倒斜角的两条边，"倒角距离"输入"2"，完成倒斜角特征的创建，如图 5-38 所示。

图 5-37　沉孔阵列效果图

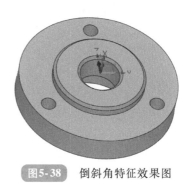

图 5-38　倒斜角特征效果图

【技能训练】

完成如图 5-39 所示法兰盘的实体建模。

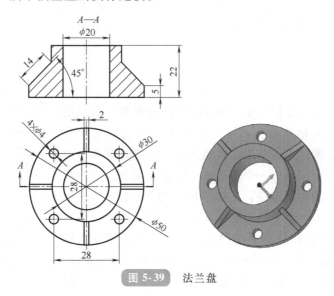

图 5-39　法兰盘

任务三　弯管三维建模

【任务导入】

完成如图 5-40 所示弯管的实体建模。

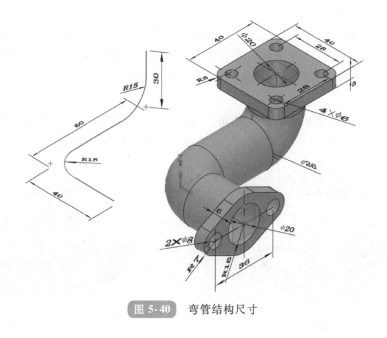

图 5-40 弯管结构尺寸

【任务分析】

弯管在机械领域中主要起连接作用。在创建此零件模型时，可以先利用扫掠命令创建出弯管的实体轮廓，然后利用拉伸工具创建出固定板。两块固定板的设计基准不在一个平面上，可以通过创建基准面来获得草绘平面。

【知识链接】

1. 扫掠

5.9

图 5-41 "扫掠" 对话框

该命令用一个开放或闭合的轮廓和一条扫掠轨迹来创建扫掠特征。路径可以是线框几何图形、面边线、草图或曲线列表。扫掠时有两个内建的坐标系：一个是参考坐标系，用于标明扫掠轮廓的初始定位，在图形窗口用 3D 坐标轴来标识；另一个是局部坐标系，用于显示扫掠时每一个扫掠轮廓是如何沿着扫掠路径定向的，在图形窗口用细直线来标识。扫掠就是用参考坐标系和局部坐标系完全对齐的方式，在路径的每个点上放置轮廓，之后混合所有放置轮廓，形成扫掠实体。

在 "基础造型" 工具栏中单击 "扫掠" 按钮，弹出 "扫掠" 对话框，如图 5-41 所示。对话框中各参数的说明如下。

（1）必选

1）轮廓：选择要扫掠的轮廓，可以选择线框几何体、面边线或一个草图，以及开放或封闭的造型。

2）路径：选择扫掠的路径。扫掠的路径必须相切连续。扫掠造型效果如图 5-42 所示。

（2）定向 该选项用于定义扫掠过程中使用的参考坐标系。在扫掠过程中，参考坐标的 X 轴和 Z 轴分别由"X 轴"和"Z 轴"选项控制。

（3）偏移 指定一个应用于曲线、曲线列表或开放或闭合的草图轮廓的偏移方法和距离。该选项自动将厚度增加至特征上。

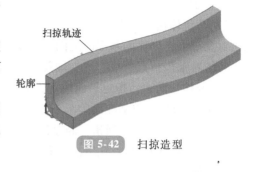

图 5-42 扫掠造型

（4）转换

1）缩放。

① 无：没有缩放。

② 线性：比例因子为一个线性均匀函数，根据指定的值开始和结束。图 5-43 所示为沿路径缩放对象，设置参数为线性缩放由 2 变化至 0.5 的效果图。

③ 可变：比例因子是不均匀的，是基于缩放属性的。它将匹配驱动曲线上的点的属性值，并在属性之间光顺地桥接。

2）扭曲。

① 无：没有扭曲。

② 线性：扭曲因子为一个线性均匀函数，根据指定的值开始和结束。正值将逆时针方向扭曲。图 5-44 所示为沿路径扭曲对象，指定线性扭曲角度由 0°变化至 300°的效果图。

③ 可变：扭曲因子不是均匀的，是基于扭曲属性的。它将匹配驱动曲线上的点的属性值，并在属性之间光顺地桥接。

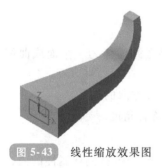

图 5-43 线性缩放效果图

图 5-44 线性扭曲效果图

（5）设置 在造型的开始和结束位置，使用这些选项对端口的放置进行控制。

另外，中望 3D 软件还提供多种扫掠方式。变换扫掠适用于变化轮廓的扫掠，否则所得结果与使用基本的扫掠造型命令的相同。杆状扫掠的曲线可以不是一根连续的曲线，相交或者非连续的曲线也可以作为杆状扫掠的曲线路径。

2. 创建基准面

使用此命令可创建一个新的基准面，创建方法有多种。在"基准面"工具栏中，单击"基准面"按钮，弹出"基准面"对话框，如图 5-45 所示。对话框中各主要参数的说明如下。

图 5-45 "基准面"对话框

（1）必选

1）几何体法：一次性最多可以选择3个参考几何对象，系统将自动分析所选择的参考几何对象与最终创建的基准面之间的约束关系，并高亮显示相应的约束图标。支持输入区的参考几何对象包括点、线、边、轴及面。

2）偏移平面法：指定平面或基准面进行偏移来创建基准面。

① 面：选择面或基准面。

② 偏移：使用此选项指定新基准面从目标几何体偏移的量。

3）与平面成角度法：指定参考平面、旋转轴以及旋转角度来创建与参考平面成一定角度的基准面。

① 面：选择面或基准面。

② 轴：选择与面形成角度的旋转轴。

③ 角度：指定与平面所成的角度的值。

4）3点平面法：指定3个点来创建基准面。

① 原点：指定一个基准面的替代原点。

② X点/Y点：指定新基准面的 X、Y 轴。

5）在曲线上法：指定参考曲线或边来创建基准面，通过百分比与距离两种方式控制曲线上的位置。

① 曲线：指定创建基准面的参考曲线或边。

② 百分比/距离：选择百分比与距离的方式，输入相应值来控制基准面在曲线上的位置。

③ 方向类型：指定基准面与参考曲线的位置关系。

（2）方向

1）偏移：指定新基准面从目标几何体偏移的量。

2）原点：指定一个基准面的替代原点。若选中的参考几何体为一个面或曲线或边，该点将投射到几何体，且新的基准面将在该点与之相切。

3）X点：使用此选项选择一个用于确定新基准面 X 轴方向的点。

4）X、Y、Z轴角度：指定新基准面 X、Y 和 Z 轴的旋转角度。

3. 抽壳

此命令用于从造型中创建一个偏移或抽壳特征。除了已经带有偏移属性的面，偏移将应用于造型的其他所有面。在"编辑特征"工具栏中单击"抽壳"按钮，弹出"抽壳"对话框。对话框中各主要参数的说明如下。

（1）必选

1）造型：选择要抽壳的造型。

2）厚度：指定壳体的厚度，负值表示向内偏移，正值表示向外偏移。

3）开放面：选择需要删除的面，如果不设置，这些面将位于新特征上且不会被偏移。

（2）设置

1）创建侧面：创建在偏移过程中为了保持造型闭合所需的侧面。

2）保留基础面：若勾选这个选项，则抽壳前后基础面的面类型保持不变。

【实施过程】

1. 新建模型文件

单击"新建"按钮，在弹出的"新建"对话框中输入"唯一名称"为"弯管"，然后单击"确认"按钮，进入中望3D软件的建模环境。

2. 创建弯管主体

（1）绘制引导曲线 单击"基础造型"工具栏中的"3D草图"按钮，绘制如图5-46所示的引导曲线，绘制完成后单击"退出"按钮，完成引导曲线的创建。

图 5-46 弯管的引导曲线

（2）创建基准平面 单击"基准面"工具栏中的"基准面"按钮，弹出"基准面"对话框，在"必选"栏中选择第2项"偏移平面"，"面"选择"Z-Y"平面，"偏移"距离设置为"40"，然后单击按钮 ✓ ，完成基准平面的创建。

（3）绘制扫掠截面 单击"基础造型"工具栏中的"草图"按钮，弹出"草图"对话框，"平面"选择上一步创建的基准平面，在该基准平面上以空间直线端点为圆心绘制 ϕ20mm 圆，绘制完成后单击"退出"按钮，如图5-47所示，完成扫掠截面的创建。

（4）扫掠实体 单击"基础造型"工具栏中的"扫掠"按钮，弹出"扫掠"对话框，单击"轮廓"选项，在绘图区选择 ϕ20mm 圆，单击"路径"选项，并在绘图区选择引导曲线，完成后单击按钮 ✓ ，创建的弯管实体如图5-48所示。

（5）抽壳实体 单击"编辑模型"工具栏中的"抽壳"按钮，弹出"抽壳"对话框，"造型"选择扫掠的实体，"厚度"设置为"3"，"开放面"选择扫掠特征的两个端面，完成后单击按钮 ✓ ，创建如图5-49所示抽壳特征。

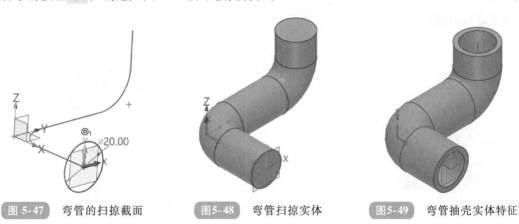

| 图 5-47 弯管的扫掠截面 | 图5-48 弯管扫掠实体 | 图5-49 弯管抽壳实体特征 |

3. 创建左侧固定板

单击"基础造型"工具栏中的"拉伸"按钮，弹出"拉伸"对话框，在"必选"栏中

的"轮廓"下拉列表中单击"草图"按钮，弹出"草图"对话框，选取创建的基准平面为草图平面，绘制如图 5-50 所示的左侧固定板草图，完成后单击"退出"按钮。在"拉伸"对话框中"拉伸类型"选择"1 边"，"结束点"设置为"6"，方向指向扫掠特征，"布尔运算"栏中选择"加运算"，完成后单击按钮 ✔，完成如图 5-51 所示的左侧固定板的创建。

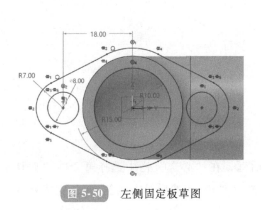

图 5-50　左侧固定板草图

图 5-51　左侧固定板实体特征

4. 创建右侧固定板

（1）创建基准平面　单击"基准面"工具栏中的"基准面"按钮，在"必选"栏中选择第 5 项"在曲线上"，"百分比"设置为"100"，完成后单击按钮 ✔，完成基准平面的创建。

（2）创建拉伸特征　单击"基础造型"工具栏中的"拉伸"按钮，弹出"拉伸"对话框，在"必选"栏中的"轮廓"下拉列表中单击"草图"按钮，弹出"草图"对话框，选取创建的基准平面为草图平面，绘制如图 5-52 所示的右侧固定板草图，完成后单击"退出"按钮。在"拉伸"对话框中"拉伸类型"选择"1 边"，"结束点"设置为"6"，方向指向扫掠特征，"布尔运算"栏中选择"加运算"，完成后单击按钮 ✔，完成如图 5-53 所示的右侧固定板的创建。

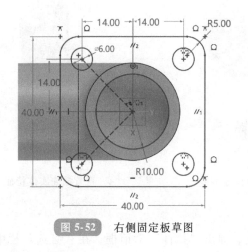

图 5-52　右侧固定板草图

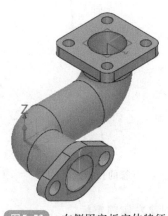

图 5-53　右侧固定板实体特征

【技能训练】

完成如图 5-54 所示水杯的建模。

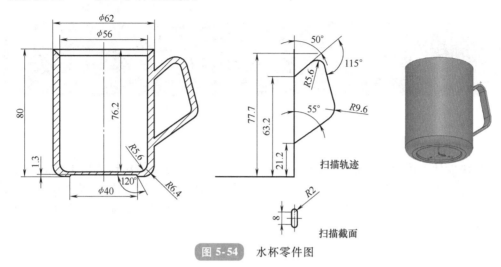

扫描轨迹

扫描截面

图 5-54　水杯零件图

模块六

典型零件三维建模

本模块设计了传动轴、端盖、叉架、箱体 4 个任务来学习实体建模常用工具的使用、编辑、修改等基本操作。通过 4 个任务的学习，重点掌握实体建模的思路以及中望 3D 软件常用命令的使用方法，能够熟练应用操作命令进行建模、编辑与修改，最后达到高效、熟练地进行实体建模的目的。

任务一　传动轴三维建模

【任务导入】

轴类零件的基本形状是同轴回转体，沿轴线方向通常有轴肩、倒角、螺纹、退刀槽、键槽等结构要素。图 6-1 为传动轴零件图，轴身有键槽、倒角等结构。

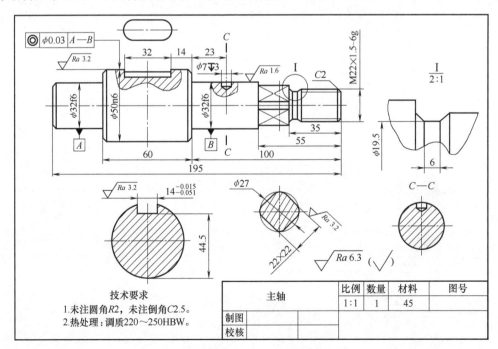

图 6-1　传动轴零件图

通过传动轴零件建模,掌握草图绘制、旋转特征的用法,熟悉中望 3D 软件中槽、倒角的创建方法,培养学生精益求精、耐心细致的工匠精神。

【任务分析】

1. 零件结构分析

阶梯轴是轴向各段直径不同的轴的统称,用于定位和安装零件,以及减小工作中一些零件所产生的轴向压力对其他零件的影响。

阶梯轴的特征主要包括轴体、键槽、圆角、倒角等。

2. 零件建模参考方案

图 6-1 所示传动轴为阶梯轴,其建模参考方案如图 6-2 所示。

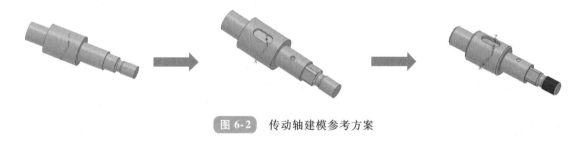

图 6-2 传动轴建模参考方案

【知识链接】

螺纹的创建可采用两种方法。

1. 螺纹造型

围绕圆柱面旋转一个闭合轮廓,并沿着其线性轴和方向,可创建螺纹特征。螺纹命令可以用于制作螺纹特征或任何其他在线性方向上旋转的造型。

在"工程特征"工具栏中单击"螺纹"按钮,弹出"螺纹"对话框,如图 6-3 所示。

(1) 必选

1) 面:选择需要添加螺纹特征的圆柱面。

2) 轮廓:选择螺纹的轮廓。可选择一个草图、曲线、边或一个曲线列表;也可以制作一个曲线列表来作为螺纹的轮廓。

3) 匝数:指定匝数。用于定义螺纹的圈数。

4) 距离:指定沿轴方向的距离,用于定义螺纹的螺距。在轴箭头方向测量的距离为正距离。

图 6-3 "螺纹"对话框

(2) 布尔运算

布尔造型:指定进行布尔运算的造型。如果激活零件没有几何实体,将自动选择"基体"选项。布尔运算各类型的介绍如下。

1) 基体:将创建一个独立的基体特征。基体特征用于定义一个零件的基本造型。

2）加运算：将创建一个实体模型，该实体模型随后被添加至"布尔造型"所选的造型中。

3）减运算：将创建一个实体模型，该实体模型随后从"布尔造型"所选的造型中被移除。

4）交运算：将创建一个实体模型，该实体模型随后与"布尔造型"所选的造型求交，留下相交部分。

（3）收尾

1）收尾：指定进退刀的位置，可选择"空""起点""终点"或"两端"。

2）半径：如果选择了"进刀/退刀"，则需指定转换的半径。它决定了进刀/退刀的支点，并影响进刀/退刀过渡的造型。如果没有指定进退刀位置，则跳过此选项。对于进刀，支点半径为从开始进刀或退刀的点到旋转轴的距离。对于退刀，用轮廓上最远离轴的点。

（4）设置

1）顺时针旋转：勾选该选项后，围绕圆柱面的轴顺时针方向旋转形成螺纹。

2）反螺旋方向：勾选该选项后，反转螺纹的螺旋方向。

（5）自动减少　曲面数据最小化用于优化曲面的控制点数量。该操作有可能影响曲面生成的速度，但影响有限；减少了所生成的曲面的控制点密度，从而使曲面的数据更小。配置文件中的自动简化 NURBS 数据选项，可整体控制该选项的使用。

（6）公差　用于设置局部公差。该公差仅对当前命令有效。命令结束后，后续建模仍然使用全局公差。

2. 标记外部螺纹造型

标记外部螺纹造型是指在圆柱面上指定螺纹属性，类似于标记孔特征命令。

在"工程特征"工具栏中单击"标记外部螺纹"按钮，弹出"标记外部螺纹"对话框，如图 6-4 所示，指定螺纹参数即可完成造型。

（1）必选

面用于选择一个或多个圆柱面。离鼠标单击的点最近的面的底部，将会出现可见的螺纹。

（2）螺纹规格

1）类型：包含公制单位类型、英制单位类型以及自定义类型。通过右侧的单位切换按钮可切换公制/英制单

图 6-4　"标记外部螺纹"对话框

位。切换单位后，可在下拉列表中选择一个对应的螺纹类型。公制单位对应的类型有 M、MC、MF、ISO7、ISO228。英制单位对应的类型有 UN、UNC、UNF、UNEF、UNJ、UNJC、UNJF、UNJEF、ACME、NPT、NPS、BSP、BSTP。

2）直径：设置螺纹的直径。除了自定义螺纹类型外，随着尺寸的改变，直径会自动生成。自定义螺纹类型时可以设置所有参数。在默认的情况下，该选项的值与圆柱面直径一致。

3）解锁、锁定：当手动修改直径字段的值时，图标会从解锁状态变为锁定状态。也可以单击图标来切换状态。如果为解锁状态，中望 3D 软件会根据圆柱面大小指定一个合适的标准螺纹直径；如果为锁定状态，螺纹直径为设置的值。

4）螺距和单位螺纹数：除了"自定义"外，随着尺寸的改变，螺距或单位螺纹数会自动生成。自定义可以设置所有的参数。

5）长度类型：若选择"完整"，则螺纹长度为被选圆柱面的长度。用户也可自定义螺纹长度。

6）长度：指定螺纹长度，从选择处最近的圆柱面底部测量。

7）端部倒角：输入倒角距离和角度值，在离鼠标单击的点最近的面的底部创建倒角。

【实施过程】

1. 新建模型文件

单击"新建"按钮，在弹出的"新建"对话框中，"类型"选择"零件/装配"，"唯一名称"设置为"传动轴"，然后单击"确认"按钮，进入中望 3D 软件的建模环境。

6.1

2. 创建传动轴主体

（1）绘制传动轴草图　在 *YZ* 平面上绘制如图 6-5 所示的草图。

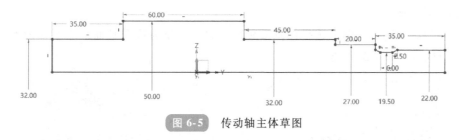

图 6-5　传动轴主体草图

（2）创建传动轴主体模型　退出草图，单击"基础造型"工具栏中的"旋转"按钮，弹出"旋转"对话框，如图 6-6a 所示，"轮廓"选择草图 1，"轴"选择 *Y* 轴，其他参数默认即可，完成后单击按钮 ✔，完成传动轴主体的创建，如图 6-6b 所示。

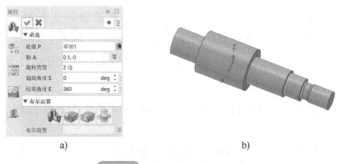

a)　　　　　　　　　　　b)

图 6-6　传动轴主体的创建

3. 创建键槽

（1）绘制键槽草图　选择 *XY* 平面作为草图平面。单击"绘图"工具栏中的"槽"按钮，绘制如图 6-7 所示的键槽草图。

（2）拉伸切除，完成键槽的创建　单击"基础造型"工具栏中的"拉伸"按钮，弹出"拉伸"对话框，如图 6-8a 所示，"轮廓"

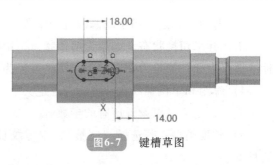

图6-7　键槽草图

选择键槽的草图，"起始点"输入"19.5"，"结束点"输入"30"，"布尔运算"栏中选择"减运算"，完成后单击按钮 ✔，完成键槽的创建，如图 6-8b 所示。

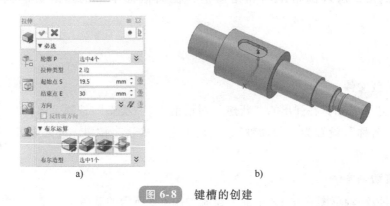

a)　　　　　　　　　　　b)

图 6-8　键槽的创建

4. 创建轴段四方

（1）绘制轴段四方草图　选择如图 6-9 所示的平面作为草图平面，绘制如图 6-15 所示的草图，完成后退出草图环境。

图 6-9　轴段四方草图平面　　　　　　　　图6-10　轴段四方的草图

（2）拉伸切除，完成轴段四方的创建　单击"基础造型"工具栏中的"拉伸"按钮，"轮廓"选择轴段四方的草图，拉伸方向为 *Y* 轴，"结束点"输入"20"，"布尔运算"栏中选择"减运算"，完成后单击按钮 ✔，完成轴段四方的创建，如图 6-11 所示。

5. 创建轴上 *φ*7mm 孔

（1）创建新的基准面　选择 *XY* 平面，沿 *Z* 轴方向平移 16mm 得到基准面，如图 6-12 所示。

（2）绘制孔的定位点　选择创建的基准面作为草图平面，绘制孔的定位点，如图 6-13 所示。

图 6-11 轴段四方的创建

（3）创建孔特征 单击"工程特征"工具栏中的"孔"按钮，在弹出的"孔"对话框中，"位置"选择定位点，"直径"设置为"7"，"深度"设置为"3"，"结束端"选择"盲孔"，完成后单击按钮，完成ϕ7mm 孔的创建，如图 6-14 所示。

图 6-12 创建新的基准面

图6-13 绘制孔的定位点

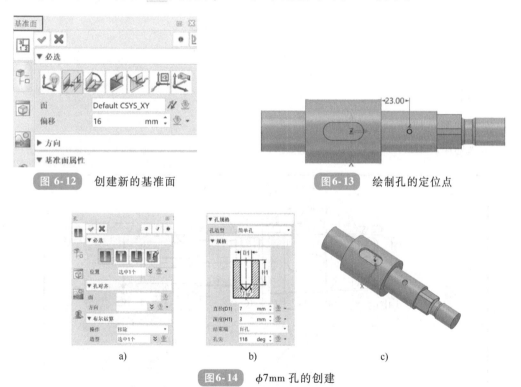

图6-14 ϕ7mm 孔的创建

6. 创建 M22×1.5 螺纹

单击"工程特征"工具栏中的"标记外部螺纹"按钮，弹出"标记外部螺纹"对话框。"面"选择ϕ22mm 圆柱面，"类型"选择"M"，"尺寸"设置为"M22×1.5"，"长度类型"选择"完整"，完成后单击按钮，完成 M22×1.5 螺纹的创建，如图 6-15 所示。

7. 创建倒角

单击"工程特征"工具栏中的"倒角"按钮，为传动轴创建 C2、C2.5 倒角，如图 6-16所示。

图 6-15 M22×1.5 螺纹的创建

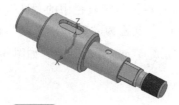

图 6-16 创建 C2、C2.5 倒角

【技能训练】

1. 完成如图 6-17 所示轴的三维建模。

2. 完成如图 6-18 所示阶梯轴的三维建模。

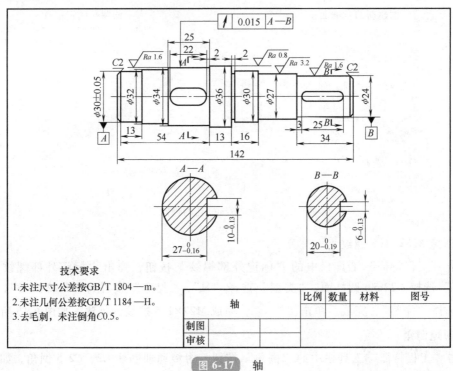

图 6-17 轴

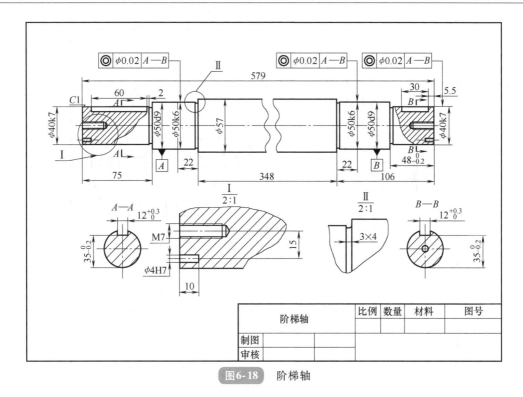

图6-18 阶梯轴

任务二 端盖三维建模

【任务导入】

端盖类零件的主体一般为回转体或其他平板形结构，厚度方向的尺寸比其他两个方向的尺寸小，通常以铸造或锻造的方法形成毛坯，再经必要的切削加工而成，常见的结构有凸台、凹坑、螺孔、轮辐、键槽等。图6-19所示为端盖零件图，零件上有孔、轮辐等结构。通过端盖的建模，掌握旋转、拉伸、筋命令的操作方法，培养学生独立完成中等难度机械零件的结构分析的能力，以及独立思考、善于创新的职业能力。

【任务分析】

1. 零件结构分析

端盖是轴系中常见的一种零部件，用于限定轴向零部件位置，防止其发生轴向位移，还具有防止润滑油泄漏等作用。

2. 零件建模参考方案

端盖的建模参考方案如图6-20所示。

【知识链接】

使用筋命令，可用一个开放轮廓草图创建一个筋特征。

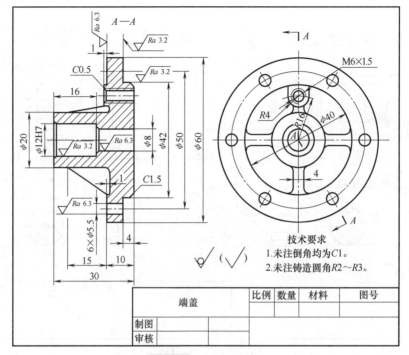

图 6-19　端盖零件图

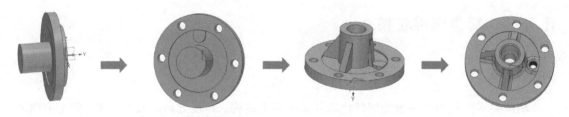

图 6-20　端盖的建模参考方案

1. 加强筋

单击"造型"→"工程特征"→"筋"下拉按钮,在弹出的下拉菜单中选择"筋",系统弹出如图 6-21 所示的对话框,可创建普通的加强筋。

(1) 必选

1) 轮廓:指定筋的开放轮廓草图,可以在该选项上单击鼠标右键,进入草图创建界面并将此指定为筋的开放轮廓草图。

2) 方向:包含"平行"和"垂直"两个选项。"平行"表示与轮廓草图所在平面平行,垂直表示与轮廓草图所在平面垂直。程序将自动选取轮廓某一侧的方向,若与所需结果不符,可勾选"反转材料方向"选项。

图 6-21　"筋"对话框

3) 宽度类型:定义轮廓线在筋厚度中的位置,包含第一边、第二边和两者 3 个选项。

选中两者时，轮廓线处于筋厚度的中间位置。

4）宽度：定义筋的总厚度。

5）角度：定义筋的拔模角度。

6）参考平面：如果定义了一个拔模角度，则需使用该选项定义拔模角度的参考平面，支持基准面和模型上的平面。

（2）设置

1）边界面：定义筋的接触面。

2）反转材料方向：勾选该选项后，更改筋拉伸的方向。

2. 网状筋

使用此命令可创建一个网状筋。该命令支持用多个轮廓来定义网状筋。每个轮廓均可用于定义不同宽度的筋剖面，用户也可使用一个单一轮廓来指定筋宽度，例如可将所有水平筋的宽度设定为 1.5mm（轮廓 1）以及将所有垂直筋的宽度设定为 1.0mm（轮廓 2）。

单击工具栏中的"造型"→"工程特征"→"筋"下拉按钮，在弹出的下拉菜单中选择"网状筋"功能图标，弹出"网状筋"对话框，如图 6-22 所示，可以完成网状筋特征的创建。

（1）必选

1）轮廓：指定筋的开放轮廓草图，可以在该选项上单击鼠标右键，进入草图创建界面并将此指定为网状筋的开放轮廓草图。轮廓允许自相交，但必须在一个平面上。

2）加厚：定义网状筋的宽度。可以通过该选项指定所选轮廓的筋厚度。

3）列表：指定轮廓和厚度后，单击鼠标中键，轮廓和厚度会作为一条记录加入到列表中。双击列表中的记录，会将该记录的值填充到对应的字段再重新编辑。

（2）结束

起点/端面：定义网状筋拉伸的起始点和终止点位置，注意要在终止位置选择实体平面。

（3）设置

1）拔模角度：定义网状筋的拔模角度，以轮廓平面为参考方向。

2）边界：定义与网状筋相交的边界面。设定后，网状筋的范围将不会超过这个范围。

3）反转方向：勾选该选项后，网状筋拉伸方向反转。

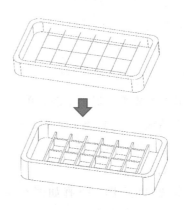

图 6-22　"网状筋"对话框

6.2

【实施过程】

1. 新建模型文件

单击"新建"按钮,在弹出的"新建"对话框中,"类型"选择"零件/装配","唯一名称"设置为"端盖",然后单击"确认"按钮,进入中望3D软件的建模环境。

2. 创建端盖主体

(1) 绘制端盖草图　在 YZ 平面上绘制端盖主体草图,并约束尺寸,如图 6-23 所示。

(2) 创建端盖主体模型　退出草图,单击"基础造型"工具栏中的"旋转"按钮,弹出"旋转"对话框。在弹出的对话框中,"轮廓"选择端盖主体草图,"轴"选择 Y 轴,完成后单击按钮 ✅,完成端盖主体的创建,如图 6-24 所示。

3. 创建凸台

(1) 绘制凸台草图　选择如图 6-25 所示的基准面作为草图平面,绘制凸台草图,如图 6-26 所示。

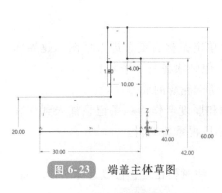

图 6-23　端盖主体草图

图 6-24　端盖主体的创建

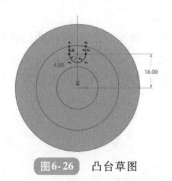

图 6-25　凸台草图平面

图 6-26　凸台草图

(2) 创建凸台模型　退出草图,单击"基础造型"工具栏中的"拉伸"按钮,在弹出的"拉伸"对话框中,"轮廓"选择凸台草图,"结束点"输入"2",完成后单击按钮 ■,完成凸台的创建,如图 6-27 所示。

4. 创建圆周孔

(1) 绘制圆周孔草图　选择如图 6-28 所示的基准面作为草图平面,绘制圆周孔草图,如图 6-29 所示。

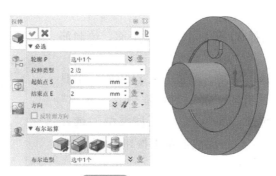

图 6-27　凸台的创建

图6-28　圆周孔的草图平面

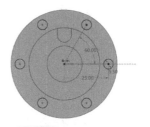

图6-29　圆周孔草图

（2）创建圆周孔特征　退出草图，单击"基础造型"工具栏中的"拉伸"按钮，在弹出的"拉伸"对话框中，"轮廓"选择创建的圆周孔草图，"拉伸类型"选择"1边"，合理设置"结束点"，使孔完全贯穿端盖，"布尔运算"栏中选择"减运算"，完成后单击按钮 ，完成圆周孔的创建，如图 6-30 所示。

图6-30　圆周孔的创建

5. 创建内孔

（1）绘制内孔草图　选择 *YZ* 平面作为草图基准面，绘制内孔草图，如图 6-31 所示。

（2）创建内孔特征　退出草图，单击"基础造型"工具栏中的"旋转"按钮，在弹出的"旋转"对话框中，"轮廓"选择内孔草图，"轴"选择 *Y* 轴，"布尔运算"栏中选择"减运算"，完成后单击按钮 ，完成内孔切除，如图 6-32 所示。

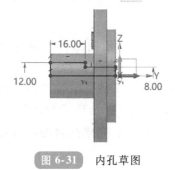

图 6-31　内孔草图

图6-32　创建的内孔

6. 创建筋

（1）绘制筋草图　选择 XY 平面作为草图平面，绘制筋草图，如图 6-33 所示。

（2）创建筋特征　退出草图，单击"工程特征"工具栏中的"筋"按钮，在弹出的"筋"对话框中，"轮廓"选择筋草图，"方向"选择"平行"，"宽度类型"选择"两者"，"宽度"设置为"4"，完成后单击按钮 ✔，完成筋的创建，如图 6-34 所示。

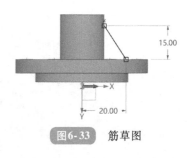

图6-33　筋草图

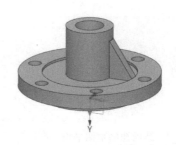

图 6-34　筋的创建

（3）创建筋的阵列　单击"基础编辑"工具栏中的"阵列特征"按钮，在弹出的"阵列特征"对话框中，类型选择第 2 个（圆周阵列），"基体"选择创建的筋，"方向"选择 Y 轴，"数目"设置为"4"，"角度"设置为"90"，"排除实例"栏中的"排除"选择凸台处不需要创建的凸台，完成后单击按钮 ✔，完成筋的阵列。如图 6-35 所示。

图 6-35　筋的阵列

（4）绘制凸台处筋的草图　选择 YZ 平面作为草图平面，绘制凸台处筋的草图，如图 6-36 所示。

（5）创建凸台处筋的特征　退出草图，单击"工程特征"工具栏中的"筋"按钮，在弹出的"筋"对话框中，"轮廓"选择凸台处筋的草图，"方向"选择"平行"，"宽度类型"选择"两者"，"宽度"设置为"4"，完成后单击按钮 ✔，完成凸台处筋的创建，如图 6-37 所示。

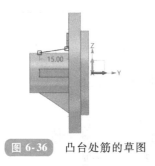

图 6-36 凸台处筋的草图

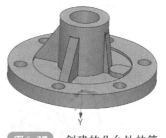

图 6-37 创建的凸台处的筋

7. 创建凸台上的螺纹孔

单击"工程特征"工具栏中的"孔"按钮，在弹出的"孔"对话框中，"位置"选择凸台圆心，"类型"选择"M"，"深度类型"选择"完整"，"深度"选择可贯穿的值，完成后单击按钮 ✓，完成螺纹孔的创建，如图 6-38 所示。

图 6-38 凸台上螺纹孔的创建

8. 创建圆角、倒角

（1）创建圆角 单击"工程特征"工具栏中的"圆角"按钮，在弹出的"圆角"对话框中，"边"选择需要设置成圆角的边，"半径"设置为"2"，完成后单击按钮 ✓，完成圆角的创建，如图 6-39 所示。

（2）创建倒角 单击"工程特征"工具栏中的"倒角"按钮，在弹出的"倒角"对话框中，"边"选择需要设置成倒角的边，"倒角距离"分别设置为"0.5""1"和"1.5"，以创建不同尺寸的倒角，每次完成后单击按钮 ✓，完成倒角的创建。如图 6-40 所示。

图 6-39 创建圆角

图 6-40 创建倒角

【技能训练】

1. 完成如图 6-41 所示带轮的三维建模。

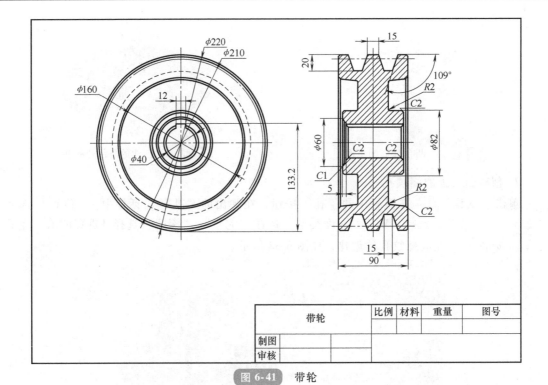

带轮		比例	材料	重量	图号
制图					
审核					

图 6-41 带轮

2. 完成如图 6-42 所示端盖的三维建模。

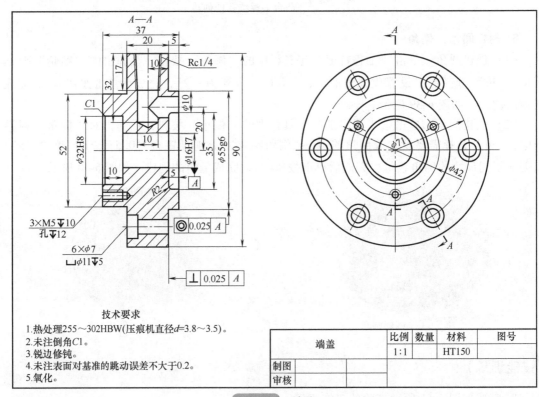

技术要求

1.热处理255～302HBW(压痕机直径d=3.8～3.5)。
2.未注倒角C1。
3.锐边修钝。
4.未注表面对基准的跳动误差不大于0.2。
5.氧化。

端盖		比例	数量	材料	图号
		1:1		HT150	
制图					
审核					

图 6-42 端盖

任务三　叉架三维建模

【任务导入】

叉架类零件是常见的机械零件之一，典型的叉架类零件有支座、支架、连杆等。由于叉架类零件结构比较复杂，所以需要采用多实体技术以及筋、镜像等命令来创建其三维实体模型。本任务通过完成如图 6-43 所示叉架零件的实体建模，掌握利用多实体技术等高级建模技术构建复杂模型的方法，培养学生独立思考、精益求精的职业习惯。

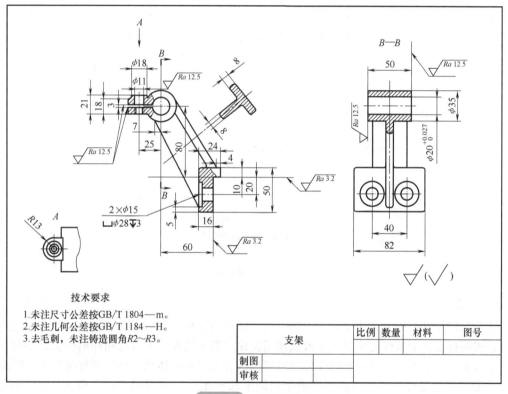

图 6-43　叉架零件图

【任务分析】

1. 零件结构分析

该零件由底座、连杆、凸台等组成，外形比较复杂，无法使用基本体与布尔运算组合的方式直接造型，可采用基本体和创建特征相结合的方式完成建模。由于零件是左右对称结构，故可借助镜像命令创建模型。

2. 零件建模参考方案

该零件的建模参考方案如图 6-44 所示。

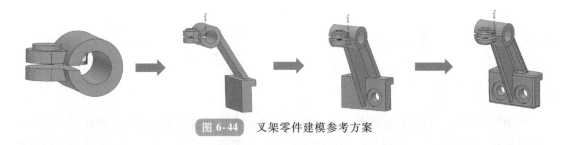

图6-44 叉架零件建模参考方案

【知识链接】

1. 偏移

偏移命令可以将选择的曲线沿单边或双边生成等距曲线。单击"草图"功能选项卡中"偏移"按钮,弹出"偏移"对话框,可以很方便地进行曲线的偏移,如图6-45所示。

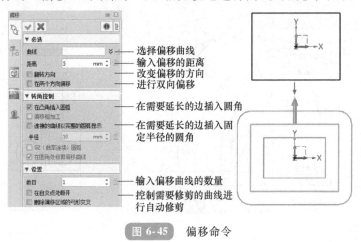

选择偏移曲线
输入偏移的距离
改变偏移的方向
进行双向偏移

在需要延长的边插入圆角
在需要延长的边插入固定半径的圆角

输入偏移曲线的数量
控制需要修剪的曲线进行自动修剪

图6-45 偏移命令

2. 镜像

镜像是以原特征或实体为基础,以两点或直线作为镜像线进行对称复制的操作。在建模过程中,相同且较复杂特征的重复创建可以使用镜像功能来实现,可以将同样的模型以不同的角度显示出来。将某些特征或一般的实体通过镜像的方式实现实体化,可保证建模快速、准确。

镜像特征命令可以将选择的特征沿指定的平面产生一个镜像副本。中望3D软件中有镜像几何体和镜像特征两个镜像命令,两个命令的操作流程基本一致,但镜像特征命令只针对特征,而镜像几何体命令可以对实体、曲线、曲面、草图等对象进行操作,如图6-46所示。

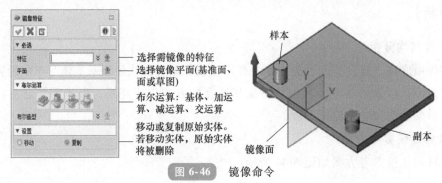

选择需镜像的特征
选择镜像平面(基准面、面或草图)

布尔运算:基体、加运算、减运算、交运算

移动或复制原始实体。若移动实体,原始实体将被删除

图6-46 镜像命令

3. 圆柱体

使用此命令可以创建一个圆柱体特征。其与拉伸命令相似，但此命令仅需输入圆柱体底面圆心坐标、圆柱体半径和圆柱体高度。圆柱体命令支持标准的基体、加运算、减运算和交运算，还可将圆柱体与一个平面对准。

单击"造型"→"圆柱体"，弹出"圆柱体"对话框，如图 6-47 所示。

图 6-47　"圆柱体"对话框

（1）必选

1）中心：指定圆柱体的底面圆心，可通过右侧按钮 使用标准点"输入选项"。当使用"对齐平面"选项时，该点保持固定。

2）半径、长度：可拖曳指针指定圆柱体的直径和长度，或输入精确的半径值和长度值。可以单击右侧按钮 R 切换半径、直径。

（2）布尔运算

布尔造型：指定进行布尔运算的造型。若不指定，则默认选择所有的造型。除基体外，其他运算都将激活该选项。

（3）设置

对齐平面：使用本选项可使圆柱体和一个基准面或二维平面对齐，圆柱体底面圆心将保持固定，圆柱体底面贴面对齐平面创建。

（4）公差

公差：设置局部公差。该公差仅对当前命令有效。命令结束后，后续建模仍然使用全局公差。

4. 矩形命令

使用此命令可以创建不同类型的 2D 矩形。矩形命令支持中心法、角点法、中心-角度法、角点-角度法和平行四边形法，还可指定所有矩形的高度和宽度。若利用草图命令创建矩形，则矩形约束和标注将自动生成。

在"基础造型"工具栏中单击"草图"→"矩形"按钮，弹出"矩形"对话框，如图 6-48a 所示，对话框中各参数说明如下。

（1）必选

1）中心法：使用中心法，通过定义其中心点和一个对角点来创建一个水平或竖直矩形，如图 6-48b 所示。

2）角点法：使用角点法，通过定义两个对角点，来创建一个水平或竖直矩形，如图 6-48c 所示。

3）中心-角度法：使用中心-角度法，通过定义其中心点，旋转角度和一个对角点创建一个矩形，如图 6-48d 所示。可使用此命令创建一个旋转一定角度的矩形。

4）角点-角度法：使用角点-角度法，通过定义一对对角点和旋转角度创建一个矩形，如图 6-48e 所示。可使用此命令创建一个旋转一定角度的矩形。

5）平行四边形法：使用平行四边形法，通过定义 3 个对角点创建一个矩形，如图 6-48f

所示。使用此命令可创建一个旋转一定角度的矩形。第二个对角点用于确定角度，第三个对角点用于确定高度。

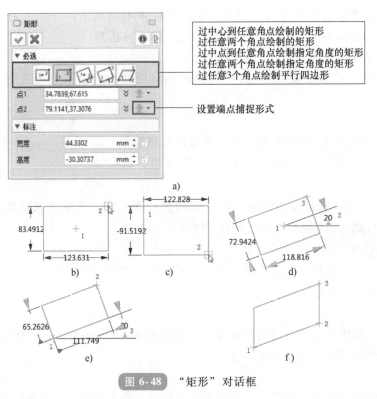

图 6-48 "矩形"对话框

（2）标注

宽度、高度：可使用这些选项来调整矩形的宽度和高度。

【实施过程】

1. 新建模型文件

单击"新建"按钮，在弹出的"新建"对话框中，"类型"选择"零件/装配"，"唯一名称"设置为"叉架"，然后单击"确认"按钮，进入中望3D软件的建模环境。

2. 创建空心圆柱体部分

（1）绘制空心圆柱体草图 选择 *YZ* 平面作为草图平面，在绘图区绘制如图 6-49 所示的草图，圆心位于原点，两个圆的直径分别为 $\phi20mm$、$\phi35mm$，完成后单击"退出"按钮，退出草图环境。

（2）创建空心圆柱体 单击"基础造型"工具栏中的"拉伸"按钮，"轮廓"选择空心圆柱体草图，"拉伸类型"选择"对称"，"结束点"设置为"25"，其他参数默认，完成后单击按钮 ✔，完成圆柱体的拉伸，如图 6-50 所示。

3. 创建凸耳

（1）绘制凸耳草图 选择 *XY* 平面作为草图平面，在绘图区绘制如图 6-51 所示的凸耳草图，完成后单击"退出"按钮，退出草图环境。

图 6-49 空心圆柱体草图

图6-50 创建空心圆柱体

（2）创建凸耳模型　单击"基础造型"工具栏中的"拉伸"按钮，在弹出的"拉伸"对话框中，"轮廓"选择凸耳草图，"拉伸类型"选择"对称"，"结束点"设置为"9"，"布尔运算"栏中选择"加运算"，其他参数默认，完成后单击按钮 ，完成凸耳的创建，如图 6-52 所示。

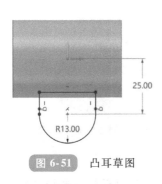

图 6-51 凸耳草图

图6-52 凸耳的创建

4. 创建凸耳上小凸台

单击"基础造型"工具栏中的"圆柱体"按钮，弹出"圆柱体"对话框，确定圆柱体的中心位置，即"中心"选择凸耳圆弧的曲率中心，"半径"设置为"9"，"长度"设置为"3"，完成后单击按钮 ，完成凸台的创建，如图 6-53 所示。

图 6-53 创建凸耳上小凸台

5. 创建槽和 ϕ11mm 孔

（1）绘制槽草图　选择 YZ 平面作为草图平面，单击"矩形"按钮，选择"中心矩形"，高度设置为 3mm，长度设置为 45mm（确保切除完全即可），如图 6-54 所示，完成后退出草图环境。

（2）创建槽 单击"基础造型"工具栏中的"拉伸"按钮，在弹出的"拉伸"对话框中，"轮廓"选择槽草图，"拉伸类型"选择"对称"，"结束点"设置为"25"（保证完全切除圆柱体即可），"布尔运算"栏中选择"减运算"，其他参数默认，完成后单击按钮 ✅ ，完成槽的创建，如图6-55所示。

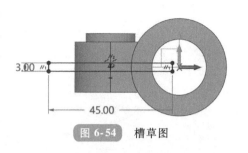

图 6-54　槽草图

（3）创建孔 单击"工程特征"工具栏中的"孔"按钮，在弹出的"孔"对话框中选择"常规孔"，"位置"选择凸耳小凸台的曲率中心，"布尔运算"栏中的"操作"选择"移除"，"孔造型"选择"简单孔"，"直径"设置为"11"，"结束端"选择"终止面"，"终止面"选择通槽上表面，其他参数默认，完成后单击按钮 ✅ ，完成 ϕ11mm 孔的创建，如图6-56所示。

图 6-55　创建的槽

图6-56　创建的 ϕ11mm 孔

6. 创建螺纹孔

单击"工程特征"工具栏中的"孔"按钮，在弹出的"孔"对话框中选择"螺纹孔"，"位置"选择下端凸耳的曲率中心，"布尔运算"栏中的"操作"选择"移除"，"孔造型"选择"简单孔"，"尺寸"选择"M10×1.25"，"结束端"选择"通孔"，其他参数默认，完成后单击按钮 ✅ ，完成螺纹孔的创建，如图6-57所示。

图 6-57　螺纹孔的创建

7. 创建底座

（1）绘制底座草图 选择 *YZ* 平面作为草图平面，绘制如图6-58所示的底座草图，完成后单击"退出"按钮，退出草图环境。

（2）创建底座模型 单击"基础造型"工具栏中的"拉伸"按钮，在弹出的"拉伸"

对话框中，"轮廓"选择底座草图，"拉伸类型"选择"对称"，"结束点"设置为"41"，"布尔运算"栏中选择"加运算"，其他参数默认，完成后单击按钮 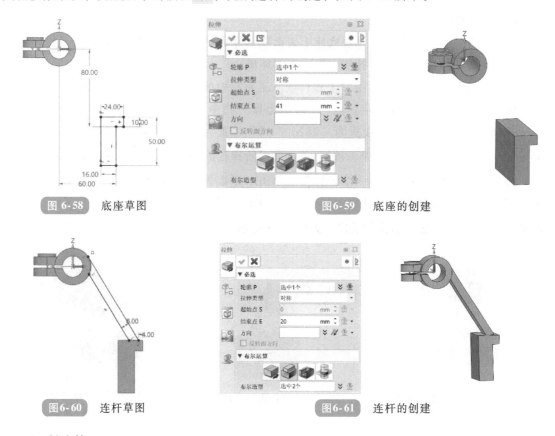，完成底座的创建，如图6-59所示。

8. 创建肋板

（1）绘制连杆草图　选择 *YZ* 平面作为草图平面，绘制如图6-60所示的连杆草图，完成后单击"退出"按钮，退出草图环境。

（2）创建连杆模型　单击"基础造型"工具栏中的"拉伸"按钮，在弹出的"拉伸"对话框中，"轮廓"选择连杆草图，"拉伸类型"选择"对称"，"结束点"设置为"20"，其他参数默认，完成后单击按钮 ，完成连杆的创建，如图6-61所示。

图 6-58　底座草图

图 6-59　底座的创建

图 6-60　连杆草图

图 6-61　连杆的创建

9. 创建筋

（1）绘制筋的草图　选择 *YZ* 平面作为草图平面，绘制如图6-62所示筋的生长线，完成后单击"退出"按钮，退出草图环境。

（2）创建筋特征　单击"工程特征"工具栏中的"筋"按钮，在弹出的"筋"对话框中，"轮廓"选择筋的生长线，"方向"选择"平行"，"宽度类型"选择"两者"，"宽度"设置为"8"，不勾选"反转材料方向"（如筋生长方向与图6-63所示方向不一致，可在"设置"栏中勾选"反转材料方向"复选框，即可改变筋生长方向），完成后单击按钮 ，完成筋的创建，如图6-63所示。

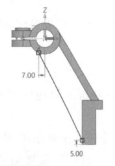

图6-62 筋的生长线   图6-63 筋的创建

10. 创建阶梯孔

（1）绘制阶梯孔定位点 选择底座上表面作为草图平面，绘制如图6-64所示阶梯孔的定位点，完成后单击"退出"按钮，退出草图环境。

（2）创建阶梯孔特征 单击"工程特征"工具栏中的"孔"按钮，在弹出的"孔"对话框中，"位置"选择阶梯孔定位点，"布尔运算"栏中的"操作"选择"移除"，"孔造型"选择"台阶孔"，"D2"设置为"28"，"H2"设置为"3"，"D1"设置为"15"，"结束端"选择"通孔"，完成后单击按钮 ✔ ，完成阶梯孔的创建，如图6-65所示。

（3）利用镜像命令创建另一个阶梯孔 单击"基础编辑"工具栏中的"镜像特征"按钮，"特征"选择创建的阶梯孔，"平面"选择 *YZ* 平面，"设置"栏中勾选"复制"，完成后单击按钮 ✔ ，完成阶梯孔的镜像，如图6-66所示。

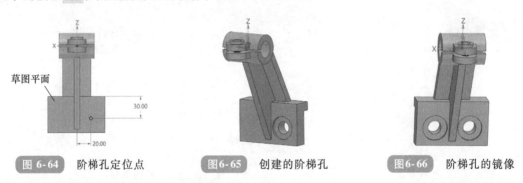

图6-64 阶梯孔定位点   图6-65 创建的阶梯孔   图6-66 阶梯孔的镜像

11. 创建圆角

（1）创建 *R*2.5mm 圆角 单击"工程特征"工具栏中的"圆角"按钮，在弹出的"圆角"对话框中，"边"选择如图6-67所示的边线，"半径"设置为"2.5"，完成后单击按钮 ✔ ，完成底座、筋和支架的圆角特征的创建。

（2）创建 *R*2mm 圆角 再次单击"圆角"按钮，在弹出的"圆角"对话框中，"边"选择如图6-68所示的边线，"半径"设置为"2"，完成后单击按钮 ✔ ，完成凸耳的圆角特征的创建。

完成叉架全部零件特征的创建，得到的叉架三维模型如图6-69所示。

图 6-67　*R*2.5mm 圆角
的边线

图 6-68　*R*2mm 圆角
的边线

图 6-69　创建完成的叉架
三维模型

【技能训练】

1. 使用中望 3D 软件完成如图 6-70 所示的拨叉的三维建模。

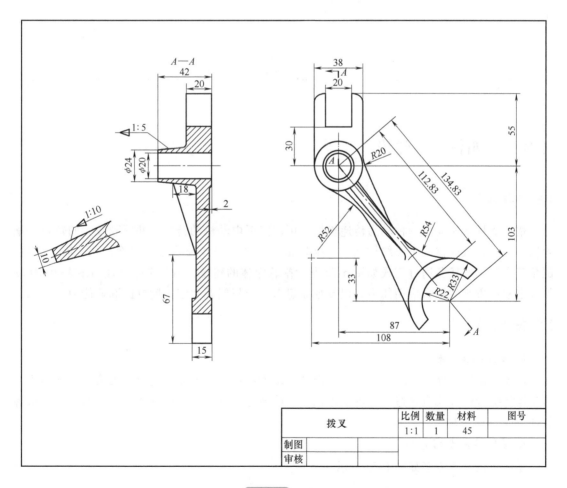

图 6-70　拨叉

2. 使用中望 3D 软件完成如图 6-71 所示的摇臂的三维建模。

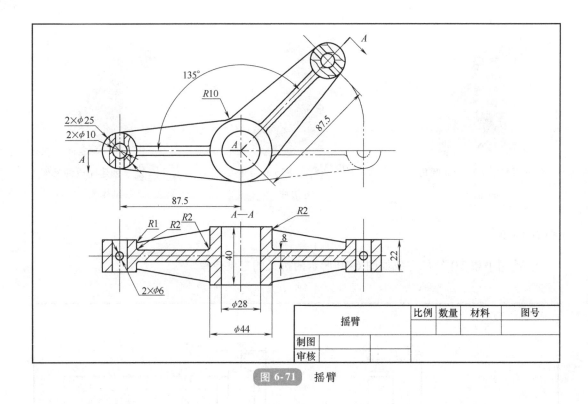

图 6-71 摇臂

任务四 箱体三维建模

【任务导入】

蜗轮蜗杆减速器是一种动力传递机构，可以降低电动机的转速，并得到较大的转矩。蜗轮箱体是蜗轮减速器的主要结构之一。蜗轮箱体建模过程涉及凸台、切除、孔、筋、圆角、倒角等命令。本任务通过完成如图 6-72 所示蜗轮箱体的建模，培养学生合理使用中望 3D 软件确定建模方案的综合应用能力，以及独立思考、分析问题并解决问题的职业能力。

【任务分析】

1. 零件结构分析

该零件由圆柱体、底座、筋、孔、凸台等结构组成，外形比较复杂，无法使用基本体与布尔运算组合的方式直接造型，可采用拉伸、旋转等命令完成基体创建，再添加孔、倒角等特征完成 3D 建模。

2. 零件建模参考方案

零件建模参考方案如图 6-73 所示。

【知识链接】

使用六面体命令可以创建一个六面体特征，与拉伸矩形的效果类似。

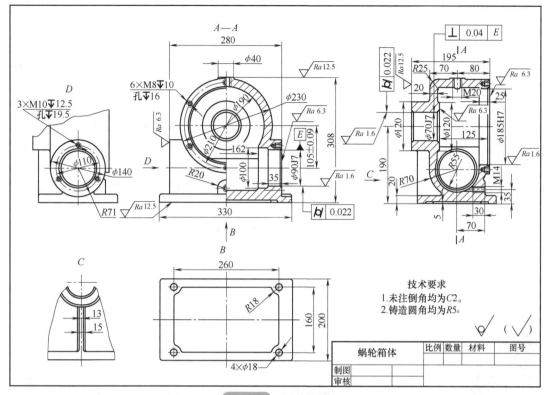

图 6-72　蜗轮箱体

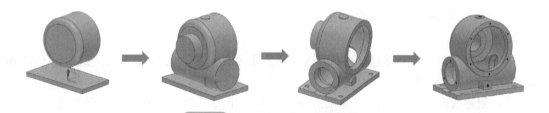

图6-73　蜗轮箱体的建模参考方案

单击"造型"→"六面体"，弹出"六面体"对话框，如图 6-74 所示。

（1）必选

1）中心法：通过中心点和顶点创建六面体。

2）角点法：通过角点创建六面体。

3）中心-高度法：通过中心点、顶点和高度创建六面体。

4）角点-高度法：通过两个角点和高度创建六面体。

5）点 1：选择创建六面体的第一个点。对于中心法来说，第一点为中心点；对于角点法来说，第一点是六面体的第一个角点。

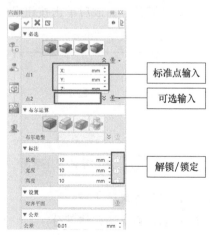

图6-74　"六面体"对话框

6）中心/角点：可采用一个中心点或两个角点确定六面体的位置。

7）点 2：选择第二个对角点。

（2）布尔运算

布尔造型：指定进行布尔运算的造型。若不指定，则默认选择所有的造型。除基体外，其他运算都将激活该选项。

（3）标注

长度、宽度、高度：当指定六面体的第二个角点后，自动显示这些选项的值。可单独修改长度、宽度、高度各值以改变六面体的造型。造型改变时，六面体的第一个角点仍保持不变。

（4）设置

对齐平面：使用本选项可使六面体与一个基准面或二维平面对齐。第一个角点将保持固定，将对齐六面体的默认 XY 平面。

解锁、锁定：当手动修改上面 3 个字段的值时，图标会从解锁状态变为锁定状态。如果希望恢复到由点 2 定义的长度值，只要再次单击该图标，且图标会回到解锁状态。

（5）公差

公差：设置局部公差。该公差仅对当前命令有效。命令结束后，后续建模仍然使用全局公差。

6.4

【实施过程】

1. 新建模型文件

单击"新建"按钮，在弹出的"新建"对话框中，"类型"选择"零件/装配"，"唯一名称"设置为"蜗轮箱体"，然后单击"确认"按钮，进入中望 3D 软件的建模环境。

2. 创建底座

（1）绘制底座草图　选择 XY 平面作为草图平面，选择中心矩阵方式绘制如图 6-75 所示的蜗轮箱体底座草图。

（2）创建底座模型　单击"基础造型"工具栏中的"拉伸"按钮，在弹出的"拉伸"对话框中，"轮廓"选择蜗轮箱体底座草图，"拉伸类型"选择"1 边"，"结束点"设置为"20"，其余默认，完成后单击按钮 ✔，完成底座的创建，如图 6-76 所示。

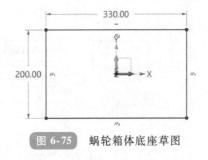

图 6-75　蜗轮箱体底座草图

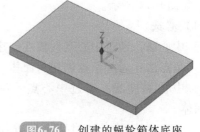

图6-76　创建的蜗轮箱体底座

3. 创建蜗轮箱体上部

（1）创建箱体圆柱体部分

1）选择 XZ 平面作为草图平面，使用圆命令，绘制圆心距底板 190mm、直径为 230mm

的圆，如图 6-77 所示，完成草图创建后单击"退出"按钮，退出草图环境。

2）单击"基础造型"工具栏中的"拉伸"按钮，在弹出的"拉伸"对话框中"轮廓"选择图 6-77 所示的草图，"拉伸类型"选择"2 边"，"起始点"设置为"-80"，"结束点"设置为"70"，"布尔运算"栏中选择"加运算"，其余默认，完成后单击按钮 ✅，完成箱体圆柱体部分的创建。

3）单击"工程特征"工具栏中的"圆角"按钮，"半径"设置为"25"，完成后单击按钮 ✅，完成圆角切除，如图 6-78 所示。

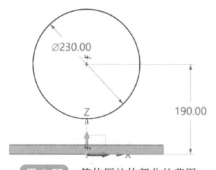

图 6-77　箱体圆柱体部分的草图

图 6-78　箱体圆柱体部分的创建

（2）创建箱体凸台

1）选择 XZ 平面作为草图平面，进入草图环境，使用"圆"命令绘制与 φ230mm 圆同心、直径为 120mm 的圆，如图 6-79 所示，完成草图绘制后单击"退出"按钮，退出草图环境。

2）单击"基础造型"工具栏中的"拉伸"按钮，在弹出的"拉伸"对话框中，"轮廓"选择 φ120mm 圆的草图，"拉伸类型"选择"1 边"，"结束点"设置为"115"，"方向"选择"反向"，"布尔运算"栏中选择"加运算"，其余默认，完成后单击按钮 ✅，完成凸台的创建，如图 6-80 所示。

图 6-79　φ120mm 圆的草图

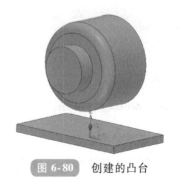

图 6-80　创建的凸台

4. 创建蜗轮箱体中部圆柱体

（1）绘制 φ140mm 圆的草图　选择 YZ 平面作为草图平面，进入草图环境，绘制一个圆心在 Z 轴上且距离底板 85mm、直径为 140mm 的圆，如图 6-81 所示。完成草图创建后，单击"退出"按钮，退出草图环境。

（2）拉伸成圆柱体　单击"基础造型"工具栏中的"拉伸"按钮，在弹出的"拉伸"

对话框中，"轮廓"选择ϕ140mm圆的草图，"拉伸类型"选择"总长对称"，"结束点"设置为"280"，"布尔运算"栏中选择"加运算"，完成后单击按钮 ✓，完成中部圆柱体的创建，如图6-82所示。

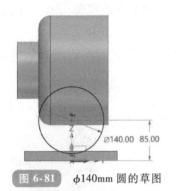

图 6-81　ϕ140mm圆的草图

图 6-82　中部圆柱体的创建

5. 创建顶部凸台

（1）绘制ϕ40mm圆的草图　选择底座下平面作为草图平面，进入草图环境，绘制一个圆心在坐标原点，直径为40mm的圆，如图6-83所示。完成草图创建后，单击"退出"按钮，退出草图环境。

（2）拉伸凸台　单击"基础造型"工具栏中的"拉伸"按钮，在弹出的"拉伸"对话框中，"轮廓"选择ϕ40mm圆的草图，"拉伸类型"选择"1边"，"结束点"设置为"308"，"布尔运算"栏中选择"加运算"，完成后单击按钮 ✓，完成顶部凸台的创建，如图6-84所示。

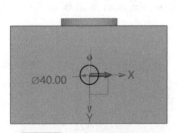

图 6-83　ϕ40mm圆的草图

图 6-84　顶部凸台的创建

6. 创建基体前部凸台

（1）绘制基体前部凸台的草图　选择XZ平面作为草图平面，绘制前部凸台草图如图6-85所示。

（2）拉伸凸台　单击"基础造型"工具栏中的"拉伸"按钮，在弹出的"拉伸"对话框中，"轮廓"选择前部凸台草图，"拉伸类型"选择"1边"，"结束点"设置为"70"，"方向"选择"反向"，"布尔运算"栏中选择"加运算"，完成后单击按钮 ✓，完成前部凸台的创建，如图6-86所示。

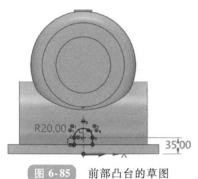

图6-85 前部凸台的草图

图6-86 前部凸台的创建

7. 蜗轮箱体切除操作

（1）创建底座凹槽及通孔

1）选择底座下平面作为草图平面，进入草图环境。使用矩形命令中的"中心矩阵"方式，绘制一个长为 260mm、宽为 160mm 的矩形。在矩形一个直角处绘制 φ18mm 圆及 R18mm 的圆弧，并通过镜像命令，完成底座下平面草图轮廓的创建，如图 6-87 所示。

2）创建底座凹槽。单击"基础造型"工具栏中的"拉伸"按钮，在弹出的"拉伸"对话框中，"轮廓"选择创建的凹槽草图，"拉伸类型"选择"1 边"，"结束点"设置为"5"，"方向"选择"反向"，"布尔运算"栏中选择"减运算"，完成后单击按钮 ✓，完成底座凹槽的创建。

3）创建底座通孔。单击"基础造型"工具栏中的"拉伸"按钮，在弹出的"拉伸"对话框中，"轮廓"选择创建的通孔的草图，"拉伸类型"选择"1 边"，"结束点"设置为"30"，"方向"选择"反向"，"布尔运算"栏中选择"减运算"，完成后单击按钮 ✓，完成底座通孔的创建。底座凹槽及通孔的创建效果如图 6-88 所示。

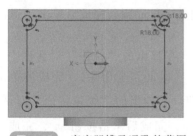

图6-87 底座凹槽及通孔的草图

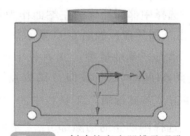

图6-88 创建的底座凹槽及通孔

（2）创建箱体的腔体

1）选择 YZ 平面作为草图平面，绘制轴线，距离底座下平面 190mm。绘制切除轮廓，如图 6-89 所示。完成草图轮廓创建后，单击"退出"按钮，退出草图环境。

2）单击"基础造型"工具栏中的"旋转"按钮，在弹出的"旋转"对话框中，"轮廓"选择腔体切除轮廓的草图，"轴"选择 Y 轴，"布尔运算"栏中选择"减运算"，其余设置默认，完成后单击按钮 ✓，完成箱体腔体的创建，如图 6-90 所示。

（3）创建中部圆柱部分腔体

1）选择 XZ 平面作为草图平面，绘制轴线，距离底座下平面 85mm，绘制切除轮廓，如图 6-91 所示。

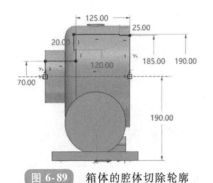

图 6-89　箱体的腔体切除轮廓　　　　　　图 6-90　箱体腔的创建

2）单击"基础造型"工具栏中的"旋转"按钮，在弹出的"旋转"对话框中，"轮廓"选择绘制的中部圆柱体的腔体切除轮廓，"轴"选择绘制的中心线，"布尔运算"栏中选择"减运算"，其余设置默认，完成后单击按钮 ✔️，完成中部圆柱部分腔体的创建，如图 6-92 所示。

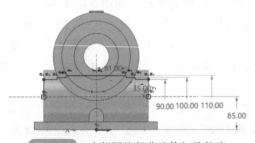

图 6-91　中部圆柱部分腔体切除轮廓　　　　图 6-92　中部圆柱部分腔体的创建

（4）创建底座上平面的切除

1）选择中部圆柱体的左端面作为草图平面，绘制 ϕ140mm 圆，完成后单击"退出"按钮，退出草图环境，如图 6-93 所示。

2）单击"基础造型"工具栏中的"拉伸"按钮，在弹出的"拉伸"对话框中，"轮廓"选择 ϕ140mm 圆，拉伸"结束点"设置为"50"（保证完全切除），完成后单击按钮 ✔️。单击"基础编辑"工具栏中的"镜像特征"按钮，在弹出的"镜像特征"对话框中，"特征"选择刚创建的切除部分，"平面"选择 YZ 平面，完成后单击按钮 ✔️，完成切除部分的创建，如图 6-94 所示。

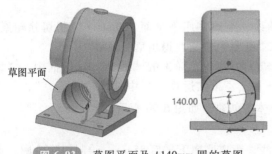

图 6-93　草图平面及 ϕ140mm 圆的草图　　　图 6-94　底座切除部分的创建

8. 创建 M10 螺纹孔

（1）创建左端螺纹孔

1）选择中部圆柱体的左端面作为草图平面，绘制 φ110mm 圆并将其转换成参考线，使用"绘图"工具栏中的"点"命令，绘制螺纹孔定位点，如图 6-95 所示。完成螺纹孔定位点创建后，单击"退出"按钮，退出草图环境。

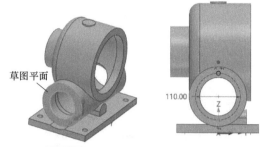

图 6-95　M10 螺纹孔定位点的创建

2）单击"工程特征"工具栏中的"孔"按钮，"孔类型"选择"螺纹孔"，"位置"选择刚创建的螺纹孔定位点，"螺纹类型"选择"M10"，"螺纹深度"设置为"12.5"，"孔深"设置为"19.5"，完成后单击按钮 ✔，完成左端 M10 螺纹孔的创建，如图 6-96 所示。

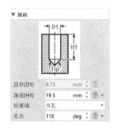

图 6-96　M10 螺纹孔的创建

3）单击"基础编辑"工具栏中的"阵列特征"按钮，在弹出的"阵列特征"对话框中，选择"圆形阵列"，"基体"选择刚创建的 M10 螺纹孔，"方向"选择中部圆柱体的轴线，"数目"设置为"3"，"角度"设置为"120"，完成后单击按钮 ✔，完成 M10 螺纹孔阵列，如图 6-97 所示。

图 6-97　M10 螺纹孔的阵列

（2）创建右端螺纹孔　单击"基础编辑"工具栏中的"镜像特征"按钮，在弹出的"镜像特征"对话框中，"特征"选择刚创建的 3 个 M10 螺纹孔，"平面"选择 YZ 平面，完成后单击按钮 ✔，完成右端 M10 螺纹孔的创建，如图 6-98 所示。

图 6-98　右端 M10 螺纹孔的创建

9. 创建 M8 螺纹孔

（1）绘制螺纹孔定位点　选择箱体上部圆柱体的前端作为草图平面，绘制 ϕ210mm 圆，使用点命令，绘制螺纹孔定位点，如图 6-99 所示。完成螺纹孔定位点创建后，单击"退出"按钮，退出草图环境。

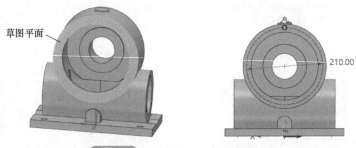

图 6-99　M8螺纹孔定位点的创建

（2）创建 M8 螺纹孔特征　单击"工程特征"工具栏中的"孔"按钮，在弹出的"孔"对话框中，"孔类型"选择"螺纹孔"，"位置"选择刚创建的 M8 螺纹孔定位点，"螺纹类型"选择"M8"，"螺纹深度"设置为"10"，"孔深"设置为"16"，完成后单击按钮 ✔ ，完成第 1 个 M8 螺纹孔的创建。

单击"基础编辑"工具栏中的"阵列特征"按钮，在弹出的"阵列特征"对话框中，选择"圆形阵列"，"基体"选择"螺纹孔"，"方向"选择圆柱体轴线，"数目"设置为"6"，"角度"设置为"60"，完成后单击按钮 ✔ ，完成 M8 螺纹孔的阵列，如图 6-100 所示。

图 6-100　M8螺纹孔的阵列

10. 创建 M20 螺纹孔

单击"工程特征"工具栏中的"孔"按钮，在弹出的"孔"对话框中，"孔类型"选择"螺纹孔"，"位置"选择箱体顶部 $\phi 40$mm 凸台的圆心，尺寸选择"M20×1"，"深度类型"选择"完整"，"结束端"选择"终止面"，"终止面"选择箱体内腔表面，完成后单击按钮 ，完成 M20 螺纹孔的创建，如图 6-101 所示。

  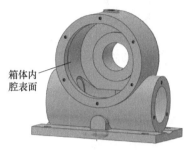

图 6-101　M20 螺纹孔的创建

11. 创建 M14 螺纹孔

单击"工程特征"工具栏中的"孔"按钮，在弹出的"孔"对话框中，"孔类型"选择"螺纹孔"，"位置"选择蜗轮箱体前部凸台的曲率中心，"尺寸"选择"M14×1.5"，"深度"设置为"30"，"结束端"选择"终止面"，"终止面"选择中部圆柱体的内腔表面，完成后单击按钮 ，完成 M14 螺纹孔的创建，如图 6-102 所示。

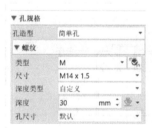  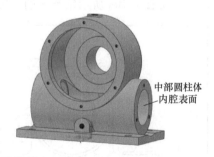

图 6-102　M14 螺纹孔的创建

12. 创建筋

（1）绘制筋的生长线　选择 *YZ* 平面作为草图平面，绘制筋的生长线，如图 6-103 所示。

（2）创建筋特征　单击"工程特征"工具栏中的"筋"按钮，在弹出的"筋"对话框中，"轮廓"选择刚创建的筋的生长线，"方向"选择"平行"，"宽度"设置为"13"，完成后单击按钮 ，完成筋的创建，如图 6-104 所示。

13. 倒圆、倒角

1）对筋及底座创建 *R*5mm 的圆角，如图 6-105 所示。

2）对箱体创建 *C*2 倒角，如图 6-106 所示。

完整的蜗轮箱体 3D 模型，如图 6-107 所示。

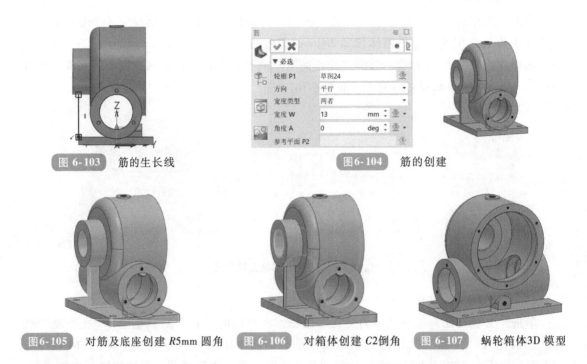

图 6-103　筋的生长线

图 6-104　筋的创建

图6-105　对筋及底座创建 *R*5mm 圆角　　图 6-106　对箱体创建 *C*2倒角　　图 6-107　蜗轮箱体3D 模型

【技能训练】

1. 完成如图 6-108 所示轴承座的三维建模。

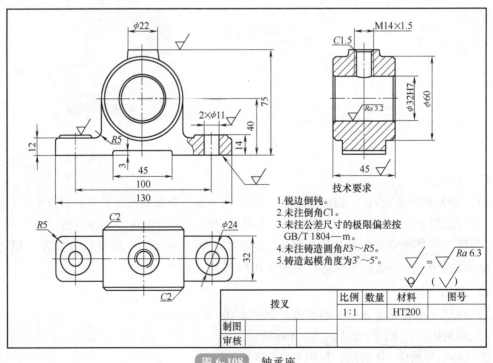

技术要求

1. 锐边倒钝。
2. 未注倒角*C*1。
3. 未注公差尺寸的极限偏差按 GB/T 1804—m。
4. 未注铸造圆角*R*3～*R*5。
5. 铸造起模角度为3°～5°。

拨叉		比例	数量	材料	图号
		1:1		HT200	
制图					
审核					

图 6-108　轴承座

2. 完成如图 6-109 所示球阀阀体的三维建模。

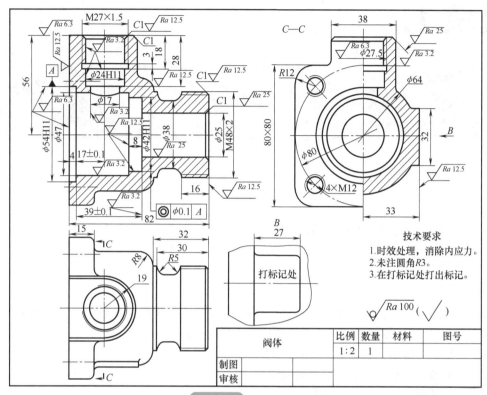

技术要求
1.时效处理，消除内应力。
2.未注圆角R3。
3.在打标记处打出标记。

阀体	比例	数量	材料	图号
	1:2	1		
制图				
审核				

图 6-109 球阀阀体

模块七

复杂零件三维建模

任务一　标准直齿圆柱齿轮三维建模

【任务导入】

齿轮是机械制造业中常见的零件。齿轮传动是依靠主动齿轮与从动齿轮的啮合来传递运动和动力的，与其他传动相比，齿轮传动具有下列优点：

1）两轮瞬时传动比（角速度之比）恒定。

2）结构紧凑，适用的速度和传动功率范围较大。

3）传动效率较高，工作寿命长。

4）能实现平行、相交、交错轴间传动。

因此，齿轮传动应用非常广泛，是各种传动系统中不可缺少的一部分。本任务使用中望3D软件进行标准直齿圆柱齿轮的建模。

【任务分析】

齿轮建模难点和重点就是绘制齿廓曲线——渐开线，而渐开线的建立离不开渐开线方程，其他的参数变量可根据实际设计的零件特征确立，如孔径、键槽宽度、凸台高度等。

齿轮的基体是一个圆柱体，可通过拉伸、旋转或圆柱体命令来创建。轮齿的创建有求和、求差两种方法。求和就是先构建齿根圆柱体，然后构建一个轮齿，并与齿根圆柱求和，作出一个轮齿后通过阵列命令作出所有的轮齿；求差即先构建齿顶圆柱体，然后在圆柱面上绘制出齿槽轮廓，与齿顶圆柱求差，作出一个齿槽后通过阵列命令切制出所有的齿槽。

本任务使用求差法，先构建圆柱体，直径为齿顶圆直径；在基圆上建立渐开线，利用镜像命令得到另一半的渐开线，由此得到一个齿槽轮廓，然后以拉伸切除得到一个齿槽，再进行阵列，完成所有齿槽的创建，完成如图7-1所示的标准直齿圆柱齿轮的建模。

【知识链接】

一、标准直齿圆柱齿轮基本参数

（1）齿数 z　$z_{min} = 17$，通常小齿轮齿数 z_1 在 $20 \sim 28$ 范围内选取，大齿轮轮齿数 $z_2 = iz_1$。

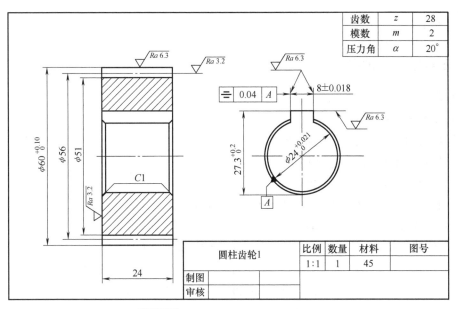

	齿数	z	28
	模数	m	2
	压力角	α	20°

图 7-1 标准直齿圆柱齿轮零件图

（2）模数 m　根据强度计算决定，并按表 7-1 选取标准值。动力传动中，$m \geqslant 2mm$。

（3）压力角 α　取标准值，$\alpha = 20°$。

（4）齿顶高系数 h_a^*　取标准值，对于正常齿，$h_a^* = 1$；对于短齿，$h_a^* = 0.8$。

（5）顶隙系数 c^*　取标准值，对于正常齿，$c^* = 0.25$；对于短齿，$c^* = 0.3$。

二、标准直齿圆柱齿轮的几何尺寸计算公式

表 7-1　标准直齿圆柱齿轮的几何尺寸计算公式

各部分名称	符号	公式
齿槽宽	e	$e = p/2 = \pi m/2$
齿厚	s	$s = p/2 = \pi m/2$
齿距	p	$p = \pi m$
齿高	h	$h = h_a + h_f = (2h_a^* + c^*)m$
齿顶高	h_a	$h_a = h_a^* m$
齿根高	h_f	$h_f = (h_a^* + c^*)m$
分度圆直径	d	$d = mz$
齿顶圆直径	d_a	$d_a = d + 2h_a = (z + 2h_a^*)m$（外齿轮） $d_a = d - 2h_a = (z - 2ha_a^*)m$（内齿轮）
齿根圆直径	d_f	$d_f = d - 2h_f = (z - 2h_a^* - 2c^*)m$（外齿轮） $d_f = d + 2h_f = (z + 2h_a^* + 2c^*)m$（内齿轮）
基圆直径	d_b	$d_b = d\cos\alpha = mz\cos\alpha$
中心距	a	$a = m(z_1 + z_2)/2$（外齿轮） $a = m(z_2 - z_1)/2$（内齿轮）

【实施过程】

一、本任务中齿轮的参数

（1）齿数 z　$z_{\min} = 28$。

（2）模数 m　$m = 2\text{mm}$。

（3）压力角 α　取标准值，$\alpha = 20°$。

（4）齿顶高系数 h_a^*　$h_a^* = 1$。

（5）顶隙系数 c^*　$c^* = 0.25$。

（6）其他参数　根据齿轮的几何尺寸计算公式得出：

1）分度圆直径 $d = mz = 2\text{mm} \times 28 = 56\text{mm}$。

2）齿顶圆直径 $d_a = d + 2h_a = (z + 2h_a^*) m = (28 + 2) \times 2\text{mm} = 60\text{mm}$。

3）齿根圆直径 $d_f = d - 2h_f = (z - 2h_a^* - 2c^*) m = (28 - 2 - 0.5) \times 2\text{mm} = 51\text{mm}$。

4）基圆直径 $d_b = d\cos\alpha = mz\cos\alpha = 2\text{mm} \times 28 \times \cos 20° = 52.6\text{mm}$。

5）软件中展示的渐开线方程为：

$$X = r_b \times \cos(60 \times t) + \pi \times r_b \times 60 \times t / 180 \times \sin(60 \times t)$$
$$Y = r_b \times \sin(60 \times t) - \pi \times r_b \times 60 \times t / 180 \times \cos(60 \times t)$$

式中，r_b 为基圆半径；压力角 $= 60 \times t$，其中 t 为 0~1 的变量。

二、标准直齿圆柱齿轮的建模

1. 新建零件文件

新建零件文件，"类型"选择"零件""子类"选择"标准"，文件命名为"直齿圆柱齿轮"，文件类型选择".Z3PRT"，如图 7-2 所示。

2. 创建齿轮基体

（1）创建圆柱体　选择"造型"功能选项卡，单击"基础造型"→"圆柱体"按钮，在弹出的"圆柱体"对话框中，指定"中心"为（0，0，0）原点位置，使坐标原点处于圆柱体下表面中心位置，

图 7-2　新建"直齿圆柱齿轮"文件

"半径"为齿顶圆半径 30mm，"长度"为 24mm，"方向"选择 Z 轴正向，以此来创建圆柱体，如图 7-3 所示。

注意：圆柱体命令可以快速创建一个圆柱体特征。拉伸圆形或者旋转矩形同样可以得到此圆柱体。圆柱体命令支持建立标准的基体，也可以进行加运算、减运算及交运算。

（2）根据齿轮参数创建内孔键槽　在"造型"功能选项卡中，单击"基础造型"→"草图"按钮，如图 7-4 所示；在弹出的"草图"对话框中，"平面"选择圆柱体上表面，"定向"栏中的"向上"选择 Z 轴正向，单击按钮 ✔ 或按〈Enter〉键确认；进入草图环境，绘制如图 7-5 所示的草图，完成后退出草图环境；然后在"造型"功能选项卡下，单击"基础造型"→"拉伸"按钮拉伸切除出齿轮内孔键槽，如图 7-6 所示。

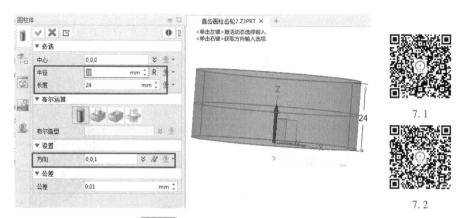

图 7-3　创建圆柱体

图 7-4　选择"草图"按钮

图 7-5　内孔键槽的草图

3. 绘制轮齿槽

（1）绘制齿顶圆、分度圆、基圆、齿根圆　在"造型"功能选项卡中，单击"基础造型"→"草图"按钮，在弹出的"草图"对话框中，"平面"选择圆柱体上表面，"定向"栏中的"向上"选择 Z 轴正向，单击按钮 或按〈Enter〉键确认；进入草图环境，绘制圆心在原点，直径分别为 60mm（齿顶圆直径）、56mm（分度圆直径）、52.6mm（基圆直径）、51mm（齿根圆直径）的 4 个圆，如图 7-7 所示。

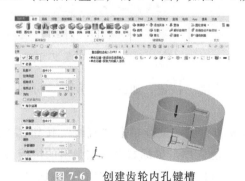

图 7-6　创建齿轮内孔键槽

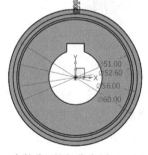

图7-7　齿轮齿顶圆、分度圆、基圆、齿根圆

（2）根据圆柱齿轮渐开线方程，填写方程参数，绘制渐开线　继续在草图环境里单击"编辑曲线"→"方程式"按钮，弹出"方程式曲线"对话框，如图 7-8 所示，在"方程式列表"里选择"圆柱齿轮齿廓的渐开线"选项，并将"输入方程式"栏中基圆半径改为本任务齿轮基圆的半径 52.6/2，完成后单击"确认"，生成齿廓渐开线，如图 7-9 所示。

7.3

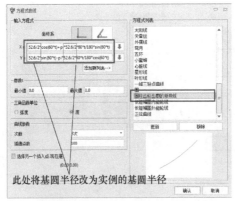

此处将基圆半径改为实例的基圆半径

图 7-8　"方程式曲线"对话框

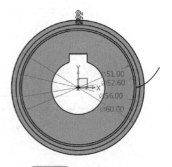

图 7-9　齿廓渐开线

（3）绘制原点与渐开线和基圆的交点所连成的直线　单击"草图"→"绘图"→"直线"按钮，在弹出的"直线"对话框中，"点 1"选择坐标（0，0），"点 2"的设置采用曲线交点法，单击鼠标右键，在弹出的快捷菜单中选择"相交"按钮，如图 7-10 所示，分别选中渐开线和基圆即可生成"点 2"的坐标，如图 7-11 所示。

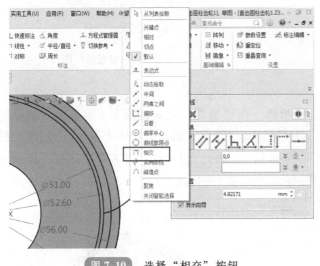

图 7-10　选择"相交"按钮

图 7-11　生成"点 2"的坐标

（4）连接曲线　单击"编辑曲线"→"修改"→"连接"按钮，如图 7-12 所示，分别选取渐开线与绘制的直线，将它们连接为一条曲线。

（5）绘制原点与渐开线和分度圆的交点所连成的直线　继续单击"直线"按钮，"点 1"选择坐标（0，0），"点 2"的设置采用曲线交点法，单击鼠标右键，在弹出的快捷菜单中，选择"相交"按钮，分别选中渐开线和分度圆即可生成"点 2"的坐标，如图 7-13 所示，并将该直线设为参考线。

（6）绘制镜像线　继续单击"直线"按钮，"点 1"选择坐标（0，0），"点 2"选择分度圆上一点，生成镜像线，标注镜像线与上一步生成的参考线的角度值为 360/（4×28）（28 为齿数），其他参数按默认设置，如图 7-14 所示。

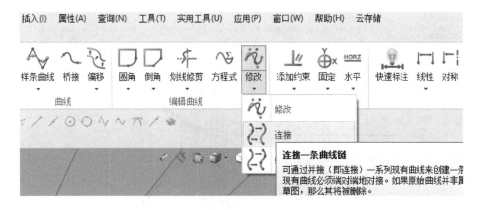

图 7-12　连接曲线

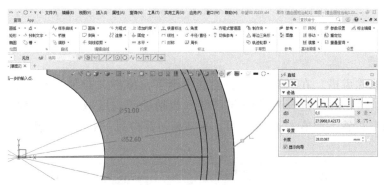

图7-13　绘制原点与渐开线和分度圆的交点所连成的直线

7.4

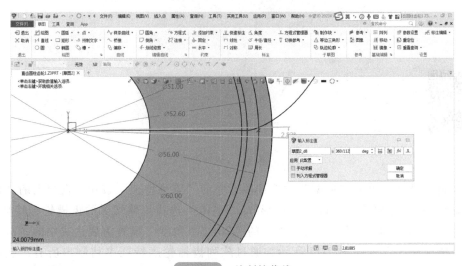

图 7-14　绘制镜像线

（7）镜像生成曲线　单击"基础编辑"→"镜像"按钮，在弹出的"镜像几何体"对话框中，"实体"选择（4）中创建的连接曲线，"镜像线"选择上一步生成的镜像线，得到对称的曲线，如图 7-15 所示。使用修剪命令修剪出轮齿齿槽轮廓。

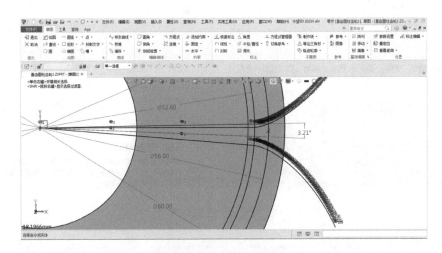

图 7-15　镜像生成曲线

4. 切制齿槽

（1）拉伸切除齿槽　在"造型"功能选项卡下，单击"拉伸"按钮，在弹出的"拉伸"对话框中，"轮廓"选择对应封闭区域（齿槽轮廓内区域），"拉伸类型"选择"1边"，"结束点"处输入的值大于 30 即可，布尔减运算得到一个轮齿齿槽，如图 7-16 所示。

7.5

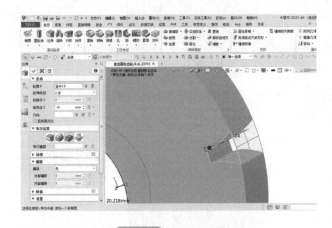

图 7-16　切制齿槽

（2）阵列特征　单击"造型"功能选项卡中的"阵列特征"按钮，在弹出的"阵列特征"对话框中，"阵列类型"选择"圆形"，"基体"选择拉伸切除的齿槽轮廓特征，"方向"选择 Z 轴，"数目"设置为表达式中的"28"，"角度"设置为表达式中的"360/28"，其他参数选择默认设置如图 7-17 所示，通过阵列齿槽轮廓特征来切制出所有的轮齿，如图 7-18 所示。

5. 完成齿轮建模

将不需要的曲线与基准平面进行隐藏，并将内孔处做 $C1$ 倒角，最终得到所需要的齿轮模型，如图 7-19 所示，然后保存文件并退出。

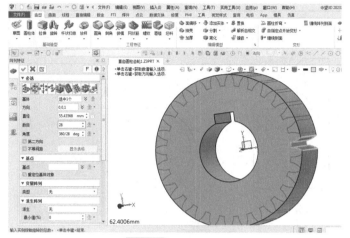

7.6

图 7-17 阵列齿槽

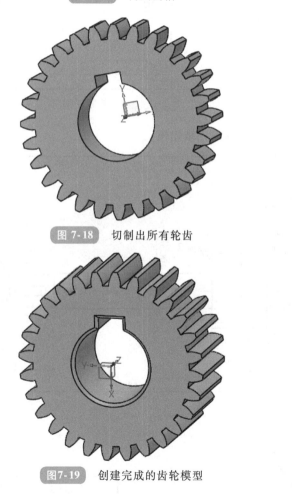

图 7-18 切制出所有轮齿

图7-19 创建完成的齿轮模型

【技能训练】

1. 完成图 7-20 中齿轮的三维建模。

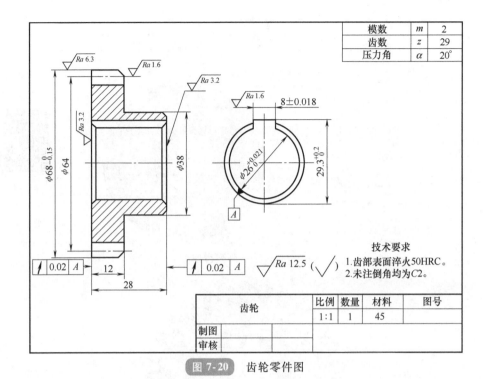

模数	m	2
齿数	z	29
压力角	α	20°

技术要求

1. 齿部表面淬火50HRC。
2. 未注倒角均为C2。

齿轮		比例	数量	材料	图号
		1:1	1	45	
制图					
审核					

图 7-20 齿轮零件图

2. 完成图 7-21 中齿轮轴的三维建模。

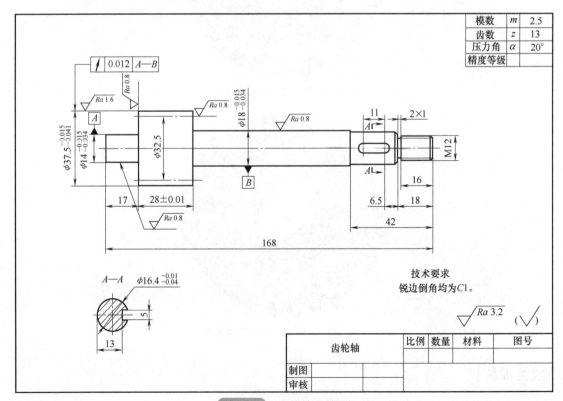

模数	m	2.5
齿数	z	13
压力角	α	20°
精度等级		

技术要求

锐边倒角均为C1。

齿轮轴		比例	数量	材料	图号
制图					
审核					

图 7-21 齿轮轴零件图

任务二 蜗轮三维建模

【任务导入】

蜗杆传动是用来传递空间交错轴之间的运动和动力的，蜗杆机构由蜗杆和蜗轮组成。最常用的是轴交角为 90°的减速传动。蜗杆传动能得到很大的单级传动比，在传递动力时，传动比一般为 5~80，常用的传动比为 15~50；在分度机构中，传动比可达 300，若只传递运动，传动比可达 1000。蜗杆传动工作平稳无噪声；蜗杆反行程能自锁，在机械传动中应用也非常广泛。本任务学习利用中望 3D 软件进行蜗轮的建模。

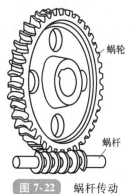

图 7-22 蜗杆传动

【任务分析】

蜗轮齿廓部分结构复杂，三维建模过程中曲面造型部分难度较大；在过蜗杆轴线而垂直于蜗轮轴线的中平面内，蜗杆与蜗轮的啮合相当于直齿廓齿条与渐开线齿轮的啮合。因此，需要在中平面利用渐开线曲线绘制蜗轮齿廓部分曲线，同时要考虑到蜗轮的轮齿顶面常制成环面，蜗轮的齿向也是有螺旋角的。蜗杆传动的基本几何尺寸如图 7-23 所示。

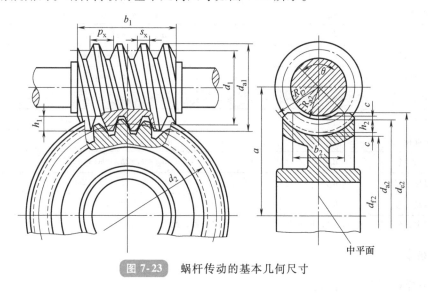

图 7-23 蜗杆传动的基本几何尺寸

【知识链接】

在蜗杆传动中，蜗杆是主动件，蜗轮是从动件。

标准参数：蜗杆蜗轮以中平面内的参数为标准值。

正确啮合条件：中平面内蜗杆与蜗轮的模数和压力角分别相等，且蜗杆导程角 γ 与蜗轮螺旋角 β 相等，即

$$\left.\begin{array}{l} m_{x1} = m_{t2} = m \\ \alpha_{x1} = \alpha_{t2} = \alpha\gamma = \beta \end{array}\right\}$$

式中，m_{x1}、α_{x1} 分别为蜗轮在中平面的模数和压力角；m_{t2}、α_{t2} 分别为蜗杆在中平面的模数和压力角。

常用的标准模数可查表得到，蜗杆和蜗轮压力角的标准值 $\alpha = 20°$。

1. 蜗杆传动的主要参数

蜗杆传动的主要参数有模数 m、压力角 α、蜗杆分度圆直径 d_1、直径系数 q、蜗杆的导程角 γ、蜗轮螺旋角 β、蜗杆头数 z_1、蜗轮齿数 z_2、传动比 i 等。常用导程角 $\gamma = 3.5° \sim 27°$。

蜗杆为主动件时，传动比 $i = \dfrac{n_1}{n_2} = \dfrac{z_2}{z_1}$

式中，n_1 为蜗杆转速，n_2 为蜗轮转速。

2. 圆柱蜗杆传动的几何尺寸计算

蜗杆传动的几何尺寸计算公式见表 7-2。

表 7-2　蜗杆传动的几何尺寸计算公式

名称	代号	公式
中心距	a	$a = (d_1 + d_2)/2$
蜗杆分度圆直径	d_1	$d_1 = mq$
蜗杆齿顶高	h_{a1}	$h_{a1} = h_a^* m = m$
蜗杆齿根高	h_{f1}	$h_{f1} = (h_a^* + c^*)m = 1.2m$
蜗杆齿顶圆直径	d_{a1}	$d_{a1} = m(q + 2h_a^*) = mq + 2m$
蜗杆齿根圆直径	d_{f1}	$d_{f1} = d_1 - 2(h_a^* m + c) = m(q - 2.4)$
蜗轮分度圆直径	d_2	$d_2 = mz_2$
蜗轮齿顶高	h_{a2}	$h_{a2} = h_a^* m = m$
蜗轮齿根高	h_{f2}	$h_{f2} = (h_a^* + c^*)m = 1.2m$
蜗轮喉圆直径	d_{a2}	$d_{a2} = m(z_2 + 2h_a^*) = m(z_2 + 2)$
蜗轮齿根圆直径	d_{f2}	$d_{f2} = d_2 - 2h_{f2} = m(z_2 - 2.4)$
蜗轮齿根圆弧半径	R_{f2}	$R_{f2} = d_{a1}/2 + 0.2m$
蜗轮齿顶圆弧半径	R_{a2}	$R_{a2} = d_{a1}/2 - m$

注：公式中，h_a^* 为齿顶高系数，此处 $h_a^* = 1$；c^* 为顶隙系数，此处 $c^* = 0.2$。

【实施过程】

蜗轮图样如图 7-24 所示。

一、本任务中蜗轮的参数

（1）齿数 z_2　$z_2 = 20$。

（2）模数 m　$m = 3$mm。

（3）压力角 α_{t2}　取标准值 $\alpha_{t2} = 20°$。

（4）其他参数　根据蜗轮的几何尺寸计算公式得出：

1）分度圆直径 $d_2 = mz_2 = 3\text{mm} \times 20 = 60\text{mm}$

2）喉圆直径 $d_{a2} = m(z_2 + 2) = 3\text{mm} \times (20 + 2) = 66\text{mm}$

3）蜗轮最大外圆直径取 68mm，如图 7-24 所示。

4）齿根圆直径 $d_{f2} = m(z_2 - 2.4) = 3\text{mm} \times (20 - 2.4) = 52.8\text{mm}$。

5）基圆直径 $d_{b2} = d_2 \cos 20° = 60\text{mm} \times \cos 20° = 56.38\text{mm}$。

6）蜗轮蜗杆中心距 $a = \dfrac{m(q + z_2)}{2} = 3\text{mm} \times (20 + 12) = 48\text{mm}$。

7）蜗轮螺旋角　$\beta = 85.24°$。

8）蜗轮齿形导程 $P = \pi d \tan \beta = \pi \times 60\text{mm} \times \tan 85.24 = 2262.5376\text{mm}$。

9）软件中展示的渐开线方程为

$$X = r_b \times \cos(60 \times t) + \pi \times r_b \times 60 \times t / 180 \times \sin(60 \times t)$$
$$Y = r_b \times \sin(60 \times t) - \pi \times r_b \times 60 \times t / 180 \times \cos(60 \times t)$$

式中，r_b 为基圆半径；压力角 $= 60 \times t$，其中 t 为 0~1 的变量。

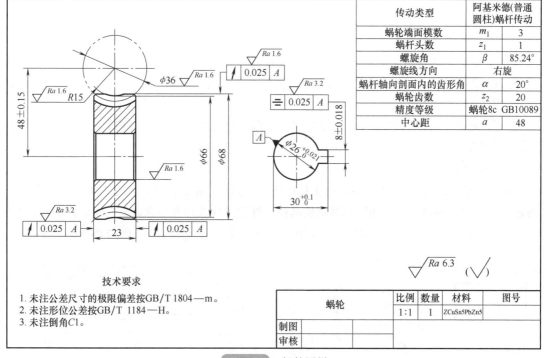

图 7-24　蜗轮图样

二、蜗轮的三维建模

1. 新建零件文件

新建零件文件，"类型"选择"零件"，文件命名为"蜗轮"，文件类型按默认类型".Z3PRT"，如图 7-25 所示。

7.7　　　　　7.8

2. 创建蜗轮基体

选择"造型"功能选项卡，单击"草图"按钮，在弹出的"草图"对话框中，"平面"

选择 XY 平面，"定向"栏中的"向上"选择 Z 轴正向，单击按钮 ✓ 后，进入草图环境，指定中心点为（0，0，0）原点位置，绘制如图7-26所示的草图，完成后退出草图环境。

图 7-25　新建"蜗轮"文件

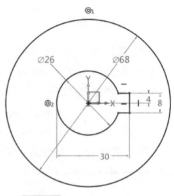

图 7-26　蜗轮基体的草图

在"造型"功能选项卡中选择"拉伸"按钮，在弹出的"拉伸"对话框中，"轮廓"选择蜗轮基体的草图，"拉伸类型"选择"对称"，"结束点"设置为"11.5"，其他按默认设置，如图7-27所示。

说明：此处也可以选择圆柱体命令创建一个圆柱体特征，然后绘制内孔键槽草图后拉伸切除得到蜗轮基体。

3. 创建倒角

在"造型"功能选项卡中，单击"工程特征"→"倒角"按钮，在弹出的"倒角"对话框中，"方法"选择"偏移距离"，"边"选择蜗轮基体上外边缘线及内孔边缘线，"倒角距离"设置为"1"，其他参数按默认设置，完成后单击按钮 ✓ 或按〈Enter〉键确认，如图7-28所示。

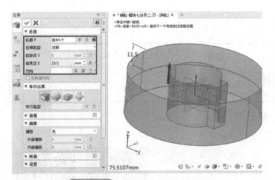

图 7-27　蜗轮基体的创建

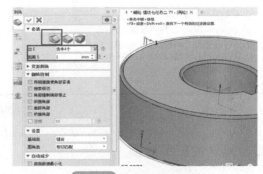

图7-28　C1倒角的创建

7.9

4. 绘制蜗轮螺旋线

在"线框"功能选项卡中，单击"曲线"→"螺旋线"按钮，在弹出的"螺旋线"对话框中，"轴"选择 Z 轴正向，"起点"定位在（30，0，0）（分度圆上），"半径"栏中的"变化规律"选择"恒定"，"半径"设置为

"30"，"长度类型"选择"高度与螺距"，高度只要高过蜗轮基体即可，图中选择了30mm，"螺距"栏中的"变化规律"选择"恒定"，"螺距"设置为"2262.5736"，其他参数按默认设置，完成后单击按钮 ✅ 或按〈Enter〉键确认，如图7-29所示。

5. 绘制齿槽轮廓

（1）绘制最大外圆、分度圆、基圆、齿根圆　创建垂直于螺旋线的基准面1，如图7-30所示。在"造型"功能选项卡中，单击"基础造型"→"草图"按钮，在弹出的"草图"对话框中，"平面"选择上一步创建的基准面1，"定向"栏中的"向上"选

7.10　　　　7.11

择Z轴正向，单击按钮 ✅ 或按〈Enter〉键确认，进入草图环境；绘制圆心在原点，直径分别为69mm（蜗轮最大外圆直径为68mm，由于在螺旋垂直面上略有倾斜，为后期轮槽轮廓能完全切开基体，故选择稍大一些尺寸）、60mm（分度圆直径）、56.38mm（基圆直径）、52.8mm（齿根圆直径）的4个圆，如图7-31所示。

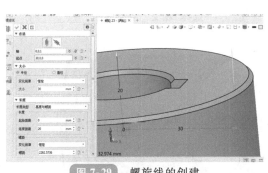

图7-29　螺旋线的创建

图7-30　垂直于螺旋线的基准面的创建

（2）根据圆柱齿轮渐开线方程，填写方程参数，绘制渐开线　继续在上一步的草图环境中，单击"编辑曲线"→"方程式"按钮，弹出"方程式曲线"对话框，如图7-32所示，在"方程式列表"里选择"圆柱齿轮齿廓的渐开线"选项，并将方程式中基圆半径改为本任务基圆的半径56.38/2，完成后单击"确认"按钮，生成齿廓渐开线，如图7-33所示。

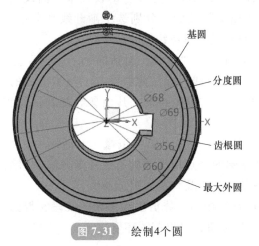

图7-31　绘制4个圆

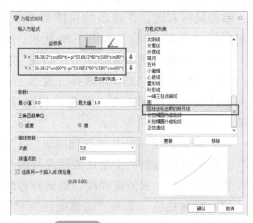

图7-32　方程式曲线对话框

（3）绘制原点与渐开线和基圆的交点所连成的直线　单击"绘图"→"直线"按钮，在弹出的"直线"对话框中，"点1"设定坐标为原点（0，0，0），"点2"的设置采用曲线交点法，单击鼠标右键，在弹出的快捷菜单里选择"相交"按钮，分别选中渐开线和基圆，即可定位"点2"坐标，如图7-34所示，生成直线如图7-35所示。

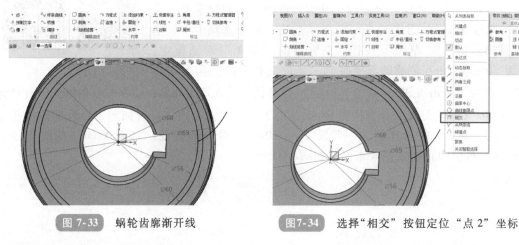

图 7-33　蜗轮齿廓渐开线　　　　　　图 7-34　选择"相交"按钮定位"点2"坐标

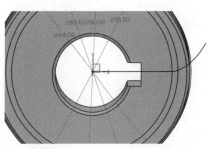

图 7-35　原点与渐开线和基圆的交点所连成的直线

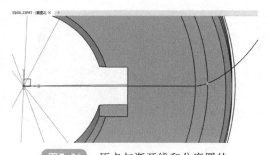

图 7-36　原点与渐开线和分度圆的交点所连成的直线

（4）绘制原点且与渐开线和分度圆的交点所连成的直线　继续单击"直线"按钮，在弹出的"直线"对话框中，"点1"选择原点坐标（0，0），"点2"的设置采用曲线交点法，单击鼠标右键，在弹出的快捷菜单中选择"相交"按钮，分别选中渐开线和分度圆，即可定位"点2"坐标，如图7-36所示；并将该直线设为参考线。

（5）绘制镜像线　继续单击"直线"按钮，在弹出的"直线"对话框中，"点1"选择原点坐标（0，0），"点2"选择分度圆上一点，生成直线，标注此直线与上一步生成的原点与渐开线和分度圆的交点所连成的直线"角度"为"$360/4/z$"，其他参数按默认设置，生成镜像线如图7-37所示。

（6）镜像曲线　单击"基础编辑"→"镜像"按钮，在弹出的"镜像"对话框中，"实体"选取渐开线与前一步生成的原点与渐开线和基圆的交点所连成的直线和渐开线，"镜像线"选择上一步生成的镜像线，得到对称的另一条渐开线及直线如图7-38所示。

（7）修剪曲线　单击"编辑曲线"→"划线修剪"按钮，修剪去除多余的线段，得到一个齿槽轮廓，如图7-39所示，完成后单击"退出"按钮，退出草图环境。

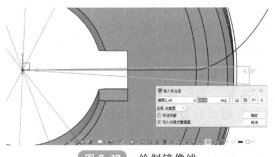

图 7-37　绘制镜像线

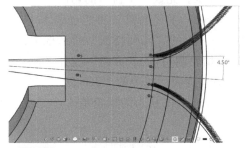

图7-38　镜像生成的渐开线和另一条直线

6. 切制齿槽

（1）创建基准面 2　单击"基准面"→"基准面"按钮，在弹出的"基准面"对话框中，"几何体"选择步骤 5 中创建的基准面 1，"方向"栏中"X轴角度"设置为"90"，其他参数按默认设置。创建的基准面 2 如图 7-40所示。

7.12

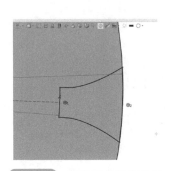

图7-39　修剪后的齿槽轮廓

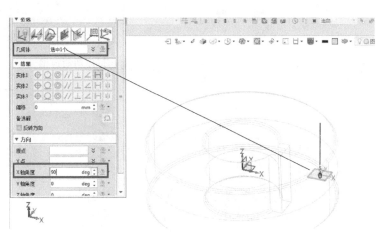

图7-40　创建的基准面2

（2）在基准面 2 上绘制蜗杆圆　在"造型"功能选项卡中，单击"基础造型"→"草图"按钮，在弹出的"草图"对话框中，"平面"选择基准面 2，"定向"栏中的"向上"选择 Z 轴正向，单击按钮 或按〈Enter〉键确认；进入草图环境，绘制过原点且长度为

48mm 的水平直线（48mm 为蜗轮蜗杆中心距），修改直线为参照线；以直线的端点为圆心绘制直径为36mm（蜗杆外圆直径）的圆，如图 7-41 所示，完成后退出草图环境。

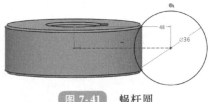

图 7-41　蜗杆圆

（3）切制齿槽　在"造型"功能选项卡中，单击"基础造型"→"扫掠"按钮，在弹出的"扫掠"对话框中，"轮廓"选择上一步绘制的齿槽轮廓，"路径"选择绘制的蜗杆圆，"布尔运算"栏中选择"减运算"，其他设置按默认值，如图 7-42 所示，单击按钮 或按〈Enter〉键确认，完成一个齿槽的切制，如图 7-43 所示。

7.13

（4）阵列特征　在"造型"功能选项卡中，单击"基础编辑"→"阵列特征"按钮，在弹出的"阵列特征"对话框中，"阵列类型"选择"圆形"，"基体"选择齿槽轮廓特征，"方向"选择 Z 轴正向，"数目"设置为表达式中的"20"（齿数），"角度"设置为表达式中的"360/20"，其他参数选择默认设置如图 7-44所示，执行阵列命令后，得到如图 7-45 所示的蜗轮基体。

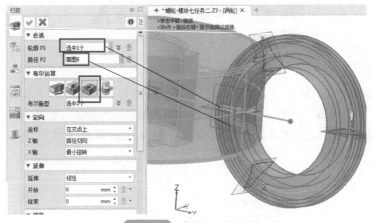

图 7-42　扫掠切制齿槽

图 7-43　切制出的蜗轮齿槽

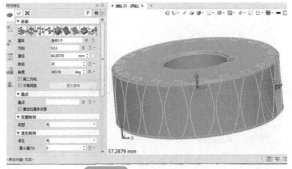

图 7-44　阵列蜗轮齿槽

7. 修剪蜗轮

（1）绘制喉圆　在"造型"功能选项卡中，单击"基础造型"→"草图"按钮，在弹出的"草图"对话框中，"平面"选择 XZ 面，"定向"栏中的"向上"选择 Z 轴正向，单击

按钮 或按〈Enter〉键确认；进入草图环境，绘制过原点且长度为 48mm 的水平直线（蜗轮蜗杆中心距），修改直线为参考线；以直线的端点为圆心绘制直径为 30mm 的喉圆，如图 7-46 所示，完成后退出草图环境。

（2）旋转切除　在"造型"功能选项卡中，单击"基础造型"→"旋转"按钮，在弹出的"旋转"对话框中，"轮廓"选择上一步绘制的喉圆，"轴"选择 Z 轴，"旋转类型"选择"2 边"，"起始角度"设置为"0"，"终止角度"设置为"360"，"布尔运算"栏中选择"减运算"，其他参数按默认设置，单击按钮 或按〈Enter〉键确认，完成轮齿的修剪，如图 7-47 所示。

图 7-45　阵列齿槽后的蜗轮基体

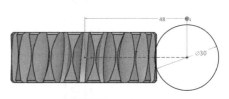

图 7-46　绘制喉圆

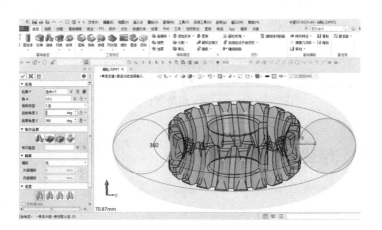

图 7-47　蜗轮轮齿的修剪

8. 完成蜗轮建模

创建完成的蜗轮模型如图 7-48 所示。

图 7-48　蜗轮模型

【技能训练】

完成如图 7-49 所示蜗轮的三维建模。

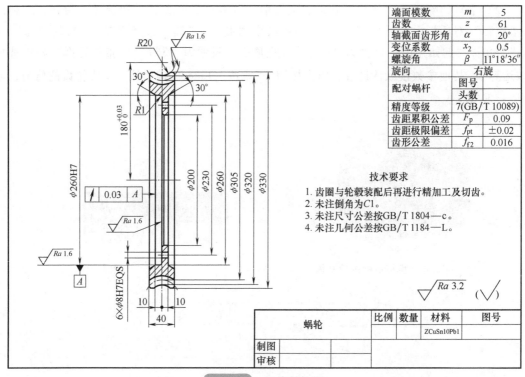

端面模数	m	5
齿数	z	61
轴截面齿形角	α	20°
变位系数	x_2	0.5
螺旋角	β	11°18′36″
旋向	右旋	
配对蜗杆	图号	
	头数	
精度等级	7(GB/T 10089)	
齿距累积公差	F_p	0.09
齿距极限偏差	f_{pt}	±0.02
齿形公差	f_{f2}	0.016

技术要求
1. 齿圈与轮毂装配后再进行精加工及切齿。
2. 未注倒角为C1。
3. 未注尺寸公差按GB/T 1804—c。
4. 未注几何公差按GB/T 1184—L。

蜗轮		比例	数量	材料	图号
				ZCuSn10Pb1	
制图					
审核					

图 7-49 蜗轮零件图

任务三　阀体三维建模

【任务导入】

在机械设备中，管路类零件是非常常见的，阀体就是管路类零件中一种用于控制流体流动的机械零件，其广泛应用于石油、化工、电力、冶金、轻工、食品、医药等工业领域，有广泛的用途和重要作用，是机械设备中必不可少的组成部分。本任务学习利用中望 3D 软件进行典型阀体的建模。阀体零件图如图 7-50 所示。

【任务分析】

初学者在学习使用中望 3D 软件进行产品设计时，往往对给定的零件图样有些无从下手的感觉，不知从哪里开始建模。操作者可以按照叠加或者切除即加或减布尔运算的思路进行建模，将模型分解为主体部分和附属部分，先考虑构建主体部分，后通过逐渐添加或者去除零件特征来完成零件的附属部分。本任务阀体的建模思路如图 7-51 所示。

分析阀体零件的结构，制订建模方案如下：拉伸创建底座→拉伸创建阀体→创建大凸台→

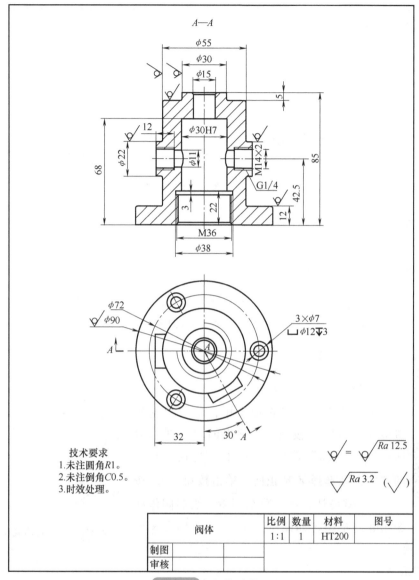

图 7-50　阀体零件图

创建小凸台→依次切制出阀体内部结构→切制出上凸台内孔→切制出侧面凸台螺纹孔→处理
倒角倒圆角→创建底台沉孔→阵列沉孔。

图 7-51　本任务阀体的建模思路

【知识链接】

阀体中具有圆柱、孔、凸台、螺纹等特征，创建凸台时，可先在基准面上绘制草图，然后通过拉伸来创建。一般在拉伸完基体后再做阀体内部的切制。创建过程中使用的布尔运算的类型如图 7-52 所示。

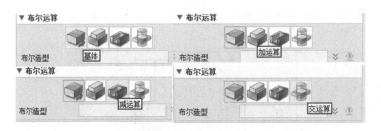

图 7-52　布尔运算的类型

7.14

【实施过程】

一、新建零件文件

新建零件文件，"类型"选择"零件""子类"选择"标准"，文件命名为"阀体"，文件保存类型选择".Z3PRT"。

7.15

二、创建底座

1. 绘制阀体底座的草图

在"造型"功能选项卡中，单击"基础造型"→"草图"按钮，在弹出的"草图"对话框中，"平面"选择 XY 平面，"定向"栏中的"向上"选择 Z 轴正向，单击按钮 ✔ 或按〈Enter〉键确认；进入草图环境，绘制阀体底座轮廓的草图，如图 7-53 所示，完成定义后

图 7-53　阀体底座的草图

7.16

退出草图环境。

2. 拉伸底座

单击"拉伸"按钮，在弹出的"拉伸"对话框中"轮廓"选择阀体底座轮廓，"拉伸类型"选择"2 边"，"起始点"输入设置为"0"，"结束点"设置为"12"，其他参数按默认设置，完成后单击按钮 ✔ 或按〈Enter〉键确认，完成拉伸，如图 7-54 所示。

三、创建阀体主体

1. 绘制阀体主体的草图

在"造型"功能选项卡中，单击"基础造型"→"草图"按钮，在弹出的"草图"对话框中，"平面"选择底座上平面，"定向"栏中的"向上"选择 Z 轴正向，完成后单击按钮 ✔ 或按〈Enter〉键确认；进入草图环境，绘制阀体主体轮廓的草图，如图 7-55 所示，完成定义后退出草图环境。

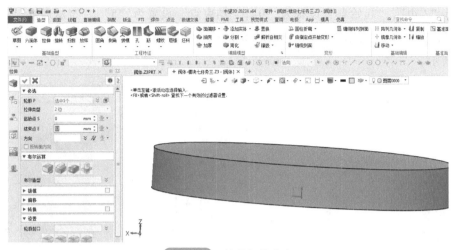

图 7-54　拉伸阀体底座

2. 拉伸阀体主体

单击"拉伸"按钮，在弹出的"拉伸"对话框中"轮廓"选择阀体主体轮廓，"拉伸类型"选择"2 边"，"起始点"设置为"0"，"结束点"设置为"68"，"布尔运算"栏中选择"加运算"，其他参数按默认设置，完成后单击按钮 ✔ 或按〈Enter〉键确认，完成拉伸，如图 7-56 所示。

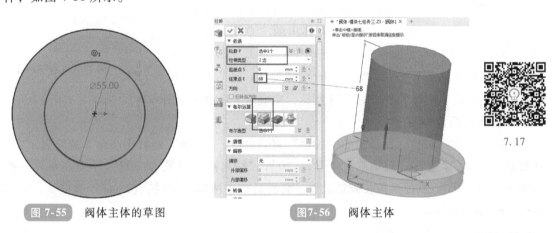

图 7-55　阀体主体的草图

图 7-56　阀体主体

7.17

四、创建大凸台

1. 绘制大凸台的草图

在"造型"功能选项卡中，单击"基础造型"→"草图"按钮，在弹出的"草图"对话框中，"平面"选择阀体主体上平面，"定向"栏中的"向上"选择 Z 轴正向，完成后单击按钮 ✔ 或按〈Enter〉键确认；进入草图环境，绘制大凸台轮廓的草图，如图 7-57 所示，完成定义后退出草图环境。

7.18

2. 拉伸大凸台

单击"拉伸"按钮，在弹出的"拉伸"对话框中，"轮廓"选择大凸台轮廓，"拉伸类型"选择"2 边","起始点"设置为"0","结束点"设置为"5","布尔运算"栏中选择"加运算",其他参数按默认设置,完成后单击按钮 ✔ 或按〈Enter〉键确认,完成拉伸,如图 7-58 所示。

图 7-57　阀体大凸台的草图　　　　图 7-58　拉伸大凸台

7.19

五、创建小凸台

1. 绘制小凸台 1 的草图

在"造型"功能选项卡中,单击"基础造型"→"草图"按钮,在弹出的"草图"对话框中,"平面"选择 YZ 平面,"定向"栏中的"向上"选择 X 轴正向,完成后单击按钮 ✔ 或按〈Enter〉键确认;进入草图环境,绘制小凸台 1 轮廓草图如图 7-59 所示,完成定义后退出草图环境。

图7-59　阀体小凸台1的草图

2. 拉伸小凸台 1

单击"拉伸"按钮,在弹出的"拉伸"对话框中,"轮廓"选择小凸台 1 的轮廓,"拉伸类型"选择"2 边","起始点"设置为"0","结束点"设置为"32","布尔运算"栏中选择"加运算",其他参数按默认设置,完成后单击按钮 ✔ 或按〈Enter〉键确认,完成拉伸,如图 7-60 所示。

7.20

3. 新建基准面 1

单击"基准面"按钮,在弹出的"基准面"对话框中,"面"选择 XZ 平面,"轴"选择 Y 轴,"角度"设置为"120",其他参数按默认设置,完成后单击按钮 ✔ 或按〈Enter〉键确认,新建基准面 1,如图 7-61 所示。

4. 绘制小凸台 2 的草图

在"造型"功能选项卡中,单击"基础造型"→"草图"按钮,在弹出的"草图"对话框中,"平面"选择上步创建的基准面 1,完成后单击按钮 ✔ 或按〈Enter〉键确认;进入草图环境,绘制阀体小凸台 2 轮廓的草图,如图 7-62 所示,完成定义后退出草图环境。

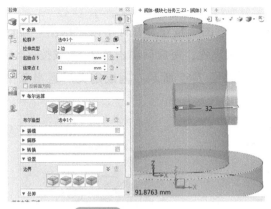

图 7-60 拉伸小凸台1

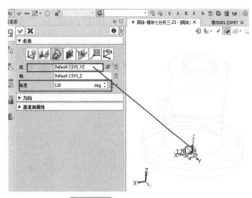

图 7-61 新建基准面1

5. 拉伸小凸台2

单击"拉伸"按钮,在弹出的"拉伸"对话框中,"轮廓"选择小凸台2的轮廓,"拉伸类型"选择"2边","起始点"设置为"0","结束点"设置为"-32","布尔运算"栏中选择"加运算",其他参数按默认设置,完成后单击按钮 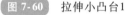 或按〈Enter〉键确认,完成小凸台2的拉伸,如图 7-63 所示。

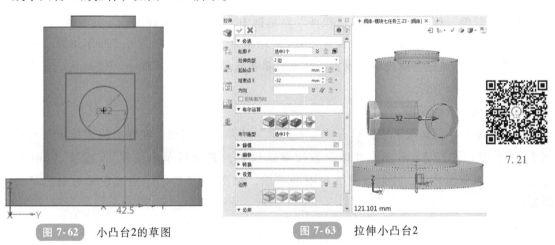

图 7-62 小凸台2的草图

图 7-63 拉伸小凸台2

7.21

六、切制阀体内部

1. 切制底孔1

在"造型"功能选项卡中,单击"工程特征"→"孔"按钮,在弹出的"孔"对话框中,"类型"选择"螺纹孔","位置"选择底座下表面原点处,"孔对齐"选择Z轴正向,"布尔运算"栏中的"操作"选择"移除","孔造型"选择"简单孔","螺纹"栏的"类型"选择"M","尺寸"选择"M36×2","深度类型"选择"自定义","深度"设置为"19","孔尺寸"按默认值,"规格"栏里"直径"按默认值,"深度"设置为"19","结束端"选择"盲孔","孔尖"为"0",完成后单击按钮 或按〈Enter〉键确认,完成第一个孔的切制,如图 7-64 所示。

7.22

2. 绘制底孔 2 的草图

在"造型"功能选项卡中，单击"基础造型"→"草图"按钮，在弹出的"草图"对话框中，"平面"选择底孔 1 的上表面，其他参数按默认设置，完成后单击按钮  或按〈Enter〉键确认；进入草图环境，绘制底孔 2 的草图，如图 7-65 所示，完成定义后退出草图环境。

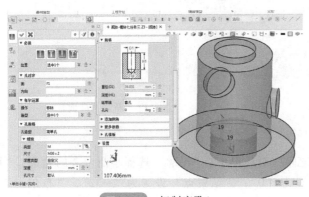

图 7-64　切制底孔1

图 7-65　底孔2的草图

3. 切制底孔 2

单击"拉伸"按钮，在弹出的"拉伸"对话框中，"轮廓"选择底孔 2 的轮廓，"拉伸类型"选择"2 边"，"起始点"设置为"0"，"结束点"设置为"−3"，"布尔运算"栏中选择"减运算"，其他参数按默认设置，完成后单击按钮  或按〈Enter〉键确认，完成拉伸切除，如图 7-66 所示。

4. 绘制底孔 3 的草图

在"造型"功能选项卡中，单击"基础造型"→"草图"按钮，在弹出的"草图"对话框中，"平面"选择 *XY* 平面，其他参数按默认设置，完成后单击按钮  或按〈Enter〉键确认；进入草图环境，绘制底孔 3 轮廓的草图，如图 7-67 所示，完成定义后退出草图环境。

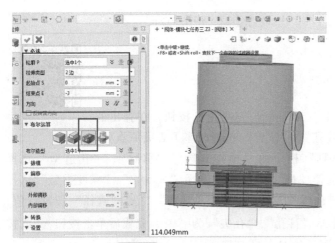

图 7-66　切制底孔2

图 7-67　底孔3的草图

5. 切制底孔 3

单击"拉伸"按钮，在弹出的"拉伸"对话框中，"轮廓"选择底孔 3 的轮廓，"拉伸类型"选择"2 边"，"起始点"设置为"0"，"结束点"设置为"68"，"布尔运算"栏中选择"减运算"，其他参数按默认设置，完成后单击按钮 或按〈Enter〉键确认，完成拉伸切除，如图 7-68 所示。

7.23

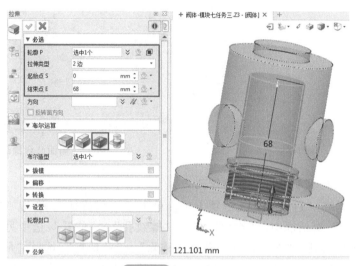

图 7-68　切制底孔3

6. 绘制底孔 4 的草图

在"造型"功能选项卡中，单击"基础造型"→"草图"按钮，在弹出的"草图"对话框中，"平面"选择 *XY* 平面，其他参数按默认设置，完成单击按钮 或按〈Enter〉键确认；进入草图环境，绘制底孔 4 的草图，如图 7-69 所示，完成定义后退出草图环境。

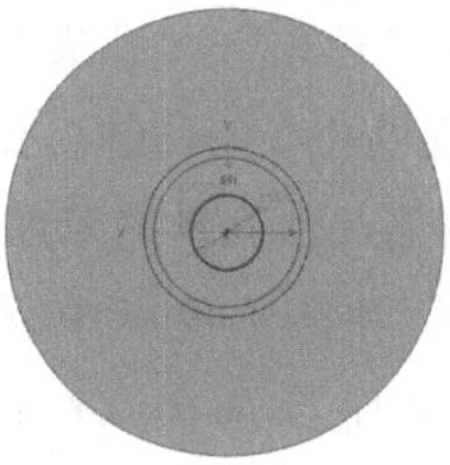

7.24

图 7-69　底孔4的草图

7. 切制底孔 4

单击"拉伸"按钮，在弹出的"拉伸"对话框中，"轮廓"选择底孔 4 的轮廓，"拉伸类型"选择"2 边"，"起始点"设置为"0"，"结束点"设置为"−99"（完全贯穿阀体的尺寸即可），"布尔运算"栏中选择"减运算"，其他参数按默认设置，完成后单击按钮 或按〈Enter〉键确认，完成拉伸切除，如图 7-70 所示。

8. 切制侧面凸台螺纹孔 1

在"造型"功能选项卡中，单击"工程特征"→"孔"按钮，"类型"选择"螺纹孔"，"位置"选择侧面小凸台表面中心处，"布尔运算"栏中的"操作"选择"移除"，"孔造型"选择"简单孔"，"螺纹"栏中的"类型"选择"M"，"尺寸"选择"M14×2"，"深度类型"选择"自定义"，"深度"设置为"12"，"孔尺寸"按默认值，"规格"栏里直径按默认值，"深度"设置为"12"，"结束端"选择"盲孔"，"孔尖"设置为"0"，完成后单击按钮 或按〈Enter〉键确认，完成侧面凸台螺纹孔 1 的切制，如图 7-71 所示。

7.25

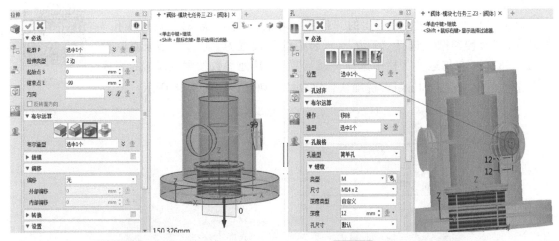

图 7-70　切制底孔4　　　　　图 7-71　侧面凸台螺纹孔1的切制

7.26

9. 切制侧面凸台螺纹孔 2

在"造型"功能选项卡中，单击"工程特征"→"孔"按钮，在弹出的"孔"对话框中，"类型"选择"螺纹孔"，"位置"选中另一侧面小凸台表面中心处，"布尔运算"选择"移除"，"孔造型"选择"简单孔"，"螺纹"栏中的"类型"选择"M"，"尺寸"选择"M14×2"，"深度类型"选择"自定义"，"深度"设置为"12"，"孔尺寸"按默认值，"规格"栏里直径按默认值，"深度"选择"12"，"结束端"选择"盲孔"，"孔尖"设置为"0"，完成后单击按钮 ✔ 或按〈Enter〉键确认，完成侧面凸台螺纹孔 2 的切制，如图 7-72 所示。

10. 绘制侧面凸台孔 3 的草图

在"造型"功能选项卡中，单击"基础造型"→"草图"按钮，在弹出的"草图"对话框中，"平面"选择 XY 平面，其他参数按默认设置，完成后单击按钮 ✔ 或按〈Enter〉键确认；进入草图环境，绘制侧面凸台孔 3 的草图，如图 7-73 所示，完成定义后退出草图环境。

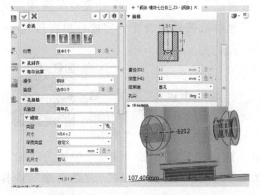

图 7-72　侧面凸台螺纹孔2的切制

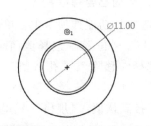

图 7-73　侧面凸台孔3的草图

11. 切制侧面凸台孔 3

单击"拉伸"按钮，在弹出的"拉伸"对话框中，"轮廓"选择侧面凸台孔 3 的轮廓，"拉伸类型"选择"2 边"，"起始点"设置为"0"，"结束点"设置为"−30"，"布尔运算"栏中选择"减运算"，其他参数按默认设置，完成后单击按钮 或按〈Enter〉键确认，完成拉伸切除，如图 7-74 所示。

12. 绘制侧面凸台孔 4 的草图

在"造型"功能选项卡中，单击"基础造型"→"草图"按钮，在弹出的"草图"对话框中，"平面"选择另一个侧面凸台表面，其他参数按默认设置，完成后单击按钮 或按〈Enter〉键确认；进入草图环境，绘制侧面凸台孔 4 的轮廓的草图如图 7-75 所示；完成定义后退出草图环境。

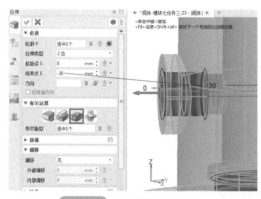

图 7-74　切制侧面凸台孔3

图 7-75　侧面凸台孔4的草图

13. 切制侧面凸台孔 4

单击"拉伸"按钮，在"拉伸"对话框中，"轮廓"选择侧面凸台孔 4 的轮廓，"拉伸类型"选择"2 边"，"起始点"设置为"0"，"结束点"设置为"−30"，"布尔运算"栏中选择"减运算"，其他参数按默认设置，完成后单击按钮 或按〈Enter〉键确认，完成拉伸切除，如图 7-76 所示。

七、做倒角

1. 创建倒角

在"造型"功能选项卡中，单击"工程特征"→"倒角"按钮，在弹出的"倒角"对话框中，"方法"选择"偏移距离"，"边"选择上凸台内孔边缘线，"距离"设置为"0.5"，其他参数按默认设置，完成后单击按钮 或按〈Enter〉键确认，如图 7-77 所示。

7.27

2. 倒圆角

在"造型"功能选项卡中，单击"工程特征"→"圆角"按钮，在弹出的"圆角"对话框中，"边"选择需要倒圆角的几处线，"半径"设置为"1"，其他参数按默认设置，完成后单击按钮 或按〈Enter〉键确认，如图 7-78 所示。

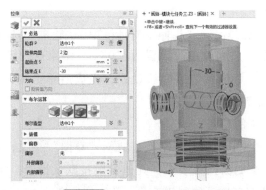

图 7-76　切制侧面凸台孔4

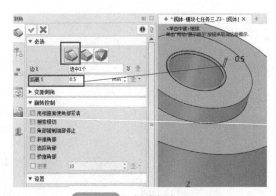

图 7-77　创建倒角 C0.5

图 7-78　倒圆角 R1

八、切制底座沉头孔

1. 绘制底座沉头孔的定位点草图

在"造型"功能选项卡中，单击"基础造型"→"草图"按钮，在弹出的"草图"对话框中，在"平面"选择底座上表面，"定向"栏中的"向上"选择 Z 轴正向，完成后单击按钮 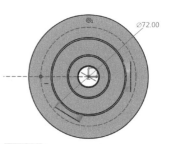 或按〈Enter〉键确认；进入草图环境，绘制底座沉头孔的草图，定位打孔位置，如图 7-79 所示。

2. 切制底座沉头孔

在"造型"功能选项卡中，单击"工程特征"→"孔"按钮，在弹出的"孔"对话框中，类型选择"常规孔"，"位置"选择绘制的底座沉头孔的定位点，"布尔运算"栏中的"操作"选择"移除"，"孔造型"选择"台阶孔"，"规格"栏里"D2"设置为"12"，"H2"设置为"3"，"直径（D1）"设置为"7"，"深度（H1）"设置为"20"，"结束端"选择"盲孔"，"孔尖"设置为"0"，完成后单击按钮 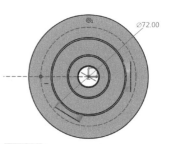或按〈Enter〉键确认，完成底座沉头孔的切制，如图 7-80 所示。

图 7-79　底座沉头孔的定位点

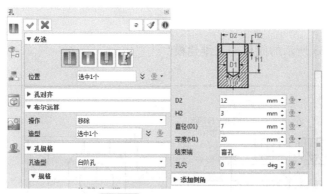

图 7-80　切制底座沉头孔

3. 阵列底座沉头孔

在"造型"功能选项卡中，单击"基础编辑"→"阵列特征"按钮，在弹出的"阵列特征"对话框中，阵列类型选择"多边形"，"基体"选择上一步切制出的底座沉头孔，"方向"选择 Z 轴正向，"边数"设置为"3"，"间距"选择"每边数目"，"数目"设置为"2"，其他参数按默认设置，如图 7-81 所示。完成阀体的最终模型如图 7-82 所示。

图 7-81　阵列底座沉头孔

图7-82　阀体

【技能训练】

1. 完成如图 7-83 所示的阀体的三维建模。

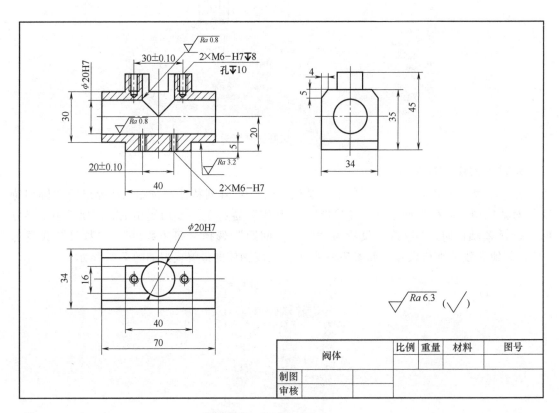

图 7-83　阀体零件图（练习）

2. 完成如图 7-84 所示的腔体零件的三维建模。

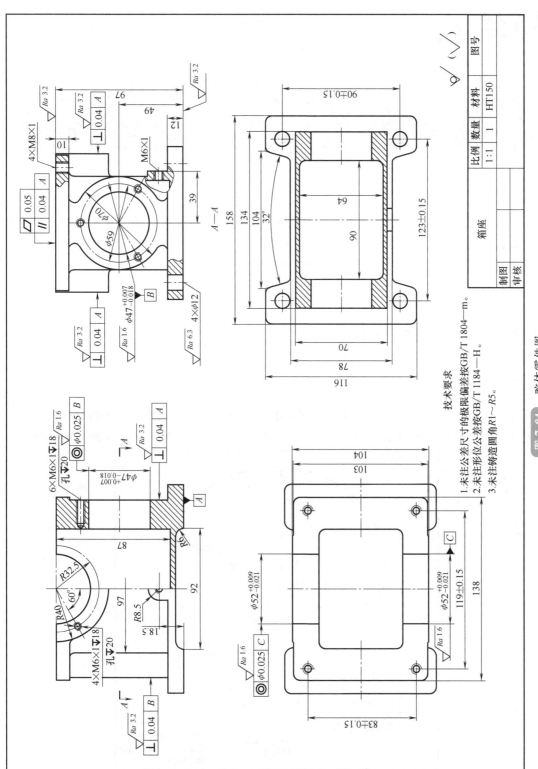

图7-84　腔体零件图

模块八

3D曲面设计

曲面造型功能是中望 3D 软件提供的高级造型工具。在进行产品三维建模设计的过程中，根据产品本身的造型特色，经常会用到曲线、曲面等建模功能，来设计各种复杂和不规则的产品。熟悉掌握并灵活运用这些功能，可确保所设计的产品不仅在造型方面具有较高的美观度，而且产品的一些功能属性也能得到完整的体现。

任务一　安全头盔三维建模

【任务导入】

如图 8-1 所示，本任务主要介绍安全头盔的三维建模。通过完成安全头盔建模任务，学会使用 U/V 曲面、曲面修剪、缝合等工具创建曲面造型实体；培养学生依据空间曲线，选

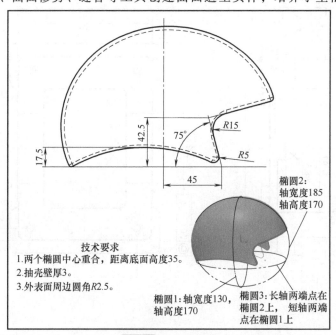

技术要求
1. 两个椭圆中心重合，距离底面高度35。
2. 抽壳壁厚3。
3. 外表面周边圆角R2.5。

椭圆1：轴宽度130，轴高度170

椭圆2：轴宽度185，轴高度170

椭圆3：长轴两端点在椭圆2上，短轴两端点在椭圆1上

图 8-1　安全头盔

择合适的曲面构建方法，构建符合要求的曲面；利用基础面及编辑面功能对曲面进行修改的能力；并培养学生精益求精、耐心细致的工匠精神。

【任务分析】

安全头盔的建模思路较明确，是典型的三维实体切除式建模法，具体思路是先创建一个实体，然后用曲面切出主要的零件表面，接着抽壳、做倒角创建细节，最终完成整体的实体产品建模。本任务建模思路如图 8-2 所示。

图 8-2 安全头盔建模思路

【知识链接】

1. U/V 曲面

U/V 曲面也称为网格曲面，该功能通过定义两个交叉方向的曲线（即曲面的 U 方向和 V 方向），以类似于织网的原理创建曲面。该曲线可以为草图、线框曲线、曲线列表或面边线，这些曲线必须相交，但它们的终点可以不相交。

单击工具栏中的"曲面"→"U/V 曲面"按钮，系统弹出"U/V 曲面"对话框，如图 8-3 所示。该功能利用网格的 U/V 曲线生成曲面。对话框中各参数说明如下。

1）U 曲线/V 曲线：定义 U/V 方向的曲线。选择一段 U 或 V 曲线段后须单击鼠标中键才能继续选择下一曲线段。选择 U 曲线或 V 曲线时，注意所有 U 曲线或 V 曲线的箭头方向要一致，箭头方向可通过按钮 ⚡ 切换。

2）连续方式：定义边界条件，指定曲面与之连接面的条件，"G0"表示"相连"，"G1"表示"相切"，"G2"表示"连续"。

图 8-3 "U/V 曲面"
对话框

3）拟合公差：为拟合曲线指定公差。

4）间隙公差：为拼接曲线指定公差。

5）延伸到交点：若勾选该选项，则当所有曲线在一个方向相交于一点时，曲面会延伸到相交点，而不是终止在最后一条相交曲线上。

6）缝合实体：若勾选该选项，则自动缝合实体。

2. 曲线分割

曲线分割功能是利用一条或多条曲线对曲面进行分割。当分割曲线不在曲面上时，可以定义一个投影方向，先将曲线投影到曲面上再进行分割。

单击工具栏中的"曲面"→"曲线分割"下拉按钮，在弹出的下拉菜单中选择"曲线分割"，系统弹出"曲线分割"对话框，如图 8-4 所示。该功能通过定义一个分割面和分割曲线，即可以对曲面进行分割。当分割曲线为开放曲线时，该曲线须超出被分割面的边界处。可以通过"延伸曲线到边界"选项自动延伸分割曲线。对话框中各参数说明如下。

1）面：选择需要修改的面。

2）曲线：选择作为修剪界线的曲线。

3）投影：当曲线不在曲面上时，须定义投影曲线的方式，包含4个选项。

① 不动（无）：曲线不投影。

② 曲面法向：曲线沿曲面法向方向进行投影。

③ 单向：曲线沿指定方向进行单向投影。

④ 双向：曲线沿指定方向进行双向投影。

图 8-4 "曲线分割"对话框

4）沿曲线炸开：勾选该选项后，分割的各曲面均单独成为各造型，否则分割后的所有曲面为一个整体造型。

5）延伸曲线到边界：勾选该选项后，修剪曲线将自动延伸至要修剪的曲面的边界。

6）移除毛刺和面边：该选项用来删除多余的毛刺和分割面的边。一般情况下，建议保持默认勾选状态。

3. 曲面分割

曲面分割是利用曲面将其他相交曲面进行分割。

单击工具栏中的"曲面"→"曲线分割"下拉按钮，在弹出的下拉菜单中选择"曲面分割"，系统弹出"曲面分割"对话框，如图8-5所示。首先定义被分割曲面，再定义分割体，即可将曲面分割。对话框中各参数说明如下。

1）面：定义需要分割的面。

2）分割体：定义用于分割的工具面。

3）延伸分割面：当分割体不够大时，勾选该选项后，可自动延伸分割体工具面，越过需要分割的面，以确保能成功分割。

图 8-5 "曲面分割"对话框

4）保留分割面：勾选该选项后，可保留被分割的面。

4. 曲面修剪

曲面修剪是利用曲面作为修剪工具，对其他相交面或造型进行修剪。

单击工具栏中的"曲面"→"曲线分割"下拉按钮，在弹出的下拉菜单中选择"曲面修剪"，系统弹出"曲面修剪"对话框，如图8-6所示。

1）面：定义需要修剪的面。

2）修剪体：定义用于修剪的工具面。

3）保留相反侧：箭头方向为曲面保留的一侧，勾选该选项后，箭头反向，将保留另外一侧曲面。

图 8-6 "曲面修剪"对话框

4）全部同时修剪：当有多个修剪体时，该选项用于选择同时修剪还是按顺序修剪，复杂情况下会有不同效果。

5）延伸修剪面：当修剪体不够大时，勾选该选项后，可自动延伸修剪体工具面，越过需要修剪的面以确保能成功修剪。

5. 曲线修剪

曲线修剪功能是利用一条或多条曲线对面进行修剪。当修剪曲线不在曲面上时，可以定义一个投影方向，先将曲线投影到面上再进行修剪。

单击工具栏中的"曲面"→"曲线分割"下拉按钮，在弹出的下拉菜单中选择"曲线修剪"，系统弹出"曲线修剪"对话框，如图 8-7 所示。定义一个或一组被修剪面和一组修剪曲线，选择保留面一侧，即可以对曲面进行修剪。当修剪曲线为开放曲线时，该曲线须超出被修剪面的边界处。对话框各参数的说明如下。

图 8-7　"曲线修剪"对话框

1）面：定义需要修剪的面。

2）曲线：定义修剪边界曲线。

3）移除面/保留面：定义所选择的侧面是移除还是保留。当选择移除面时，选择曲面侧面一侧将被删除，否则被保留。

4）侧面：定义一个点作为曲线边界一侧的面。可以设置为被移除或被保留。

5）投影：当曲线不在曲面上时，须定义投影曲线的方式，包含 4 个选项。

① 不动（无）：曲线不投影。

② 曲面法向：曲线沿曲面法向方向进行投影。

③ 单向：曲线沿指定方向进行单向投影。

④ 双向：曲线沿指定方向进行双向投影。

6）修剪到万格盘：勾选该选项后，对交叉曲线的区域修剪时，会按棋盘方式进行分隔修剪。

7）延伸曲线到边界：勾选该选项，修剪曲线将自动延伸至要修剪曲面的边界。

6. 缝合

缝合是将相互连接而又各自独立的曲面缝合在一起，形成一个整体。

单击工具栏中的"曲面"→"缝合"按钮，系统弹出"缝合"对话框，如图 8-8 所示。对话框中各参数的说明如下。

图 8-8　"缝合"对话框

1）造型：选择需要缝合的面或单击鼠标中键以选择所有绘图区可见的面。

2）公差：设定一个公差值，相邻两边的距离在公差值以内的面就可以进行缝合。

3）启用多边匹配：勾选该选项后，当一条边有超过两个面时，软件将尝试寻找最佳的方法来缝合面，生成有效的实体。

4）将对象强制缝合为实体：勾选该选项后，把几何图形强制缝合为一个实体。

8.1

【实施过程】

1. 新建零件

打开桌面中望3D软件，新建一个零件文件，命名为"安全头盔"，注意文件类型为默认的".Z3"。

2. 绘制椭圆草图1

单击"造型"→"草图"按钮，在 *YZ* 平面中绘制椭圆草图1，如图8-9所示。

3. 绘制椭圆草图2

单击"造型"→"草图"按钮，在 *XZ* 平面中绘制椭圆草图2，如图8-10所示。

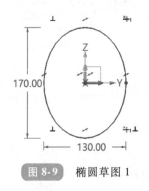

图 8-9 椭圆草图1

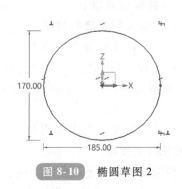

图 8-10 椭圆草图2

4. 绘制椭圆草图3

1）单击"造型"→"基准面"按钮，在弹出的"基准面"对话框中，"面"选择 *XY* 平面，"偏移"设置为"-35"，如图8-11所示。然后单击"造型"→"草图"按钮，在弹出的"草图"对话框中，"平面"选择刚创建的基准面，单击按钮 ✔，进入草图环境。

2）单击"参考"按钮，在弹出的"参考"对话框中，类型选择"相交"，如图8-12所示，过滤器列表选择"曲线"，"实体"分别选择椭圆草图1与椭圆草图2中的2条曲线，得到4个交点，如图8-13所示。

3）过这4个参考点绘制椭圆，如图8-14所示。

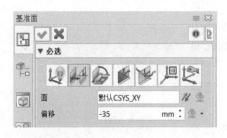

图 8-11 创建椭圆草图3的基准面

图 8-12 创建参考点

图 8-13　创建的 4 个参考点

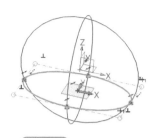

图 8-14　椭圆草图 3

5. 绘制椭圆曲线草图 4

1）单击"造型"→"草图"按钮，在弹出的"草图"对话框，"平面"选择 *YZ* 平面，单击按钮 ✔，进入草图环境。

2）单击"参考"按钮，在弹出的"参考"对话框中，如图 8-15 所示，类型选择"投影"，勾选"单选"，过滤器列表选择"曲线"，"实体"选择椭圆草图 1 中的这条曲线，单击按钮 ✔ 退出"参考"对话框。

8.2

3）选中椭圆参考线，单击鼠标右键，单击"切换类型"按钮，如图 8-15 所示，切换曲线类型。

4）单击"直线"按钮，绘制如图 8-16 所示的 2 条直线，然后选中这 2 条直线，单击鼠标右键，单击"切换类型"按钮，切换其直线类型。

5）单击"划线修剪"按钮，修剪曲线，如图 8-17 所示。

6）单击"镜像"按钮，在弹出的"镜像"对话框中，"实体"选择修剪后的椭圆曲线，"镜像线"选择修剪后的竖直参考线，生成另一半椭圆曲线，完成椭圆曲线草图 4 的绘制，如图 8-18 所示。

图 8-15　"参考"对话框

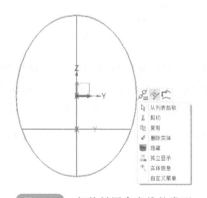

图 8-16　切换椭圆参考线的类型

6. 绘制椭圆曲线草图 5

参考草图 4 的绘制方法，选择 *XZ* 平面，绘制草图 5，如图 8-19 所示。

7. 创建 U/V 曲面

1）单击"曲面"→"U/V 曲面"按钮，在弹出的"U/V 曲面"对话框设置参数，如图 8-20 所示。

8.3

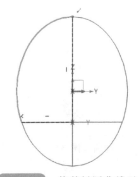

图 8-17 修剪椭圆曲线及 2 条参考线

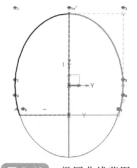

图 8-18 椭圆曲线草图 4

图 8-19 椭圆曲线草图 5

2）过滤器列表选择"曲线"，为方便选择 U 曲线与 V 曲线，建议隐藏椭圆草图 1 和椭圆草图 2。

3）选择椭圆草图 3 为 U 曲线，如图 8-21 所示。

图 8-20 设置"U/V 曲面"对话框中的参数

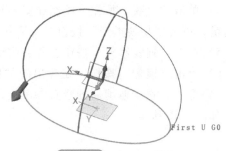

图 8-21 选择 U 曲线

4）U 曲线选择完成后，单击鼠标中键切换至选择 V 曲线，依次选择椭圆曲线草图 4 与椭圆曲线草图 5 的 4 条椭圆曲线。切记选择一条曲线后，必须单击鼠标中键确认后，再选择下一条曲线，选择过程中要注意保持箭头方向一致，如图 8-22 所示。

5）选择完成后单击按钮 ，完成 U/V 曲面的创建，如图 8-23 所示。

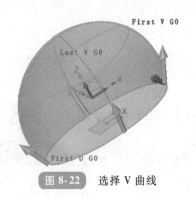

图 8-22 选择 V 曲线

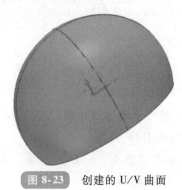

图 8-23 创建的 U/V 曲面

8. 绘制曲线草图 6

单击"造型"→"草图"按钮，在 *YZ* 平面绘制草图，如图 8-24 所示。

9. 拉伸曲线

单击"造型"→"拉伸"按钮，在弹出的"拉伸"对话框中，"轮廓"选择曲线草图 6，"拉伸类型"选择"对称"，"起始点"设置为"0"，"结束点"设置为"80"，"布尔运算"栏中选择"基体"，结果如图 8-25 所示。

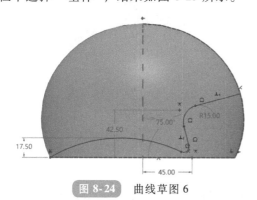

图 8-24 曲线草图 6

图 8-25 拉伸曲线草图 6 得到的曲面

10. 曲面修剪

1）单击"曲面"→"曲面修剪"按钮，在弹出的"曲面修剪"对话框中，"面"选择 U/V 曲面，"修剪体"选择上一步拉伸曲线得到的曲面，勾选"保留相反侧"，如图 8-26 所示。

8.4

2）完成后单击按钮 ✔，完成曲面的修剪，结果如图 8-27 所示。

图 8-26 修剪 U/V 曲面

图 8-27 曲面修剪结果 1

3）单击"曲面"→"曲面修剪"按钮，在弹出的"曲面修剪"对话框中，"面"选择拉伸曲线得到的曲面，"修剪体"选择 U/V 曲面，勾选"保留相反侧"。

4）完成后单击按钮 ✔，完成曲面修剪，结果如图 8-28 所示。

11. 缝合

1）单击"曲面"→"缝合"按钮，在弹出的"缝合"对话框中，"造型"选择所有绘图区可见的面。

2）完成后单击按钮 ✔。

图 8-28 曲面修剪结果 2

12. 实体抽壳

1）单击"造型"→"抽壳"按钮，在弹出的"抽壳"对话框中，"造型"选择所有绘图区可见的面，"厚度"设置为"-3"（注意负值表示实体表面向内偏移生成薄壳，正值表示实体表面向外偏移生成薄壳），"开放面"选择曲线草图6拉伸生成的曲面，如图8-29所示。

2）完成后单击按钮 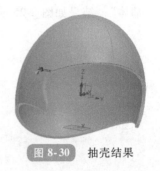，结果如图8-30所示。

图8-29 "抽壳"对话框参数设置

图8-30 抽壳结果

13. 创建实体的圆角

单击"造型"→"圆角"按钮，在弹出的"圆角"对话框中，"边"选取安全头盔的边线，"半径"设置为"2.5"，然后单击按钮 ，完成安全头盔的三维建模。

【技能训练】

完成如图8-31所示的开环男戒的曲面造型建模。根据图中的数据创建草图，并使用曲面修剪等命令创建曲面造型实体。

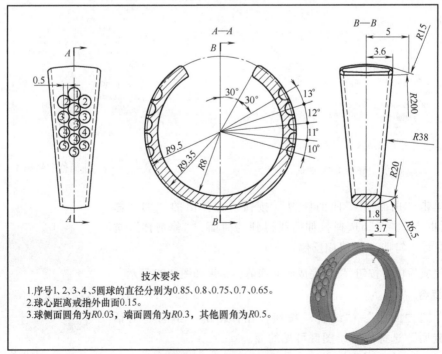

技术要求

1.序号1、2、3、4、5圆球的直径分别为0.85、0.8、0.75、0.7、0.65。

2.球心距离戒指外曲面0.15。

3.球侧面圆角为R0.03，端面圆角为R0.3，其他圆角为R0.5。

图8-31 开环男戒零件图

任务二　汤匙三维建模

【任务导入】

如图 8-32 所示，本任务主要介绍汤匙的三维建模，建模过程中主要运用曲面修剪、U/V 曲面、修剪平面、FEM 面等命令。培养学生绘制多个草图曲线、使用常用的曲线工具构建建模需要的空间线框的能力，养成精工至善、精益求精的专业意识。

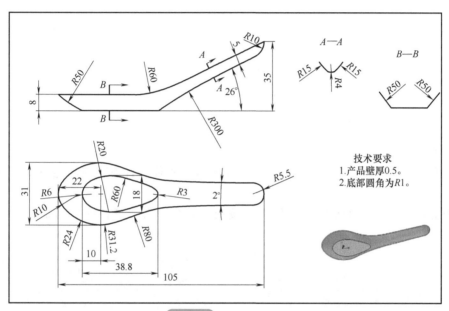

图 8-32　汤匙零件图

【任务分析】

汤匙设计思路较明确，过程也较简单。要完成汤匙的产品设计，关键就是设计它的面体结构，再经过抽壳即可完成设计。对于本任务的汤匙而言，先建立一个空间线架再用 U/V 曲面工具创建面体即可，这样，解决问题的关键就变成了创建合适的线框结构。本任务建模思路如图 8-33 所示。

【知识链接】

1. 修剪平面

修剪平面是利用封闭的曲线边界生成一个边界曲面。无论边界是否在一个平面上，利用修剪平面功能创建的曲面都是基于一个平面。

单击工具栏中的 "曲面"→"修剪平面" 按钮，系统弹出 "修剪平面" 对话框，如图 8-34 所示。对话框中各参数的说明如下。

1）曲线：定义生成二维平面的曲线边界，支持曲线、草图、边和曲线列表。

2）平面：定义边界曲线投影到的平面，生成的面将在该平面上。该选项只支持平面或

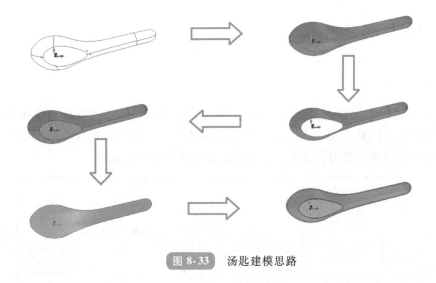

图 8-33　汤匙建模思路

基准面。

2. 延伸面

延伸面是对所选面上的某些边以一定的距离进行延伸（注意：该功能只支持单个面内的边界）。

单击工具栏中的"曲面"→"延伸面"按钮，系统弹出"延伸面"对话框，如图 8-35 所示。

图 8-34　"修剪平面"对话框

图 8-35　"延伸面"对话框

选择一个面中需要延伸的边界，输入延伸距离，即可以延伸该边界处的曲面。延伸距离既可是正值，也可以是负值。

对话框中各参数的说明如下。

1）面：定义需要延伸的面。

2）边：定义面上需要延伸的边界。

3）距离：定义延伸距离值。延伸距离既可是正值，也可以是负值。

4）合并延伸面：勾选该选项后，延伸曲面与相邻面自动缝合，否则将分开。

5）延伸：定义延伸面生成的方法，包含 4 个选项：线性、圆形、反射和曲率递减。

3. 延伸实体

对开放实体延伸时，可以对一个造型的多条边同时进行延伸。

单击工具栏中的"曲面"→"延伸实体"按钮，系统弹出"延伸实体"对话框，如图 8-36 所示。直接选择一个造型中需要延伸的边界，输入一个延伸距离，既可以对该边界处的曲面进行延伸。

图 8-36　"延伸实体"对话框

对话框中各参数的说明如下。

1）边：定义需要延伸的边。

2）距离：定义延伸的距离值。

3）新建面：勾选该选项后，创建的延伸面为独立面，否则保持与原面为一体。

4. FEM 面

FEM 面功能是利用一个曲面直接拟合通过边界曲线上点的集合，然后沿边界修剪。

单击工具栏中的"曲面"→"FEM 面"按钮，系统弹出"FEM 面"对话框，如图 8-37 所示。对话框各参数的说明如下。

1）边界：选择生成 FEM 面的边界，支持曲线、草图、边和曲线列表。

2）U/V 素线阶数：指定曲面在 U 和 V 方向上的阶数，阶数越高，曲面的质量越高，但计算时间越长。

图 8-37　"FEM 面"对话框

【实施过程】

1. 新建零件

打开桌面中望 3D 软件，新建一个零件文件，命名为"汤匙"，注意文件类型为默认的".Z3"。

8.5

2. 绘制曲线草图 1

单击"造型"→"草图"按钮，在 *XY* 平面绘制曲线草图 1，如图 8-38 所示。

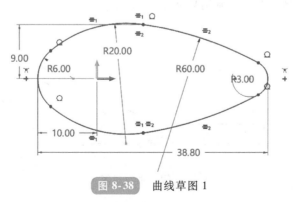

图 8-38　曲线草图 1

3. 绘制曲线草图 2

单击"造型"→"草图"按钮，在 *XY* 平面绘制曲线草图 2，如图 8-39 所示。

8.6

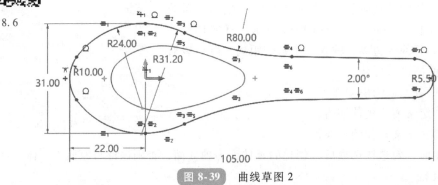

图 8-39 曲线草图 2

说明：曲线草图 1 和曲线草图 2 可以合二为一绘制在一起，因为后续的曲面创建不是用草图，面是使用"曲线列表"，但考虑曲线投影后，视觉上的美观与简洁，这里将它分为 2 个草图。

4. 绘制曲线草图 3

1）单击"造型"→"草图"按钮，选择 *XZ* 平面，进入草图环境。

2）单击"参考"按钮，过滤器列表选择"曲线"，单击"相交"按钮，勾选"单选"，如图 8-40 所示。

8.7

图 8-40 创建曲线上的参考点

3）选择如图 8-41a 所示 4 条曲线，创建 4 个参考点，如图 8-41b 所示，单击按钮 ✔，退出"参考"对话框。

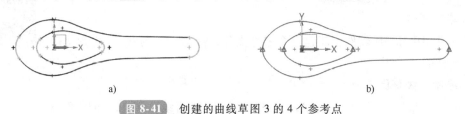

a)   b)

图 8-41 创建的曲线草图 3 的 4 个参考点

4）在 *XZ* 平面绘制草图，绘制结果如图 8-42 所示。

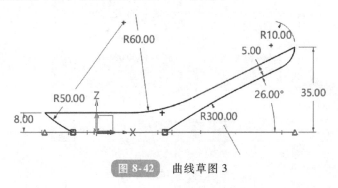

图 8-42 曲线草图 3

5. 拉伸

1）单击"造型"→"拉伸"按钮，过滤器列表选择"曲线"。

2）在弹出的"拉伸"对话框中，选择图 8-43 所示的曲线进行拉伸，"拉伸类型"选择"对称"，"起始点"设置为"0"，"结束点"设置为"18"，"布尔运算"栏中选择"基体"，得到拉伸曲面，结果如图 8-44 所示。

8.8

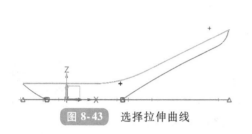

图 8-43　选择拉伸曲线

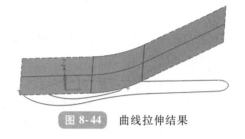

图 8-44　曲线拉伸结果

说明：拉伸曲线时两边的拉伸距离都大于 15.5mm 即可。

3）完成后单击按钮 ✔。

6. 投影草图

1）单击"线框"→"投影到面"按钮，弹出"投影到面"对话框。

2）过滤器列表选择"草图"。在弹出的"投影到面"对话框中，"曲线"选择曲线草图 2，"面"选择刚刚创建的拉伸曲面，"方向"选择 Z 轴（也可输入"0，0，1"），如图 8-45 所示，投影结果如图 8-46 所示。

图 8-45　"投影到面"对话框

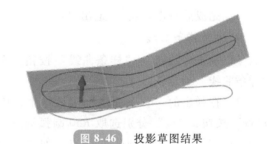

图 8-46　投影草图结果

3）完成后单击按钮 ✔ 退出对话框。

4）选中界面左侧管理器中的"拉伸 1-基体"（拉伸曲面），单击鼠标右键，单击"隐藏"。隐藏拉伸曲面，结果如图 8-47 所示。

7. 绘制曲线草图 4

1）单击"造型"→"草图"按钮，选择 XZ 平面，进入草图环境。

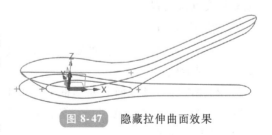

图 8-47　隐藏拉伸曲面效果

2）单击"参考"按钮，过滤器列表选择"曲线"，在弹出的"参考"对话框中，单击"相交"按钮，勾选"单选"，"实体"选择如图 8-48a 所示 4 条曲线，创建 4 个参考点，如图 8-48b 所示，单击按钮 ✔，退出"参考"对话框。

a)   b)

图 8-48 创建曲线草图 4 的 4 个参考点

3）在 XZ 平面绘制草图，绘制结果如图 8-49 所示。

8. 桥接曲线

1）单击"线框"→"桥接"按钮，系统弹出"桥接"对话框。

2）在弹出的"桥接"对话框中，"曲线 1"选择曲线草图 3 中的 R50 圆弧，"曲线 2"选择曲线草图 3 中的 R300 圆弧，其他参数按默认设置，结果如图 8-50 所示。

8.9

图 8-49 曲线草图 4

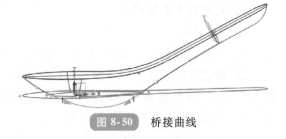

图 8-50 桥接曲线

3）完成后单击按钮 ✓ 退出对话框。

9. 创建样条曲线

1）单击"线框"→"样条曲线"按钮，系统弹出"样条曲线"对话框。

2）在弹出的"样条曲线"对话框中，单击"通过点"按钮，"点"分别选取 R50 圆弧端点、桥接线上的点、另一个 R50 圆弧的端点，如图 8-51 所示，其他参数按默认设置。

10. 创建基准面

1）单击"造型"→"基准面"按钮，系统弹出"基准面"对话框。

图 8-51 创建样条曲线

2）在弹出的"基准面"对话框中，单击"几何体"按钮，"几何体"选择如图 8-53a 所示的短直线，其他参数按默认设置即可，如图 8-52 所示。结果如图 8-53b 所示。

11. 绘制草图 5

1）单击"造型"→"草图"按钮，选择刚刚创建的基准面作为草图平面。

2）单击"参考"按钮，过滤器列表选择"曲线"，在弹出的参考对话框中，单击"相交"按钮，勾选"单选"，"实体"选择如图 8-54a 所示的 3 条直线，创建 3 个参考点，如图 8-54b 所示，完成后单击按钮 ✓，退出"参考"对话框。

图 8-52 "基准面"对话框参数设置

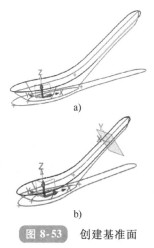

图 8-53 创建基准面

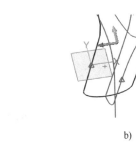

a)   b)

图 8-54 创建 3 个参考点

3) 绘制如图 8-55 所示的草图。

12. 创建 U/V 曲面

1) 单击 "曲面"→"U/V 曲面" 按钮。系统弹出 "U/V 曲面" 对话框。

2) 过滤器列表选择 "曲线"。

说明：为方便选择 U 曲线与 V 曲线，建议隐藏草图 1 和草图 2，并将草图 3 中的部分曲线改为参考线，如图 8-56 所示。

8.10

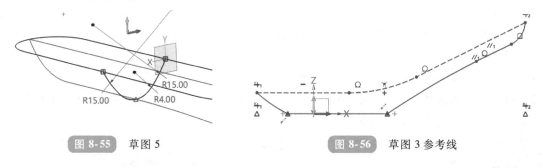

图 8-55 草图 5

图 8-56 草图 3 参考线

3) 在 "U/V 曲面" 对话框中，"U 曲线" 依次选择图 8-57 所示的 4 条曲线。注意：每选择一条曲线后，必须单击鼠标中键确认后，再选择下一条曲线，选择过程中箭头方向要一致。

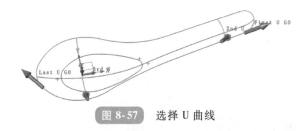

图 8-57　选择 U 曲线

4）U 曲线选择完成后，单击鼠标中键切换至选择 V 曲线，依次选择图 8-58 所示的 3 条曲线。注意：每选择一条曲线后，必须单击鼠标中键确认后，再选择下一条曲线，选择过程中箭头方向要一致。

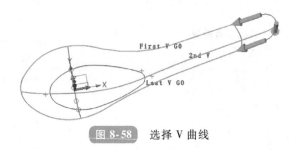

图 8-58　选择 V 曲线

5）选择完成后单击按钮 ✓ ，完成曲面创建，结果如图 8-59 所示。

13. 修剪 U/V 曲面

1）单击"曲面"→"曲面修剪"按钮，系统弹出"曲面修剪"对话框。

2）在"曲面修剪"对话框中，"面"选择刚刚创建的 U/V 曲面，"修剪体"选择 *XY* 平面。结果如图 8-60 所示。

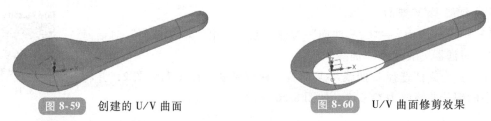

图 8-59　创建的 U/V 曲面　　　　图 8-60　U/V 曲面修剪效果

3）完成后单击按钮 ✓ ，完成 U/V 曲面修剪。

14. 修剪平面

1）单击"曲面"→"修剪平面"按钮，系统弹出"修剪平面"对话框。

2）过滤器列表选择"边"，在"修剪平面"对话框中，"曲线"选择如图 8-61 所示的边，勾选"缝合实体"。

3）完成后单击按钮 ✓ ，完成平面修剪。

8.11

15. 实体圆角

单击"造型"→"圆角"按钮，在弹出的"圆角"对话框中，"边线"选取如图 8-61 所

图 8-61　选择边

示的边，半径 R 为 1mm，完成汤匙底部圆角的创建。

16. 创建 FEM 面

1）单击"曲面"→"FEM 面"按钮，系统弹出"FEM 面"对话框。

2）过滤器列表选择"边"，"边界"选择图 8-62 所示时边界，其他参数按默认设置。

3）完成后单击按钮 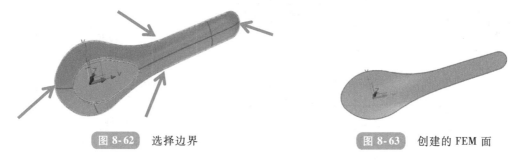，完成 FEM 面的创建，效果如图 8-63 所示。

图 8-62　选择边界　　　　　图 8-63　创建的 FEM 面

17. 实体抽壳

1）单击"造型"→"抽壳"按钮，系统弹出"抽壳"对话框。

2）在"抽壳"对话框中，"造型"选择绘图区所有可见的面，"厚度"设置为"-0.5"（注意负值表示实体表面向内偏移生成薄壳，正值表示实体表面向外偏移生成薄壳），"开放面"选择图 8-64 所示的面。

3）完成后单击按钮 ，抽壳效果如图 8-65 所示。

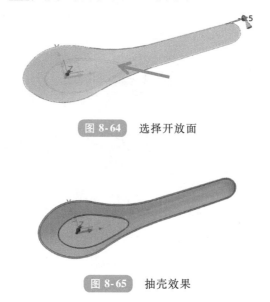

图 8-64　选择开放面

图 8-65　抽壳效果

【技能训练】

完成如图 8-66 所示的把手的曲面造型建模。根据图中的数据创建草图，并使用 U/V 曲面、缝合、桥接等工具创建曲面造型实体。

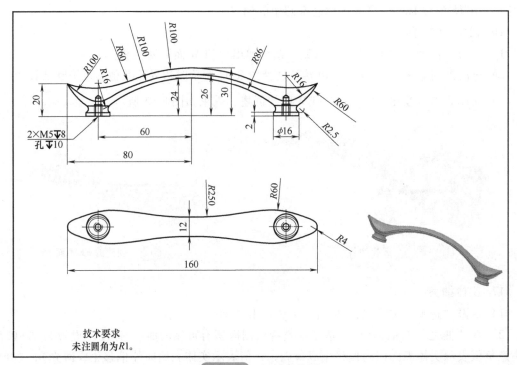

技术要求
未注圆角为 R1。

图 8-66 把手零件图

模块九

零部件装配

任务一　连杆机构装配

【任务导入】

简易雨刷器是一个比较典型的机械产品，包含几个简单零件。通过完成简易雨刷器的零部件装配任务，学习中望 3D 软件中从零件到部件再到整体的装配全过程，掌握组件装配、装配操作、干涉检查、动画制作方法，分析虚拟环境中连杆机构的模拟运动状态，理解三维装配的基本思路。

【任务分析】

装配第一步是分析部件工作原理，根据原理选择装配固定件，它是最先进行装配的零件，为后面的装配提供约束对象基准。之后按照从局部到整体的装配思路依次插入零件、添加约束。

【知识链接】

1. 插入组件

使用此命令可插入已有文件并作为此装配体的组件。系统默认选择"Z3"格式文件插入，列表显示所选文件中的零件。

在插入组件时所使用的零件配置，可选择点、多点、自动孔对齐、布局、激活坐标、默认坐标、面/基准或坐标八种类型。

1）当选择点时，一次只可插入一个组件。提供点点重合约束，但选择的插入点必须在实体上，如实体的点、边/线、面等，否则无法附加此约束。

2）当选择多点时，可以一次性插入多个组件。选择的约束和插入点与1）相同。

3）当选择自动孔对齐时，根据孔的位置自动插入组件。

4）当选择布局时，可以以圆形或线性布局插入一个或多个组件。

5）当选择激活坐标时，会在当前激活坐标处插入组件。

6）当选择默认坐标时，会在默认坐标处插入组件，并且提供坐标约束。

7）当选择面/基准时，提供重合约束，插入选择类型必须是面/基准。

8）当选择坐标时，提供基准面的坐标约束，插入点选择必须是基准面，其他类型将无法附加此约束。

2. 装配约束

约束是装配中重要的方法，用来约束两零件间的相对位置。在中望 3D 软件中插入组件，然后添加约束，这些操作在参数历史记录中都是独立的步骤。之后可对约束可进行添加、删除、求解、编辑、拖拽和查询。约束也可用于将一个组件固定在当前位置。在大多数情形下，对齐一个组件需要多个约束。

为激活零件或为装配里的两个组件或壳体创建对齐约束，可以从十一个约束条件（重合、相切、同心、平行、垂直、角度、锁定、距离、置中、对称或坐标）中选择。以下对常用的约束进行说明。

1）重合约束：两组件中选择的特征保持重合，如共享同样的曲线、边、曲面或基准面。

2）相切约束：两组件中选择的特征保持相切。

3）同心约束：两组件的中心轴线保持共线。

4）平行约束：两组件中选择的特征保持平行。

5）垂直约束：两组件中选择的特征保持垂直。

6）角度约束：两组件中选择的特征将保持一定角度，需要在角度选项中设置数值。

7）锁定约束：组件将与另一组件固定在一起。

8）距离约束：限定两组件之间有一固定的距离或距离范围。如果约束对象为两个平行的面，则偏移距离默认为面之间的距离。其他对象则默认为零。

【实施过程】

一、装配分析

9.1

简易雨刷器由 7 个简单零件组成，如图 9-1 所示。运动基于底座进行，装配关系简单，连接件间通过旋转运动实现雨刷功能。

二、装配方案设计

底座是整个装配的基础组件，它的位置是其他零件定位的基础，所以底座应首先进行装配，并设置为固定件。中间连杆与底座之间为旋转运动，可以通过同心约束和重合约束进行装配，其他连接杆间装配采用同样方法重复装配。

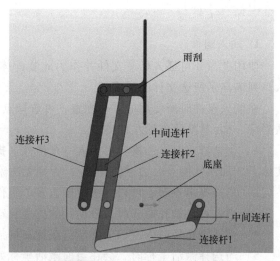

图 9-1 简易雨刷器装配效果图

三、装配实施过程

中望 3D 软件中，零件的装配通过约束来实现。为装配里的两个组件创建约束，可以从 11 个约束条件中选择（重合、相切、同心、平行、垂直、角度、锁定、距离、置中、对称或坐标）。

1. 新建装配文件

单击"新建"，"类型"选择"装配"，"子类"选择"标准"，文件命名为"雨刷装配"，如图 9-2 所示，完成后单击"确认"，进入装配环境。

2. 装配底座

1）单击组件工具栏（图 9-3）中的"插入"按钮，弹出"插入"对话框。

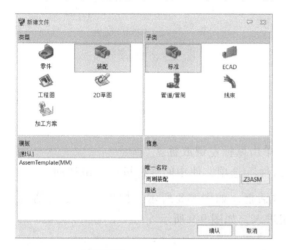

图 9-2　新建装配文件

图 9-3　"组件"工具栏

2）在弹出的"插入"对话框中，单击"必选栏"中的文件夹按钮 ，在弹出的"打开"对话框中选择"底座"模型，单击"打开"，如图 9-4、图 9-5 所示。

图 9-4　"插入"对话框

图 9-5　"底座"模型选择

3）移动鼠标将底座底面中心点拖动至坐标系原点，单击鼠标左键放置。

4）在"放置"栏中，勾选"固定组件"选项，如图9-6所示。

5）单击按钮 ，完成底座装配，如图9-7所示。

图9-6 勾选"固定组件"

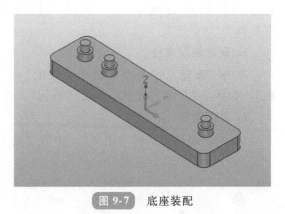

图9-7 底座装配

3. 装配其他组件

（1）插入中间连杆

1）用同样的方法插入中间连杆模型。

2）鼠标拖动至工作界面中任意空白位置，单击鼠标左键放置。

3）在"插入"对话框中取消勾选"固定组件"选项，使中间连杆可以自由移动。

4）单击按钮 后，弹出"编辑约束"对话框，如图9-8所示。如果未弹出对话框，也可以在"约束"工具栏中单击"约束"按钮进入，如图9-9所示。

图9-8 "编辑约束"对话框

图9-9 "约束"工具栏

（2）添加约束　在简易雨刷器装配中用到2个约束：重合、同心。

重合：创建一个重合约束。组件将会保持重合（例如，共享同样的曲线、边、曲面或基准面）。

同心：创建一个同心约束。组件将会保持回转中心重合（例如轴与轴承中心线重合）。

1）在"编辑约束"对话框中，"实体1"选择要约束的第一个对象，即底座上圆柱销的圆柱面，"实体2"选择中间连杆上的孔圆柱面，如图9-10所示。

2）在"约束"栏中单击"同心"按钮；或在弹出的迷你工具栏中选择"同心"按钮，如图9-11所示，完成后单击按钮 ，或者可单击鼠标中键确定（有时需要单击两次鼠标中键)。如若未弹出迷你工具栏，可勾选“编辑约束”对话框中的“弹出迷你工具栏”选项，当重新进入“编辑约束”对话框选择约束后即可弹出。

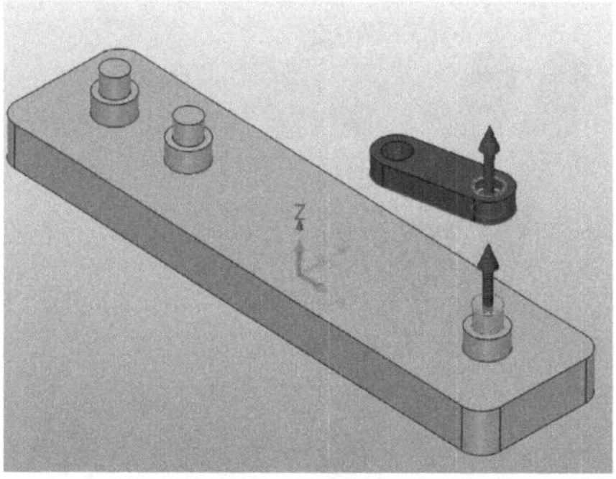

图 9-10 选择约束对象

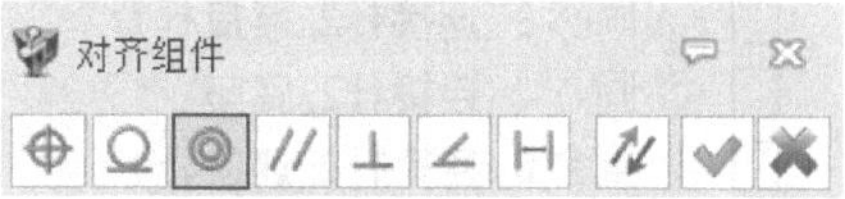

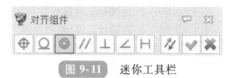

图 9-11 迷你工具栏

3）继续添加约束，“实体 1”选择底座上圆柱销的上平面，“实体 2”选择中间连杆的上平面，选择约束为“重合”，完成后单击按钮。如图 9-12 所示。退出“编辑约束”对话框，可用鼠标拖动中间连杆旋转，检查约束状态。

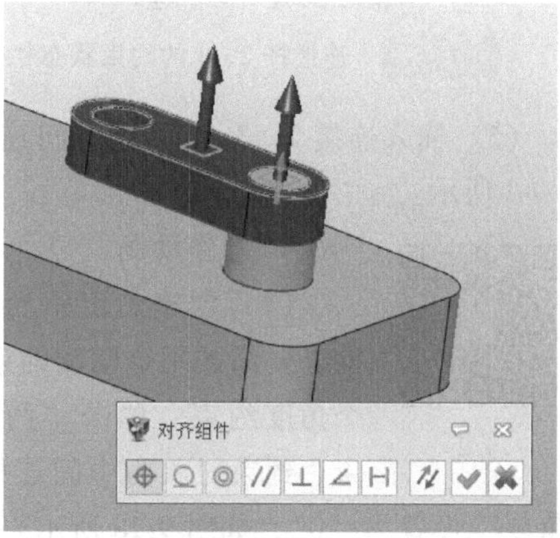

图 9-12 重合约束

（3）插入连接杆 1 单击“插入”按钮，单击“文件夹”，继续插入连接杆 1，单击按钮，弹出“编辑约束”对话框，添加约束。“实体 1”选择连接杆 1 上圆柱销的外圆柱面，“实体 2”选择中间连杆的第二个孔的内圆柱面，约束为“同心”。

添加第 2 个约束，“实体 1”选择连接杆 1 上圆柱销的上端面，“实体 2”选择中间连杆的下表面，约束为“重合”，如图 9-13 所示。如若出现两零件重合，说明装配方向相反，可勾选“编辑约束”对话框中的“相反”选项，或者单击迷你工具栏中的反向按钮。最后单击按钮，完成约束。

如果出现约束错误的情况，可以在左侧管理器中选中错误的约束，单击鼠标右键，在弹出的快捷菜单栏中选择“删除”，如图 9-14 所示。

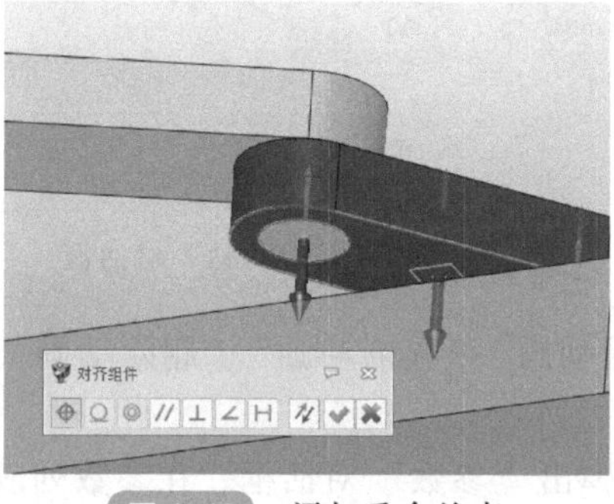

图 9-13 添加重合约束

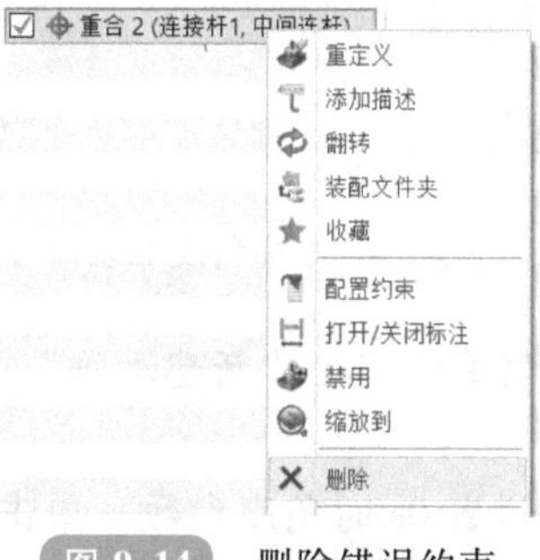

图 9-14 删除错误约束

（4）用与（3）相同的方法插入连接杆 2、连接杆 3 连接杆 2、3 约束状态如图 9-15 所示，约束后的状态如图 9-16 所示。

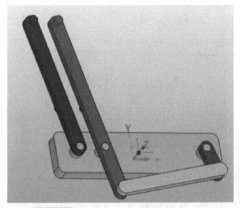

图 9-16 连接杆 2、3 的约束结果

☑ ◎ 同心 3 (连接杆2, 连接杆1)
☑ ◎ 同心 4 (连接杆2, 底座)
☑ ⊕ 重合 6 (连接杆2, 连接杆1)
☑ ◎ 同心 5 (连杆3, 底座)
☑ ⊕ 重合 7 (连杆3, 底座)

图 9-15 连接杆 2、3 的约束状态栏

（5）插入连接 2、3 之间的中间连杆、雨刮 约束状态如图 9-17 所示。最终结果如图 9-1 所示。

4. 制作动画

9.2

（1）创建角度驱动尺寸 在进入动画制作前，要添加一个驱动约束作为动力。这里创建一个角度约束。单击"约束"按钮，添加角度约束，约束对象为中间连杆的侧面与底座的侧面，"角度"设置为"0"，如图 9-18 所示。

☑ ◎ 同心 6 (中间连杆, 连杆3)
☑ ◎ 同心 7 (中间连杆, 连接杆2)
☑ ⊕ 重合 8 (中间连杆, 连杆3)
☑ ◎ 同心 8 (雨刮, 连杆3)
☑ ◎ 同心 9 (雨刮, 连接杆2)
☑ ⊕ 重合 9 (雨刮, 连杆3)

图 9-17 中间连杆、雨刮的约束状态栏

（2）进入动画环境 单击"装配"→"动画"→"删除动画"下拉按钮，在弹出的下拉菜单中选择"新建动画"，弹出"新建动画"对话框，如图 9-19 所示，"时间"设置为"10"，"名称"为"雨刮动画"，单击按钮 ✔，进入动画环境。

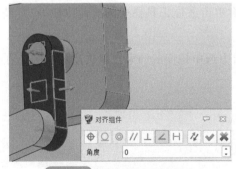

图 9-18 添加角度驱动尺寸

✔ ✖ 🔳		❶
▼ 必选		
时间(m:ss)	10	
▼ 设置		
名称	雨刮动画	

图 9-19 "新建动画"对话框

下拉菜单中，在"新建动画"下方，还有"编辑动画""查询动画""删除动画"操作命令。

（3）设置 0s 时角度参数 单击"参数"按钮，弹出"参数"对话框，在参数列表中找到在步骤（1）中定义的角度约束，如图 9-20 所示，双击角度约束弹出图 9-21 所示的"输

入标注值"对话框，填入"0"，单击"确定"按钮，完成在0s时运动状态的设定。

（4）创建关键帧　单击"关键帧"按钮，弹出"关键帧"对话框，将"时间"设置为"3"，单击按钮 。以同样的方法再次创建关键帧，设置时间为7s，单击按钮 ✔。在管理器中双击创建好的关键帧"0：03"，当右侧显示"激活"时，说明选中此帧。双击"动画参数"栏中的"角度"，弹出"输入标注值"对话框，将角度修改为360（°），如图9-22所示。用同样方法激活"0：07"帧，修改角度为720（°），激活"0：10"帧，修改角度为1080（°）。

图 9-20　参数列表

图 9-21　"输入标注值"对话框

此时，已完成动画的创建，可单击"动画参数"上方的播放控制栏中的"播放动画"按钮 ▶ 进行动画播放。

（5）修改相机位置　完成上述操作后，机构可实现在原位置的运动，若需要在运动的同时调整视角就需要进行相机位置的设定。

1）在管理器中双击"0：00"帧，其右侧显示"激活"，单击"相机位置"按钮，调整机构的方位，单击"当前视图"，单击按钮 ✔ 完成"0：00"帧时的相机位置设置。

2）同样的方法，设置"0：03""0：07""0：10"帧时的相机位置。设置完成后单击"播放动画"按钮进行查看。

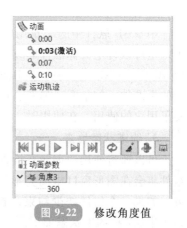

图 9-22　修改角度值

（6）录制动画　单击"录制动画"按钮，弹出"文件保存"对话框，选择好保存目录，设置名称为"雨刮动画"，单击"保存"，再单击"确定"，系统开始自动录制动画。当动画完成后，即可在保存的文件夹中找到。

【技能训练】

自行设计创建连杆模型，实现四连杆机构的运动仿真。

任务二　齿轮泵装配

【任务导入】

齿轮泵是机械产品中的一个代表性产品。通过完成齿轮泵的装配任务，能够完成零件到部件再到整体的装配全过程，掌握中望3D软件中机械约束、导入标准件、约束状态检查等操作，真实感受现代企业虚拟装配场景和虚拟运动状态及计算机辅助设计的魅力。

【任务分析】

齿轮泵的运动都是基于泵体产生，所以根据原理选择泵体为固定件，为后面的装配提供约束对象基准，之后依次插入零件、添加约束，最后调整齿轮位置，进行齿轮约束，确保零件不会出现干涉。

【知识链接】

1. 齿轮约束添加

在中望 3D 软件中，可以单击"装配"功能选项卡中的"机械约束"按钮，在弹出的"机械约束"对话框中选择"啮合"，来进行两齿轮的啮合装配，实现齿轮啮合运动。在对话框中，"齿轮 1"和"齿轮 2"为相互啮合的两个齿轮，二者之间的传动比可通过调整"比例"或者通过输入"齿数 1"和"齿数 2"的值来确定。勾选"反转"选项，可修改齿轮的旋向，从而实现齿轮啮合的真实运动状态。

2. 标准件导入

中望 3D 软件中的"重用库"为用户提供了中望 3D 标准零件库（ZW3D Standard Part），用户也可以自定义标准件库或者将标准件加入此面板。默认情况下，重用库文件位于用户中望 3D 软件安装文件夹的"/Reuse Library"目录下。通过此命令可以调用机械行业中经常使用的标准件，如垫圈、弹簧、挡圈、螺柱、螺栓、螺母、螺钉、轴承、销、键、齿轮等，方便了用户的使用。在使用时，只需找到相应的标准件，设置关键参数即可调用。

3. 约束状态检查

可以通过使用约束状态检查命令，来查询组件当前的约束状态。当显示其对齐信息时，组件将会在图形窗口中高亮显示。这些信息显示该组件是完全约束、缺少约束还是过度约束。如果一个组件缺少约束，自由度（DOF）数量以及组件可变换和旋转的方向都会一起列出来。7 种约束状态如下。

1）无约束：组件不受约束。

2）缺少约束：组件仍可移动。如果没有任何组件是固定的，则明确约束的装配中的组件会变成缺少约束的情况。

3）明确约束：组件受到完整且正确的约束。

4）固定：组件已固定不能移动。

5）过约束：组件的约束条件中存在冲突或冗余。

6）约束冲突：组件的约束在某个标注值下可能是有效的约束，但其当前的各标注值不一致。

7）范围之外：当在装配的环境中编辑一个子装配时，同级子装配即为"外部范围"。这些组件不考虑在当前约束系统中。

【实施过程】

一、装配分析

齿轮泵由 8 个零件组成，依靠两齿轮啮合来实现主要功能，装配效果如图 9-23 所示。

二、装配方案设计

泵体是整个装配的基础组件，它的位置是其他零件定位的基础，所以首先将其设置为固定组件。零件间大部分是通过同心约束和重合约束进行装配的，对键槽还需要添加平行约束。对于齿轮约束，需要在机械约束中进行相关设置。

图 9-23　齿轮泵装配效果图

三、装配实施过程

1. 新建装配文件

单击"新建"按钮，"类型"选择"装配"，"子类"为"标准"，文件命名为"齿轮泵装配"，完成后单击"确认"，进入装配环境。

2. 装配泵体

单击"组件"工具栏中的"插入"按钮，弹出"插入"对话框，在对应的根目录下，按〈Ctrl+A〉键选中全部零件，可以把所需要的零件批量导入"文件/零件"栏的列表中，这样在左侧的管理器中就可以直接插入所需要的零件，如图 9-24 所示。

9.3

a)

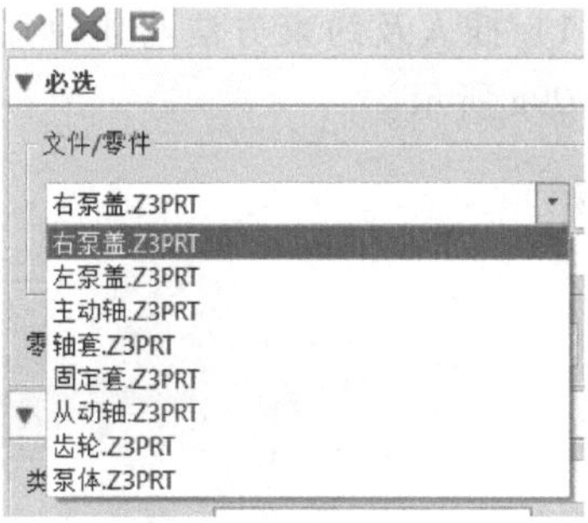

b)

图 9-24　批量插入零件

选择"泵体"模型，移动鼠标将泵体放置在坐标原点，勾选"固定组件"选项，单击按钮 ，完成泵体的插入，如图 9-25 所示。

3. 装配其他组件

（1）装配左泵盖

1）用同样的方法插入左泵盖模型，放置在任意空白位置，取消勾选"固定组件"选项。

2）添加约束。对左泵盖上部的孔与泵体的上部内腔添加同心约束；对"左泵盖"的上部的销孔与泵体的销孔添加同心约束；对左泵盖的右端面与泵体的左端面添加重合约束，如图 9-26a、b、c 所示。

（2）装配右泵盖　与插入左泵盖操作相同，添加约束也

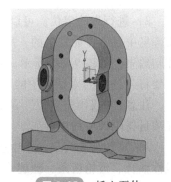

图 9-25　插入泵体

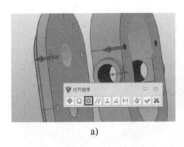
a)

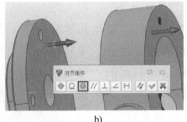
b)

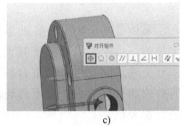
c)

图 9-26　左泵盖与泵体的 3 个约束

相同。完成后的约束和状态如图 9-27 所示。

（3）装配主动轴　首先将装配好的右泵盖隐藏，在管理器中选中"右泵盖"，单击鼠标右键，在弹出的快捷菜单中选择"隐藏"，方便主动轴、从动轴的添加。

插入主动轴后，对主动轴的回转中心与泵体的上部内腔添加同心约束；对主动轴的齿轮面与左泵盖的右端面添加接触约束，如图 9-28 所示。

（4）装配从动轴

1）插入及约束方法与主动轴相同。约束完成后的从动轴如图 9-29a 所示。

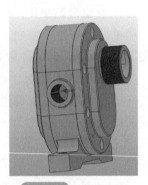

图 9-27　完成右泵盖的约束

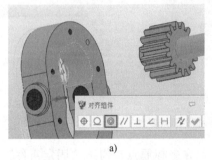
a)

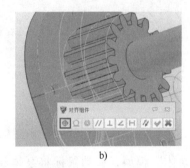
b)

图 9-28　完成主动轴的约束

2）进行齿轮定位。可以从图 9-29a 中看到，主动轴与从动轴的齿轮有重合部分，在真实环境中是不可能发生的，所以需要先进行齿轮定位，保证装配的合理性。方法为添加一个相切约束，如图 9-29b 所示，选择从动轮的一个齿面与主动轮的一个齿面添加相切约束，同时要将"约束"对话框中的"仅用于定位"选项勾选，如图 9-29c 所示。

注意："仅用于定位"的含义是：勾选此选项后，仅移动组件位置，不会在管理器的装配项目树中添加约束特征。

3）添加齿轮约束。在中望 3D 软件中，用户可以在"机械约束"中选择啮合、路径、线性耦合、齿轮齿条、螺旋、槽口、凸轮、万向节约束条件。

单击"机械约束"按钮，弹出"机械约束"对话框。在"约束"栏中选择第一项"啮

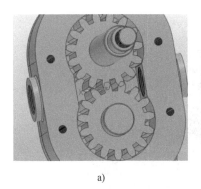
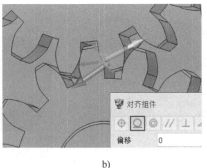

a)　　　　　　　　　　　　　　b)　　　　　　　　　　　　　　c)

图 9-29　齿轮定位

合"，然后进行齿轮的选择。"齿轮 1"选择主动轮的任意结构，"齿轮 2"选择从动轮的任意结构。由于两齿轮相同，所以比例值为 1，勾选"反转"选项，单击按钮 ✔ 完成齿轮约束的添加，如图 9-30 所示。如齿轮不相同时，可以更改比例值，或者可以勾选"齿轮"，通过齿数来进行约束。完成后，可拖过鼠标拖动来查看是否形成了齿轮约束。

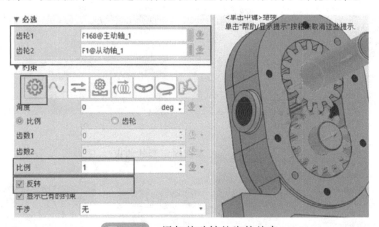

图 9-30　添加从动轴的齿轮约束

（5）装配轴套　首先取消右泵盖的隐藏，在管理器中选中"右泵盖"，单击鼠标右键，在弹出的快捷菜单中选择"显示"即可。

插入轴套，然后对轴套的外部回转面与右泵盖的内部回转面添加同心约束；对轴套的圆环端面与右泵盖的螺柱端面添加重合约束，如图 9-31 所示。

（6）装配固定套　插入固定套，然后对固定套的外圆与右泵盖的螺纹圆柱添加同心约束；对轴套的端面与固定套的内部圆端面添加重合约束，如图 9-32 所示。

（7）装配齿轮　插入齿轮，然后需要添加 3 个约束，将齿轮内圆柱面与主动轴圆柱面添加同心约束；对齿轮的键槽一个侧边与主动轴键槽的一个侧边添加平行约束；对齿轮的端面与主动轴的轴肩添加重合约束，如图 9-33 所示。

这样就完成了齿轮泵主体的全部装配，如图 9-23 所示。

可以通过"查询"工具栏中的"约束状态"工具来查询约束的正确性，单击"查询"工具栏中的"约束状态"按钮，弹出"显示约束状态"对话框，可以查看约束状态，如

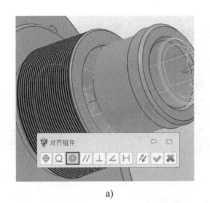
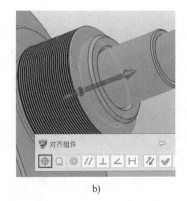

a)　　　　　　　　　　b)

图 9-31　添加轴套的约束

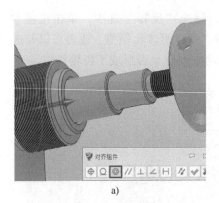
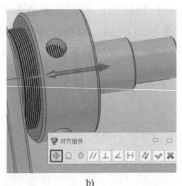

a)　　　　　　　　　　b)

图 9-32　添加固定套的约束

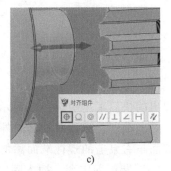

a)　　　　　　　　b)　　　　　　　　c)

图 9-33　添加齿轮的约束

图 9-34 所示。"固定"与"明确约束"为固定不动的状态，"缺少约束"状态的零件要看它的运动状态是否符合预期。

4. 导入标准件

装配体中，经常会用到一些标准件，在中望 3D 软件中不需要再去建模，只需要调用标准件库即可，可以在中望 3D 软件界面的最右侧找到"重用库"按钮

9.4

并单击，在对应的搜索栏中可以看到很多不同标准的文件夹，如图 9-35 所示。

图 9-34　显示约束状态　　　　　　　　　　　图 9-35　重用库

在齿轮泵装配中，需要用到螺钉、键的模型。在相应的装配图中会对所需的标准件型号进行说明。

（1）装配螺钉　在重用库中按照 "GB"→"螺钉"→"内六角螺钉" 的顺序选择文件夹，找到名称为 "内六角圆柱头螺钉 GB_T70.1.Z3" 的模型，双击导入，在弹出的 "添加可重用零件" 对话框中，将公称直径改为 6mm，其他参数可以选择默认，如图 9-36 所示。

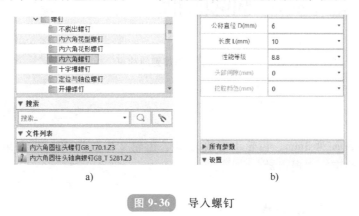

a)　　　　　　　　　　　　　　　b)

图 9-36　导入螺钉

单击 "确认" 按钮后可以看到，又回到了熟悉的约束界面，不同的是系统已经自动选择好了螺钉的端面进行约束，此时需要选择某一个台阶孔的端面进行约束，完成后，系统又自动选择了螺钉的圆柱面，此时继续选择台阶孔的圆柱面进行同心约束。这样就完成了螺钉的导入及约束，如图 9-37 所示。

完成第一个螺钉的导入后，它就会出现在 "插入" 对话框中的 "文件/零件" 的列表中，所以另外几个螺钉的导入可以通过在 "插入" 对话框中选择 "内六角圆柱头螺钉 GB_T70.1" 来完成。

（2）装配键　在重用库中按照 "GB"→"键"→"平键" 的顺序选择文件夹，找到名称为 "普通型平键 GB_T1096-A.Z3" 的模型，双击导入，在弹出的 "添加可重用零件" 对话框

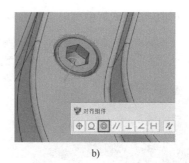

图 9-37　添加螺钉的约束

中，将宽度改为 6mm，其余参数按默认设置。添加 3 个约束，即键底面与主动轴键槽底面的重合约束、键侧面与主动轴键槽侧面的重合约束、键的圆弧中心与键槽圆弧中心的同心约束，如图 9-38 所示。

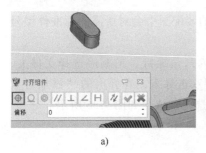
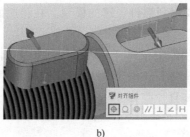
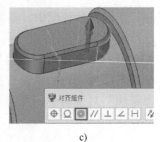

图 9-38　添加键的约束

【技能训练】

已知齿轮模数 m 为 3mm，齿轮 1 齿数为 20，齿轮 2 齿数为 40，压力角均为 20°，尝试建模并添加齿轮约束，实现运动。

任务三　精密平口钳装配

【任务导入】

精密平口钳是一种通用夹具，常用于安装小型工件。通过完成精密平口钳的装配任务，学习零件到部件再到整体的装配全过程，掌握中望 3D 软件中螺旋约束、干涉检查、爆炸图设计等操作。

【任务分析】

精密平口钳的运动都是基于钳身产生，所以根据原理选择钳身作为固定件，为后面的装配提供约束对象基准，之后依次插入零件、添加约束，最后调整螺杆位置，进行螺纹约束，确保零件不会出现干涉。

【知识链接】

1. 螺旋约束

在中望 3D 软件中，单击"装配"功能选项卡中的"机械约束"按钮，在弹出的"机械约束"对话框中选择"螺旋"，来创建螺旋约束。在对话框中，"螺旋实体"（如螺母）和"线性实体"（如螺杆）为创建螺旋约束的两个对象，通过调整转数与距离的比值或者距离与转数的比值来实现真实的旋合运动。

2. 干涉检查

使用此命令，检查组件或装配之间的干涉。在对话框中选择需要检查的两组件，单击"检查"按钮后，如果两组件出现干涉，则干涉部位会加亮显示；如未出现干涉，则在结果处显示"无干涉"。

3. 爆炸图设计

使用该命令为每个装配体做不同的爆炸视图。该命令能提供一个过程列表来记录每一个爆炸步骤，每一个爆炸步骤都可以通过单击鼠标右键后弹出的快捷菜单中的选项来重定义或删除。用户也可以通过拖拽方式来调整爆炸步骤。

【实施过程】

一、装配分析

精密平口钳由压板、钳身、螺杆和活动钳口 4 个零件组成，将螺杆的旋转运动转化为活动钳口的平移运动，来实现夹紧、放松功能，装配效果如图 9-39 所示。

二、装配方案设计

将钳身设置为固定组件。螺杆与钳身之间的约束设置为机械约束中的螺旋约束，再添加一个螺杆运动的距离限制。精密平口钳的螺旋约束需要通过普通约束的配合来减少干涉现象的产生。

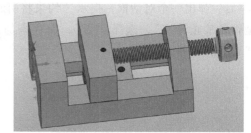

图 9-39 精密平口钳装配效果图

三、装配实施过程

新建名称为"精密平口钳"的装配文件。进入装配环境后先进行钳身的固定装配。

1. 装配其他组件

（1）装配螺杆

1）导入螺杆。

2）添加同心约束，使螺杆与钳身的螺纹孔同轴。添加距离约束，使螺杆手柄侧的一个端面与钳身端面距离为 6mm，如图 9-40 所示。

3）添加螺旋约束。单击"查询"工具栏中的"干涉检查"按钮，在弹出的"干涉检查"对话框中，"组件"选择螺杆与钳身，单击"检查"按钮，系统会计算出干涉部分，如图9-41所示，红色部分即为干涉部分。

此时，通过观察红色区域，调整刚才的距离约束数值来进行调整，系统未计算出红色干涉区域（调整距离值应根据螺距的大小来判断），说明此时不存在干涉，之后再添加螺旋约束，就可以保证添加的螺旋约束无干设状态。

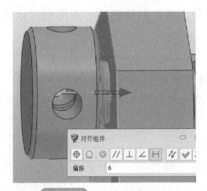

图 9-40 添加距离约束

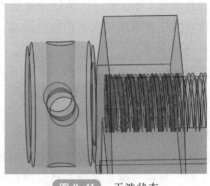

图 9-41 干涉状态

9.5

单击"约束"工具栏中的"机械约束"按钮，选择"螺旋"，如图9-42所示。

"螺旋实体"选择螺杆，"线性实体"选择螺纹孔，如图9-43所示。单击按钮

图 9-42 选择螺旋约束

后，弹出一个对话框，提示"约束将引起过约束，您是否要禁止冲突"，选择"否"，保存添加的螺纹约束，状态如图9-44所示。

图 9-43 选择螺旋约束的实体

✓ 🔧 精密平口钳
☑ 🔳 (F)钳身
☑ 🔳 (+)螺杆
∨ 📁 (+)约束
☑ ◎ 同心 1 (螺杆, 钳身)
☑ ⊣ 距离 2 (钳身, 螺杆)
☑ ⫯ 螺旋 1 (螺杆, 钳身)

图 9-44 保存过约束状态

然后删除刚才添加的距离约束，状态栏仍然显示过约束，双击添加的螺旋约束进行修改，将"机械约束"对话框中的"共面""反向"进行切换，如图9-45所示，即可消除过约束，如图9-46所示。

此时，可以再次通过干涉检查进行干涉状态检查。

用鼠标拖动螺杆进行旋转，观察旋转方向，如果相反，则取消勾选螺旋约束参数里的"反转"；如果正确，则不需要更改。当螺距不同时，可根据螺距的大小调整螺旋约束参数

里的"值"进行修改，如图 9-45 所示。

图 9-45　螺旋约束参数调整

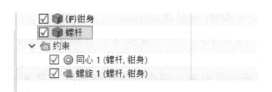

图 9-46　消除过约束

（2）装配压板、活动钳口　完成装配状态，如图 9-39 所示。

（3）添加距离限制　在精密平口钳正常工作时，活动钳口可以从钳身的一侧运动到另一侧，此时在中望 3D 软件中活动钳口可以沿轴线方向随意运动，所以需要添加距离限制。

选择活动钳口的端面与钳身的端面进行距离约束。单击"约束"工具栏中的"约束"按钮，在弹出的"约束"对话框中，约束实体分别为活动钳口的端面和钳身的端面，勾选"范围"选项，修改偏移为 0mm，最小值为 0mm，最大值为 72mm，如图 9-47 所示。

图 9-47　添加距离约束

完成后，可拖拽活动钳口进行移动，保证在钳身范围内移动即为装配正确。

2. 爆炸图制作

爆炸视图命令提供一个过程列表来记录每一个爆炸步骤，每一个爆炸步骤都可以通过单击鼠标右键后弹出的快捷菜单选项来重定义或删除，也可以通过拖拽方式来调整爆炸步骤。

1）单击"爆炸视图"工具栏中的"爆炸视图"按钮，弹出"爆炸视图"对话框，如图 9-48 所示，选择"默认"，可修改名称，单击按钮 ，进入"添加爆炸步骤"对话框。

9.6

2）选择螺杆、活动钳口、压板 3 个实体为移动对象，选中并按住图 9-49 中的坐标原点进行移动，将 3 个实体移动到合适位置。

图 9-48　"爆炸视图"对话框

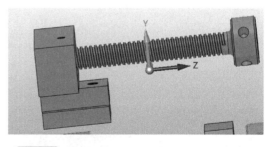

图 9-49　拖动螺杆、活动钳口、压板 3 个实体

单击按钮 ，在左侧管理器中可以看到"步骤_1"，选中"步骤_1"并单击鼠标右键，在弹出的快捷菜单中选择"调整步骤时间"，在弹出的"修改"对话框中更改"新值"为"2"，如图 9-50 所示。

3）单击"添加爆炸步骤"按钮，选择螺杆作为移动对象，并将其向右移动，调整步骤时间为 3s。单击"添加爆炸步骤"按钮，选择压板作为移动对象，并将其向下移动，调整步骤时间为 3s，爆炸步骤状态如图 9-51 所示。

图 9-50　管理器状态

图 9-51　完成爆炸步骤添加

4）单击"爆炸视频"按钮，单击按钮 并进行保存，同时可以观看爆炸的过程。

如果需要修改步骤，可以在相应步骤上单击鼠标右键，在弹出的快捷菜单中选择"编辑步骤"，进行调整设置。

【技能训练】

对任务一、任务二的装配图进行爆炸图练习。

模块十

结构仿真分析

任务一　中望结构仿真软件介绍

中望结构仿真软件具备强大的前后处理和求解计算能力，能够有效帮助企业在产品设计阶段对结构设计的合理性进行验证和优化，从而提高了生产效率，降低了开发成本。

中望结构仿真软件是一款集建模与仿真于一体的专业结构仿真分析软件，可准确快速地模拟产品结构的物理行为。一方面，基于中望三维几何建模内核，软件拥有强大的建模能力，可支持参数化建模、混合建模、模型修复等；另一方面，能采用通用有限单元方法进行优化，使得软件具有求解精确高、速度快等优点。在中望3D 2023版之后的版本中，添加了结构仿真模块，操作流程与中望结构仿真软件相同。

中望结构仿真软件支持线性静力学分析、屈曲分析、模态分析、动力学分析、非线性分析、传热分析等分析类型，满足了结构的强度、刚度、稳定性、振动及热传导等多种应用场景的分析需求，可帮助机械、航空航天、土木工程等领域工程师准确评估产品结构设计的合理性与科学性，从而缩短企业的产品开发周期，实现降本增效。

除了高效的求解器，前后处理能力也对仿真精度和效率有着重要影响。在前处理阶段，中望结构仿真软件采用德劳内网格划分法和前沿推进法相结合的方式进行网格划分，可生成三角形、四边形、四面体、六面体等多种单元类型网格；可生成一阶或二阶单元；可以从边、面、体3个维度进行局部控制划分网格；在多几何体接触的情况下，可自动生成兼容网格；具备网格质量计算、显示功能。

同时，软件可以自定义材料，且提供了丰富的网格单元类型、约束和载荷类型等，帮助工程师更好地模拟实际应用环境。在后处理阶段，中望结构仿真软件不仅提供了云图、列表、动画等多种仿真结果呈现方式，还支持探测局部结果和生成仿真结果报告，满足不同用户的多样化需求。

传统CAE产品由于需要人工检查与调整的参数太多且步骤繁杂，从而增加了用户使用软件的难度。为提高软件的易用性，帮助工程师高效地开展仿真分析工作，中望结构仿真软件提供了清晰的仿真流程和直观的操作界面，只需按照软件的仿真流程依次进行材料、约束、载荷、网格单元等相关设置，即可开始对模型进行网格划分和求解计算，从而大幅度提升工程师的仿真体验。

结构仿真分析是中望仿真软件的重要模块。作为中望仿真软件的重要模块，结构仿真能够解决客户实际工程应用中的单个部件或者装配机构仿真问题，支持固定约束、滑杆约束、铰链约束和自定义约束等约束类型，支持力、压力、扭矩、重力、温度、热量、热流量、对流、辐射等多种载荷类型。

任务二　薄板静力学分析

【任务导入】

创建一个四周固定、顶面承受载荷的薄板，对薄板进行静力学分析，从而熟悉中望仿真结构软件的基本使用思路。

【任务分析】

按照操作流程对薄板进行建模、给定材料、添加固定约束、添加载荷、网格划分、结果运算，得到薄板的静力学分析云图。

【知识链接】

1. 给定材料

在结构仿真中，给定材料是一个关键步骤。中望 3D 软件中的材料库是模型所需要材料的集合库，包括系统材料库、自定义材料库和本地材料库。可以通过自行选择或者自定义添加来赋予模型所需要的材料数据。在添加材料时，可以通过单击"中望结构仿真"功能选项卡中的"材料库"按钮，将材料从材料库加载到模型或项目中。新建并编辑好所需的材料后，单击"OK"按钮，即可完成模型被赋予材料属性的任务。

（1）**系统材料库**　系统材料库是系统提供的材料集合库，包含了生活中常见的材料，其中材料参数主要有杨氏模量、泊松比、剪切模量、密度、抗拉强度、抗压强度、屈服强度、热膨胀系数、导热系数、比热容以及阻尼比等。可以通过选择对应的材料参数以赋予所建模型，从而完成模型的参数设定。

（2）**自定义材料库**　自定义材料库是用户自己根据实际需要所定义的材料集合库。当系统材料库内的材料无法满足模型需要时，用户可以根据自己的意向定义并添加材料。自定义材料库中的材料可以被以后创建的模型也可以使用。

2. 添加固定约束

固定约束是限制模型所有的平移和转动自由度的约束。具体来说，固定约束可以限制模型在某些方向上的移动转动，从而模拟实际工况中的固定约束条件。在仿真过程中，如果没有添加足够的约束，模型可能会在载荷作用下发生变形或移动，导致仿真结果不准确。

3. 添加载荷

部件或装配机构在实际工作环境中会受到各种外力的作用，如重力、风压、水压、温度应力等。通过添加相应的载荷，可以模拟这些实际工作环境中的外力作用，使仿真结果更加贴近实际情况。

4. 网格划分

实际的结构或物体是连续的，具有无限多的自由度和复杂性。然而，在结构仿真中，为了能够在计算机上进行数值计算，需要将这种连续的结构离散化为有限数量的单元和节点。网格划分正是实现这一离散化的过程，它将结构划分为一系列相互连接的单元，每个单元都有其特定的属性和边界条件。中望结构仿真软件提供了每个参数的默认值，支持三角形、四面体、曲线等类型的网格划分。用户可以通过设置网格密度、勾选"二阶"选项等操作细致化设置网格。

5. 结果运算

在完成材料、约束、载荷的添加和网格划分之后，即可进行结果运算。为了保证运算可行，可先单击"检查"按钮来验证参数设置是否齐全，之后再单击"运行"按钮即可得到结果。中望结构仿真软件支持多种求解结果的数据查看，支持云图、二维曲线、图表等多种形式查看结果。

【实施过程】

1. 薄板建模

新建文件，"类型"选择"零件"。在"唯一名称"处输入零件名称，单击"确认"按钮。

创建一个长为200mm、宽为150mm、厚度为1mm的薄板模型，如图10-1所示。

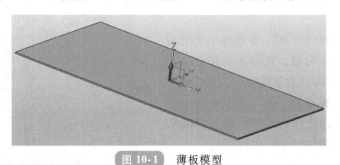

图 10-1　薄板模型

2. 创建仿真任务

单击"仿真"→"中望APP"→"新建结构仿真任务"按钮，来新建仿真任务。在"新建结构仿真任务"对话框中选择"线性静态分析"后单击按钮✓，可进入结构仿真环境。实际仿真时，可根据实际所需选择不同类型的仿真任务。

3. 添加材料

在界面左侧会出现"仿真"管理器，选中薄板实体并单击鼠标右键，在弹出快捷菜单中选择"编辑材料"，在弹出的"材料库"对话框中自定义材料参数属性并单击"确认"按钮，如图10-2所示。

4. 添加固定约束

选中界面左侧的"仿真"管理器中的"约束"节点并单击鼠标右键在弹出的快捷菜单中选择"固定约束"；或者在"力学性能"工具栏中单击"固定约束"按钮，在弹出的

图 10-2　添加材料

"约束"对话框中，选择薄板的 4 个侧面添加固定约束，如图 10-3 所示。

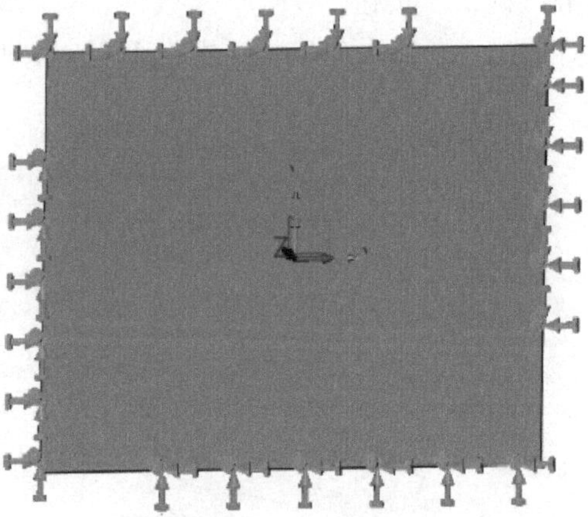

5. 添加载荷

选中界面左侧的"仿真"管理器中的"载荷"节点并单击鼠标右键，在弹出的快捷菜单中选择"力"；或者在"力学性能"工具栏中单击"力"按钮，在弹出的"力"对话框中，选择薄板的上表面添加法向力载荷，值为 1000N，"方向"选择"-Z 轴"，如图 10-4 所示。

6. 网格划分

选中界面左侧的"仿真"管理器中的"网格"节点并单击鼠标右键，在弹出的快捷菜单

图 10-3　添加固定约束

中选择"生成网格"；或者在"网格划分"工具栏中单击"生成网格"按钮，对薄板进行网格划分，在弹出的"生成网格"对话框（图 10-5）中，"网格器"勾选"ZW 选项"，调节网络密度偏精细，这样生成的结构更精准，勾选"二阶"选项，完成后单击按钮 ✅，系统自动生成网格，如图 10-6 所示。

7. 检查运算

在仿真树的"结果"节点处单击鼠标右键，弹出快捷菜单，单击"运行计算"即可进行求解；或者在工具栏选择单击"检查"按钮来验证参数设置是否齐全，然后在检查界面单击"开始"按钮进行检查，待提醒"检查验证完成，报告：0 个错误和 0 个警告"后，单击"运行"即可进行求解。仿真树的"结果"按钮下会生成相关的结果节点。双击不同的结果节点可显示结果。

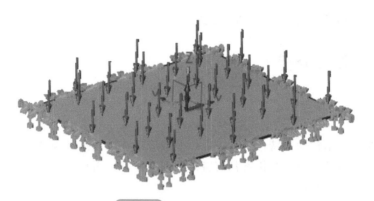

图 10-4　添加法向力载荷

图 10-5　网格划分参数设定

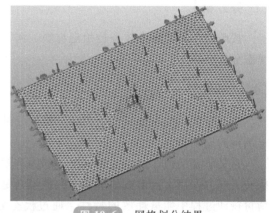

图 10-6　网格划分结果

选择一个结果进行查看，视图区将出现仿真的结果数据，如图 10-7 所示（这里查看的是位移结果云图）。

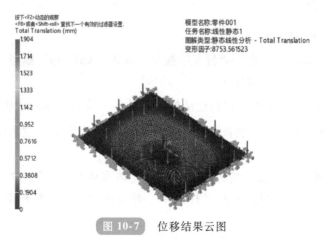

图 10-7　位移结果云图

【技能训练】

创建一个直径为 10mm、长度为 1500mm 的圆柱梁模型，设置材料为 2035 钢，圆柱一端端面固定，另一端端面添加轴向力 1N，试进行屈曲分析。

任务三　壳体模态分析

【任务导入】

模态分析是研究结构动力特性一种方法，一般应用在工程振动领域。其中，模态是指机械结构的固有振动特性，每一个模态都有特定的固有频率、阻尼比和模态振型。分析这些模态参数的过程称为模态分析。

通过对壳体的模态分析，掌握中望结构仿真软件的模态分析操作流程。

【任务分析】

按照操作流程对壳体进行给定材料、添加固定约束、网格划分、结果运算，得到壳体的模态分析结果图。

【知识链接】

模态分析：模态分析是动力学分析的一种。在中望软件的情况下，模态分析主要用于确定结构的振动特性。

它是研究结构在自由振动情况下的固有频率、阻尼比和振型等模态参数。固有频率是结构在无外力作用下自由振动的频率；振型则是结构在各固有频率下振动的形态；阻尼比用于衡量振动过程中能量耗散的特性。通过模态分析，工程师可以预测结构在动态载荷下的响应，帮助优化设计，避免共振等问题，例如在机械产品设计、汽车零部件设计、航空航天结构设计等众多领域广泛应用模态分析，以确保产品结构的可靠性和安全性。

10.2

【实施过程】

1. 导入模型

单击"文件"→"打开"按钮，导入"kp1. stp"模型文件。

2. 创建仿真任务

单击"仿真"→"中望 APP"→"新建结构仿真任务"按钮，来新建仿真任务，在弹出的"新建结构仿真任务"对话框中选择"模态分析"后单击按钮 ✔，进入结构仿真环境。

3. 添加材料

在界面左侧出现的"仿真"管理器中，选中壳体实体并单击鼠标右键，在弹出的快捷菜单中选择"编辑材料"，在弹出的"材料库"对话框中自定义材料参数属性并单击"确认"按钮。

4. 添加固定约束

选中界面左侧的"仿真"管理器中的"约束"节点并单击鼠标右键，在弹出的快捷菜单中选择"固定约束"；或者在"力学性能"工具栏中单击"固定约束"按钮，在弹出的"约束"对话框中，选择壳体的中心轴面添加固定约束，如图 10-8 所示。

5. 网格划分

选中界面左侧的"仿真"管理器中的"网格"节点并单击鼠标右键，在弹出的快捷菜单中选择"生成网格"；或者在"网格划分"工具栏中单击"生成网格"按钮，对壳体进行网格划分，如图 10-9 所示。

图 10-8　添加固定约束

6. 检查运算

在仿真树的"结果"节点处单击鼠标右键，弹出快捷菜单，单击"运行计算"即可进行求解；或者工具栏选择单击"检查"按钮来验证参数设置是否齐全，然后在检查界面单击"开始"按钮进行检查，待提醒"检查验证完成，报告：0 个错误和 0 个警告"后，单击"运行"即可进行求解。仿真树的"结果"按钮下会生成相关的结果节点。双击不同的结果节点可显示结果。

选择一个结果进行查看，视图区将出现仿真的结果数据，如图 10-10 所示。

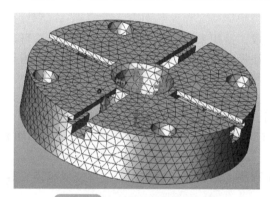

图 10-9　壳体网格划分结果图

图 10-10　模态分析结果图

【技能训练】

对模块九任务二中的齿轮泵泵体进行模态仿真分析。

模块十一

零部件工程图

任务一　工程图模板

【任务导入】

在工程设计中，工程图由各种必要的视图组成，是用来指导生产的主要技术文件，可通过一组具有规定表达方式的二维多面正投影、标注尺寸和表面粗糙度符号及公差配合来指导机械加工。工程图是一种工程语言，学会准确、规范的表达工程图是十分重要的。

视图：视图是指将观测者的视线规定为平行投影线，然后正对着物体看过去，将所见到物体的轮廓用正投影法绘制出来的图形即投影图，工程上习惯将投影图称为视图。

三视图：三视图是指所描述物体的主视图（正投影图）、俯视图、左视图（侧投影图）的总称，在工程上常用三视图来表达一个物体。

本模块将介绍如何将三维模型转换成二维工程图，然后通过增加相关注解完成整体工程图的设计。

【任务分析】

工程图的绘制过程：

1）新建一张 2D 工程图，选择图纸大小及相关参数配置。

2）选择单一零件（或装配体），生成零件（或装配体）的视图，包括主视图和其余视图（如投影视图、辅助视图、剖视图）。

3）调整视图比例（或调整图纸大小）。

4）标注尺寸、尺寸公差、注解、形位公差、表面粗糙度以及技术要求等。

5）保存工程图。

绘制工程图的第一步就是选择合适的图纸大小及模板，后进行视图布局及创建；本节课任务将介绍工程图界面，并创建一个新的符合自己要求的模板。

【知识链接】

一、进入工程图的方法

在中望 3D 软件中，创建工程图有两种方法。

第一种是在零件或装配环境中，在绘图区的空白处，单击鼠标右键，在弹出的快捷菜单中选择"2D工程图"，如图11-1所示，系统自动进入当前零件（装配体）的工程图环境。

第二种是通过单击"新建"按钮或者按<Ctrl+N>快捷键，进入"新建文件"对话框，设置文件"类型"为"工程图"然后单击"确认"按钮，系统进入到工程图环境，如图11-2所示。此时的工程图没有关联任何零件，需要用户在进行视图布局时选择零件。

11.1

图 11-1 通过快捷菜单进入工程图环境　图 11-2 通过"新建文件"对话框创建工程图

二、工程图模板

新建工程图文件时，对话框会提示"选择模板"，中望3D软件提供了各系列标准的图纸模板，如ANSI、ISO、GB、DIN、JIS等。在选择模板时可以直接选择一种标准的图纸模板使用，模板包括A0~A4尺寸的横向、竖向图纸模板，模板中有图框和标题栏等信息；其中"默认"的模板，只有一张空白图纸。

若标准的图纸模板不满足设计者需求，可以自己创建一个新的模板，保存自定义模板后，下一次绘制工程图时就可以选择自定义的模板了，如图11-3所示。

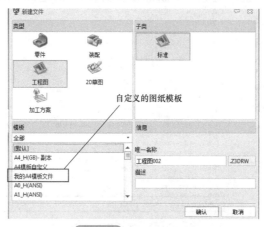

图 11-3 自定义模板

【实施过程】

一、新建工程图模板

1. 新建模板

打开桌面"中望 3D"快捷方式,打开"文件"下拉菜单,在菜单中选择"模板",如图 11-4 所示。在弹出的"选择模板文件"对话框中选择一个要参照的模板文件。模板的名称都具有一定的含义,如 A4_H(GB),图纸大小为 A4 图纸,H 表示横版图纸,GB 代表我国的标准;A4_V(GB),图纸大小为 A4 图纸,V 表示竖版图纸,GB 代表我国的标准,如图 11-5 所示。

图 11-4 打开模板文件　　　　**图 11-5** 选用参照模板

本任务使用 A4_H(GB) 模板。在"选择模板文件"选中"A4_H(GB)"行后单击鼠标右键,在弹出的快捷菜单中选择"复制";然后再单击鼠标右键,在弹出的快捷菜单中选择"粘贴",这样模板文件中就产生了一个新的模板文件:"A4_H(GB)-副本"的新的模板文件,如图 11-6 所示。

11.2

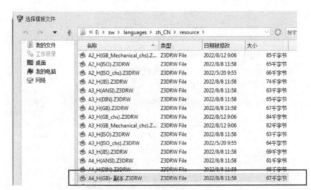

图 11-6 新建模板文件

选中"A4_H（GB）-副本"的新文件，单击鼠标右键，在弹出的快捷菜单中选择"重命名"，改为自己需要的名称，如"我的 A4 模板文件"；保存文件，记住新名称，以备后用。

2. 进入新建模板界面

选中"我的 A4 模板文件"后单击"打开"，如图 11-7 所示，进入到新建的模板文件界面，如图 11-8 所示，由于此模板是复制"A4_H（GB）"文件生成的，再次模板基础上修改可以得到我们需求的模板。

图 11-7　打开新建模板文件

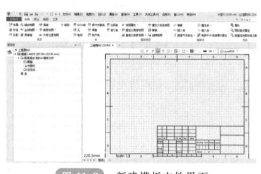

图 11-8　新建模板文件界面

二、编辑新模板的图框

在界面左侧管理器中找到"图框"选项，选中并单击鼠标右键，如图 11-9 所示，在弹出的快捷菜单中选择"编辑"，进入到编辑图框界面，如图 11-10 所示；在此界面中对模板中的图框进行编辑，把多余的线条、字母、短线和箭头删除，只保留内、外边框的线段，修改后退出图框编辑状态，并保存文件，得到如图 11-11 所示的图框。

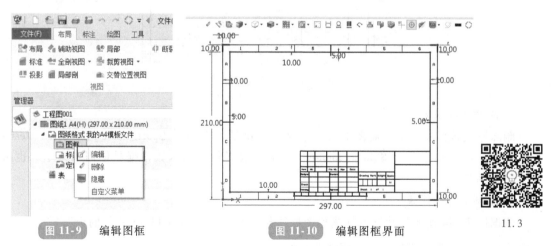

图 11-9　编辑图框

图 11-10　编辑图框界面

11.3

三、编辑新模板的标题栏

编辑标题栏的操作可以参考上一步骤，在管理器中找到"标题栏"选项，选中并单击鼠标右键，如图 11-12 所示，在弹出的快捷菜单中选择"编辑"，进入到编辑标题栏界面，如图 11-13 所示；依据图 11-14 简易标题栏进行修改。

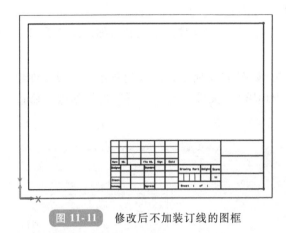

图 11-11　修改后不加装订线的图框

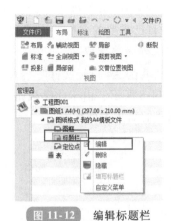

图 11-12　编辑标题栏

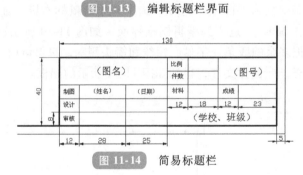

图 11-13　编辑标题栏界面

图 11-14　简易标题栏

1. 删除线段及文字

删除原模板标题栏上不需要的线段、文字、函数，保留［$part_name］、［$part_desig-ner］、［$Sheet_scale］和［$Sheet_amount］4 个函数（保留的函数根据具体需求来定，也可以自定义函数）。

2. 绘制标题栏线条

依据图 11-14 所示尺寸绘制标题栏图框线条，并修剪得到图 11-15 所示的标题栏。

11.4

11.5

11.6

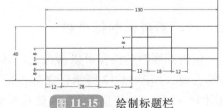

图 11-15　绘制标题栏

3. 添加文字

在"草图"功能选项卡中，单击"绘图"→"文字"按钮，在弹出的"文字"对话框中，"点1"表示文字的位置，单击标题栏上的第一个单元格，在"文字"栏输入"制图"，"字体"改为"仿宋"，字体高度改为3；其他单元格类似地填上设计、审核、比例、数量、材料、姓名等文字。

注意：在添加文字时，可以先选"点1"的位置，也可以先输入文字，再选择"点1"位置。当输入为汉字时，必须要修改"文字属性"下的"字体"，否则显示的是"＊"号。

4. 修改属性

选中保留的 [$part_name]、[$part_designer]、[$Sheet_scale] 和 [$Sheet_amount] 4个函数，单击鼠标右键，在快捷菜单中选择"属性"，修改编辑其属性，另外将函数移到对应的名称旁边的单元格中，完成标题栏的编辑，如图11-16所示。

5. 保存文件

编辑完成后，保存文件，退出草图编辑状态，得到图11-17所示的图纸模板。模板中其他格式也可以修改，修改方式可参照图框及标题栏修改模式进行，修改好后退出模板文件，这样就得到了一份自定义的模板文件。

图 11-16 编辑完成的标题栏

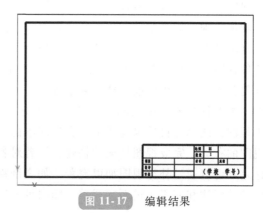

图 11-17 编辑结果

四、使用工程图新模板

双击桌面快捷方式打开中望3D软件，新建一个"零件001.Z3"的文件或者打开一个已经建好的3D零件文件；在空白处单击鼠标右键，在弹出的菜单中选择"2D工程图"，如图11-1所示，或者单击DA工具栏处"2D工程图"按钮，如图11-18所示，在"模板"列表中选取刚刚修改好的模板文件"我的A4模板文件"；确定以后即可进入到工程图环境。

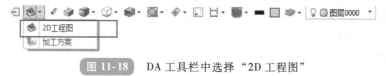

图 11-18 DA工具栏中选择"2D工程图"

【技能训练】

创建一个符合要求的A3尺寸的横版工程图模版。

任务二 创建轴的工程图

【任务导入】

轴类零件的主要功用是支承其他转动件回转并传递转矩，同时又通过轴承与机器的机架连接，是组成机器的重要零件之一。

轴类基本形状是同轴回转体，沿轴线方向通常有轴肩、倒角、螺纹、退刀槽、键槽等结构要素。其长度大于直径，通常由外圆柱面、圆锥面、内孔、螺纹及相应端面组成。轴上往往还有花键、键槽、横向孔、沟槽等。根据功用和结构形状，轴类有多种型式，如光轴、空心轴、半轴、阶梯轴、花键轴、曲轴、凸轮轴等，起支承、导向和隔离作用。

本任务是完成图 11-19 所示的输出轴工程图的创建。

【任务分析】

轴类零件一般选择轴线水平放置时的视图作为主视图，这样既符合零件加工的位置原则，又表达了轴部结构。对绘制轴类零件图主要要求：能进行正确的基本设置，完整地表达零件，包括主视图和其他视图、图框和标题栏、尺寸标注、文字注释、几何公差、表面粗糙度及技术要求等。

图 11-19 输出轴

本次任务要求根据输出轴模型，创建它的 2D工程图，此练习目的也是要求学会最基本的工程图绘制方法。首先是利用中望 3D 软件进行视图的布局，完成视图框架的构建；接着对各个视图进行适当的编辑和修改，对未能详尽表达之处可以通过补充视图加以完善，如全剖视图、局部剖视图等；最后，对布局的视图进行尺寸的标注和完善，进而完成整个输出轴的工程图。

【知识链接】

一、视图表达

1）轴类零件主要是回转体，一般在车床、磨床上加工而成，常用一个基本视图表达。视图中，轴线水平放置，并且将小头放在右边，便于加工时看图。

2）在轴上的单键槽最好朝前画出全形，据此来确定轴的视图位置。

3）对于轴上孔、键槽等的结构，一般用局部剖视图或断面图表示；断面图中的移出断面，除了清晰表达结构形状外，还能方便地标注有关结构的尺寸公差和形位公差。

4）退刀槽、圆角等细小结构可以考虑用局部视图来表达。

二、尺寸标注

1）长度方向的主要基准是安装的主要端面。一般来说，以轴的两端作为测量基准，以轴线作为径向基准。

2）主要尺寸应首先注出，其余多段长度尺寸按车削加工的顺序依次标注。

3）为了使标注的尺寸清晰，便于看图，最好将剖视图上的内外尺寸分开标注，需要车、铣、钻等不同种工序加工的尺寸分开标注。

4）轴上的倒角、退刀槽、砂轮越程槽、键槽、中心孔等结构，应按照相关技术资料的标准进行标注。

三、样式管理器

样式管理器是一个基于样式的标准管理器（图11-20），用户可以通过它方便地管理和编辑图纸标准与样式。样式是指一组定义好的属性的集合。标准则是一组样式的集合。在创建工程图前先要修改好图纸标准与样式。

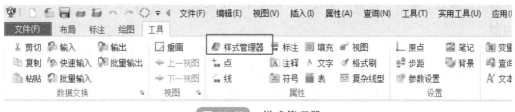

图 11-20　样式管理器

在"工具"功能选项卡下的"属性"工具栏中，单击"样式管理器"按钮，进入"样式管理器"对话框，如图11-21所示。

一般情况下，"标准（GB）"样式的设置就可以满足要求，如果有其他一些特殊要求，可以在此对话框中进行修改，如"文字属性"栏中修改"字体"为"仿宋"，文字的宽度修改为"0.7"，如图11-22所示；其他参数值按默认设置，修改完后单击"应用"按钮，然后单击"确定"，完成样式管理器的修改。

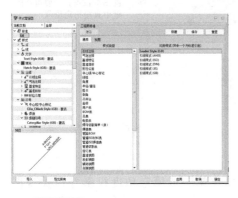

图 11-21　"样式管理器"对话框

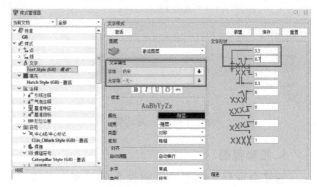

图 11-22　修改文字样式

四、"视图"工具栏

创建视图主要使用"布局"功能选项卡下的"视图"工具栏，如图11-23所示。

1. 自动视图布局

使用该命令，弹出"布局"对话框，如图11-24所示，可以创建一个3D零件的1~7个

图 11-23 "视图"工具栏选项卡

布局视图。

必选项：包括中望 3D 零件。

可选项包括：视图的投影方法（我国选择第一角视角投影法），图纸布局中需要的哪些视图以及配置视图的属性。

2. 标准视图

使用该命令，弹出"标准"对话框，如图 11-25 所示，可以为 3D 零件创建一个标准布局视图。

如果零件有通过视图管理器创建的命名视图，则这些视图也可作为标准视图插入。在"标准"对话框中创建的视图可以单独设置视图的投影方向、比例、样式等，"可选"栏中的设置与"布局"对话框中的"可选"栏中的设置用法一致。

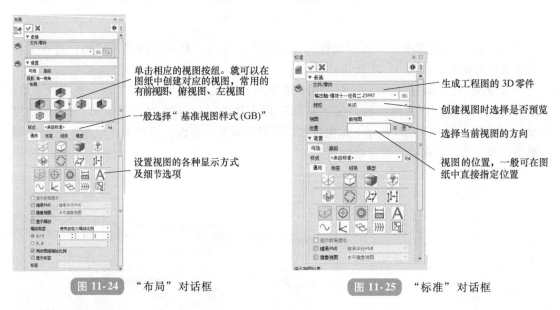

图 11-24 "布局"对话框   图 11-25 "标准"对话框

3. 投影视图

创建由现有三维布局视图投影的视图，该命令能指定第一或第三角度投影并覆盖视图"属性"栏中定义的默认视图属性，如图 11-26 所示。

4. 辅助视图

有些时候标准的视图方向不能很好地表达零件结构形状，需要从特定的方向进行投影。从现有的一布局视图指定的一条边垂直投影得到的视图称为辅助视图。通过该命令，可在"辅助视图"对话框中创建辅助视图，如图 11-27 所示。

注意：视图位置限制为与辅助平面视图垂直。如果没有空间放置该方向上的视图，可先放置在任何位置（图纸外也可），后期可以移动其到更合适的位置。

选择要投影的三维布局视图

选择视图的位置，可通过移动光标
至视图的顶部、底部、左边或右边
来定位

投影的方式

图 11-26 "投影"对话框

现有的布局视图

选择定义辅助
平面视图的直线

图 11-27 "辅助视图"对话框

【实施过程】

11.7

一、创建工程图

上一任务中说过在中望 3D 软件中，创建工程图有两种方法。

第一种是先打开零件"输出轴"文件，然后在绘图区的空白处，单击鼠标右键，在弹出的快捷菜单中选择"2D 工程图"，模板选择上一任务创建的模板，如图 11-28 所示，系统自动进入当前零件（装配体）的工程图环境。

第二种是直接单击"新建"按钮或者按〈Ctrl+N〉快捷键，进入"新建文件"对话框，设置文件"类型"为"工程图"，选择上一任务创建的模板，如图 11-29 所示，然后单击"确认"按钮，系统进入到工程图环境。此种方法需要用户在进行视图布局时选择零件。

图 11-28 选择上一任务创建的模板

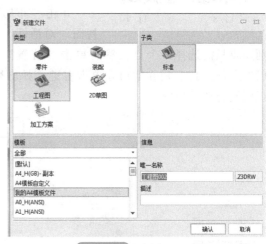

图 11-29 创建工程图

二、创建输出轴基本视图

1. 创建工程图的主视图

进入工程图环境后，界面左侧自动弹出"标准"对话框，"视图"选择默认视图"右视图"来作为工程图的主视图，在"设置"栏中，"缩放类型"选择"使用自定义缩放比例"，修改缩放比例为 1：1；然后在图纸中的合适位置单击鼠标左键，从而将视图放于此处。

2. 投影视图

放置好主视图后，自动跳转至投射命令，移动光标至右侧，创建该方向上的投影视图，结果如图 11-30 所示。

3. 修改投影视图

修改投影视图中的线条，把多余的虚线隐藏，如图 11-31 所示。

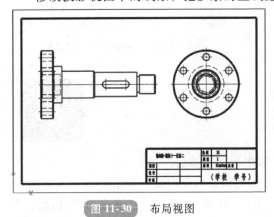

图 11-30　布局视图

图 11-31　修改投影视图

11.8

11.9

三、创建输出轴剖视图

1. 全剖视图

单击"布局"→"视图"→"全剖视图"按钮，弹出"全剖视图"对话框。按照图 11-32 选择基准视图及剖切位置。注意剖切点只需选择 2 个点，然后单击"位置"选项，指定剖面图位置，可以先放一个位置（图框外也可），后在空白处单击右键，弹出快捷菜单，解除之前默认的对齐状态，移动剖视图到合适的位置。

11.10

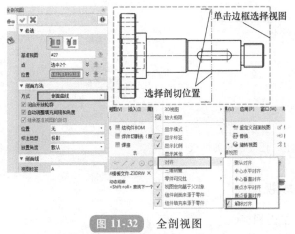

图 11-32　全剖视图

2. 局部剖视图

单击"布局"→"视图"→"局部剖"按钮，弹出"局部剖"对话框。

按照图 11-33 选择基准视图，边界选择多段线边界把要剖切的位置圈起来（圆形和矩形边界也可），深度利用指定点的方式，深度点在左视图上指定，如图 11-33 所示的位置点，单击按钮 完成局部剖视图，结果如图 11-34 所示。

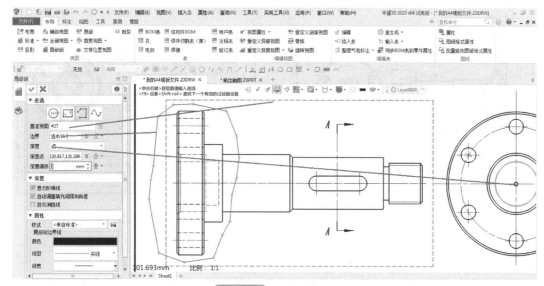

图 11-33 局部剖位置

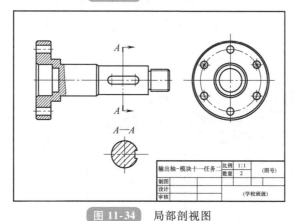

图 11-34 局部剖视图

11.11

四、标注尺寸

1. 标注轴向尺寸

单击"标注"功能选项卡中的"标注"按钮，系统弹出"标注"对话框，在"标注模式"栏里选择第一项"自动标注"按钮，注意取消勾选"直径线性标注"选项，如图 11-35 所示；然后对输出轴的轴向尺寸依次进行标注，结果如图 11-36 所示。

图 11-35 "标注"对话框

11.12

219

2. 标注径向尺寸

再次单击"标注"功能选项卡中的"标注"按钮，弹出"标注"对话框，"标注模式"栏中选择"自动标注"按钮，勾选"直径线性标注"选项，然后标注输出轴径向尺寸，结果如图11-37所示。

11.13

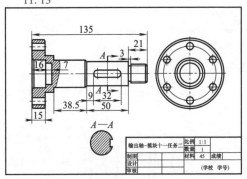

图 11-36 标注轴向尺寸

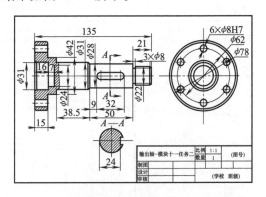

图 11-37 标注径向尺寸

3. 添加公差

双击要添加公差的尺寸，进入"修改标注"对话框，在"单位/公差"栏中选择"不等公差"或者"等公差"等选项，输入上下极限偏差，注意设置公差精度，如图11-38所示。修改 $\phi22$ 螺纹的尺寸为M22×1—7h。依次添加尺寸公差后的结果如图11-39所示。

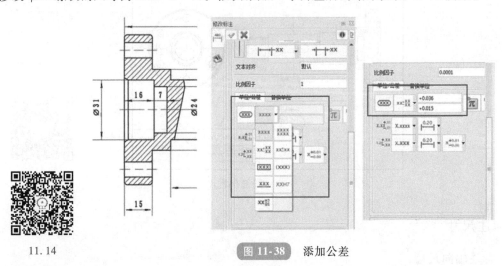

11.14

图 11-38 添加公差

添加公差还有另一种方法：在"标注"功能选项卡中，单击"编辑标注"工具栏中的"修改公差"按钮，弹出"修改公差"对话框，在"实体"选项中选中要修改的尺寸后进行公差的修改和添加。

4. 标注倒角

在"标注"功能选项卡中，单击"注释"工具栏中的"注释"按钮，弹出"注释"对话框，如图11-40所示。按照需求添加倒角标注，结果如图11-41所示。

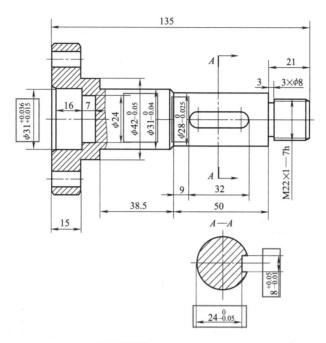

图 11-39　添加所有公差

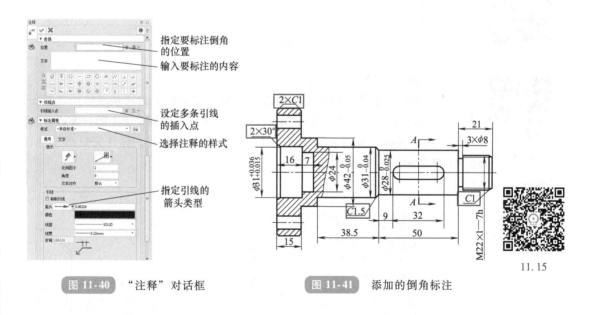

图 11-40　"注释"对话框　　　　图 11-41　添加的倒角标注

11.15

5. 标注粗糙度

在"标注"功能选项卡中，单击"符号"工具栏中"表面粗糙度"按钮，弹出"表面粗糙度"对话框，如图 11-42 所示；在需要的位置标注表面粗糙度，结果如图 11-43 所示。

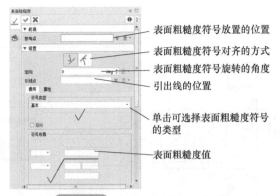

表面粗糙度符号放置的位置

表面粗糙度符号对齐的方式

表面粗糙度符号旋转的角度

引出线的位置

单击可选择表面粗糙度符号的类型

表面粗糙度值

图 11-42　"表面粗糙度"对话框

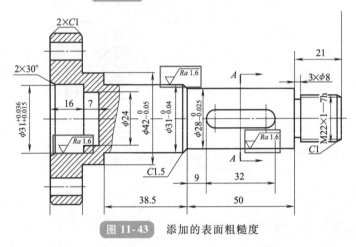

图 11-43　添加的表面粗糙度

11.16

11.17

6. 插入基准特征

在"标注"功能选项卡中，单击"注释"工具栏中的"基准特征"按钮，弹出"基准特征"对话框，如图 11-44 所示；"实体"选取视图上的一条边，"文本插入点"选择工程图的主视图中基准符号的放置位置，标注完成后基准如图 11-45 所示。

基准特征标注的方式选择，一般选常用的基准特征符号

标签默认从A开始依次排也可输入指定字符

选取视图上的边

符号放置的位置，在图中指定即可

显示类型的选择

设定定位符号的大小

图 11-44　"基准特征"对话框

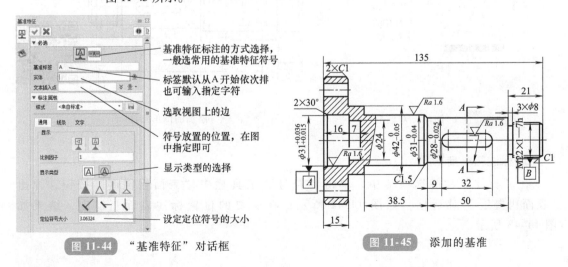

图 11-45　添加的基准

7. 插入形位公差

在"标注"功能选项卡中，单击"注释"工具栏中的"形位公差"按钮，弹出"形位公差"对话框，如图 11-46 所示，同时绘图区域也弹出"形位公差符号编辑器"对话框，如图 11-47 所示，选择相应的公差符号及公差值，完成结果如图 11-48 所示。

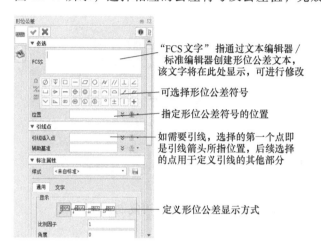

"FCS文字"指通过文本编辑器 / 标准编辑器创建形位公差文本，该文字将在此处显示，可进行修改

可选择形位公差符号

指定形位公差符号的位置

如需要引线，选择的第一个点即是引线箭头所指位置，后续选择的点用于定义引线的其他部分

定义形位公差显示方式

图 11-46　"形位公差"对话框

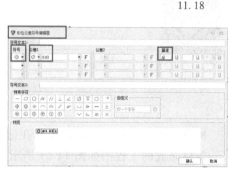

图 11-47　形位公差的设置

11.18

【注意】　当完成"形位公差符号编辑器"的内容填写后，系统要求对"形位公差"对话框进行设置。其中"FCS文字"由确定"形位公差符号编辑器"中的内容后自动生成，我们要做的就是选取合适的位置放置形位公差，也就是对话框里的"位置"框的设置。

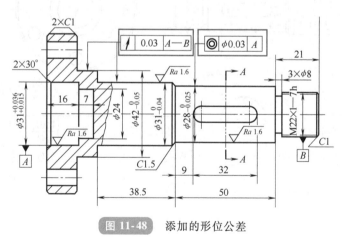

图 11-48　添加的形位公差

8. 插入技术要求

第一种方法：在"标注"功能选项卡中，单击"注释"工具栏中的"注释"按钮，弹出"注释"对话框，如图 11-49 所示，在"文字"区输入所要标注的技术要求。

第二种方法：在"绘图"功能选项卡中，单击"绘图"工具栏中的"文字"按钮，在弹出的"文字"对话框的"文字"框内输入技术要求的内容，如图 11-50 所示。

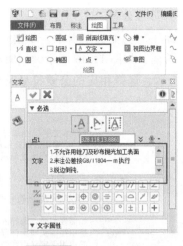

图 11-49 "注释"对话框

图 11-50 "文字"对话框

11.19

注意：可以将技术要求的文本在记事本或 Word 文档中编辑好后再复制过来。
最后完成的工程图如图 11-51 所示。

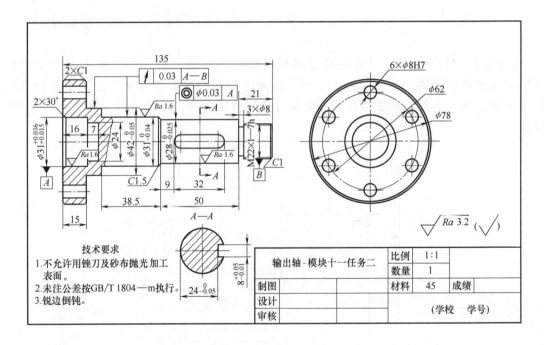

图 11-51 输出轴工程图

【技能训练】

完成如图 11-52 所示密封端盖的建模，并选择合适的图纸比例制作工程图。

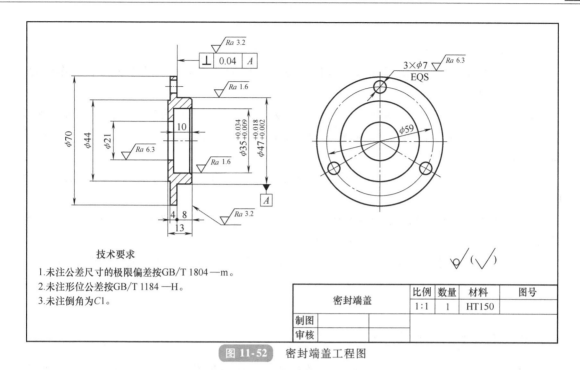

图 11-52 密封端盖工程图

任务三　创建万向节的装配工程图

【任务导入】

　　一台机器或一个部件都是由若干个零件按一定的装配关系装配而成的。表达机器（或部件）及其组成部分的连接、装配关系等的图样，称为装配工程图。

　　装配工程图表达了机器或部件的工作原理、装配关系、结构形状和技术要求等内容，用以指导机器或部件的装配、检验、调试、安装、维修等各项工作。

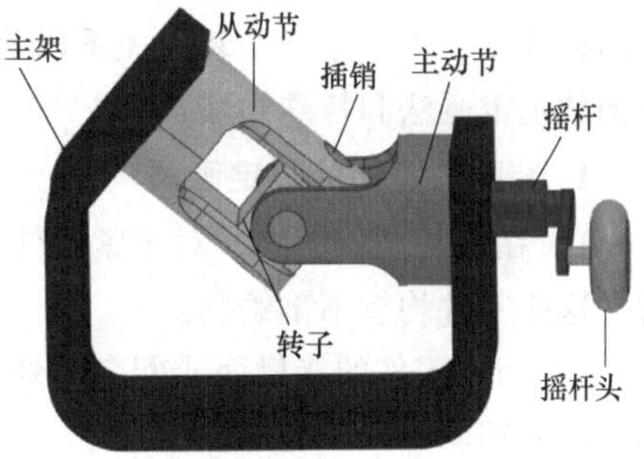

　　因此，装配工程图是机械设计与制造、使用和维修以及进行技术交流的重要技术文件。

　　图 11-53 所示的万向节是由主架、从动节、主动节、插销、转子、摇杆和摇杆头等零件组成的。

　　本任务就是利用中望 3D 软件创建万向节⊖的装配工程图。

图 11-53 万向节

【任务分析】

　　装配工程图的创建过程与前面所学的零件工程图的创建过程基本上是一样的，但装配工

⊖　标准术语为"万向联轴器"，但软件中使用的是"万向节"，为保持一致，本书采用"万向节"来代替"万向联轴器"。

程图所要表达的侧重点与零件工程图有所不同。

一张完整的装配工程图包括下列 5 个方面的内容。

1）一组视图：表达组成机器或部件的各零件之间的位置关系、装配关系、工作原理、主要零件的结构和形状。

2）必要的尺寸：表示机器或部件的性能、规格、外形大小及装配、检验安装所需的尺寸，包括部件或机器的性能尺寸、零件之间的配合尺寸、外形尺寸、部件或机器的安装尺寸和其他重要尺寸等。

3）技术要求：用文字或代号说明装配体在装配、安装、调试时应达到的要求及使用规范。

4）零件的序号和明细栏：组成装配体的各种零件都应按顺序编号，并在标题栏上方的明细栏中列出零件的序号、名称、数量、材料、规格等。

5）标题栏：注明装配体的名称、重量、画图比例以及与设计、生产管理有关的内容。

【知识链接】

一、装配工程图的作用

在设计过程中，设计者为了表达产品的性能、工作原理及其组成部分的连接、装配关系，一般先要画出装配工程图，再根据装配工程图画出零件图。在生产过程中，生产者则是根据装配工程图制订装配工艺规程，进行装配和检验。在使用过程中，使用者是通过装配工程图了解机器或部件的构造，以便正确使用和维修。所以装配工程图是设计、制造、使用、维修以及技术交流的重要技术文件。

二、装配工程图的规定画法和特殊画法

零件图中的各种表达方法同样适用于装配工程图的表达，但装配工程图侧重表达装配体的结构特点、工作原理、装配关系以及各零件间的连接关系。为此，国家标准制订了装配工程图的规定画法和特殊画法。

1. 装配工程图的规定画法

1）在装配工程图中，对于紧固件以及轴、销等实心零件，当剖切平面通过其轴线剖切时，这些零件均按不剖绘制。

2）相邻零件的接触面或配合面处，只画一条线；不接触面和非配合面处，即使间隙很小也应分别画出两条轮廓线。

3）两相邻零件的剖面线方向应相反或方向相同间隔不同，同一零件在同一图样上各视图中的剖面线的方向和间隔必须一致。

2. 装配工程图的特殊画法

（1）拆卸画法　沿零件的结合面剖切或假想将某些零件拆卸后绘制，此时，在相应的视图上方应加注拆去"××"件。

（2）假想画法　为了表示运动零件的运动范围或极限位置，可用粗实线画出该零件的轮廓，再用细双点画线画出其运动范围或极限位置。

（3）夸大画法　在装配工程图中，对于薄垫片、小间隙以及较小的斜度、锥度，如按实际尺寸画很难将其表达清楚，此时，可将零件或间隙适当夸大画出。

（4）单独表示零件　在装配工程图中，可以单独画出某一零件的视图，但必须在所画视图的上方注出该零件的视图名称，在相应的视图附近用箭头指明投射方向，并注写与视图名称相同的字母。

（5）简化画法

1）在装配工程图中，零件的工艺结构如倒角、圆角、退刀槽等允许省略不画。

2）装配工程图中对于规格相同的零件组（如螺钉连接），可详细地画出一处，其余用细点画线表示其位置。

3）装配工程图中厚度小于或等于 2mm 的零件被剖开时，可以用涂黑的方式代替剖面线。

（6）展开画法　在传动机构中，为了表示传动关系及各轴的装配关系，可假想用剖切平面按传动顺序沿各轴的轴线剖开，再将其展开、摊平在一个平面上画出（平行于某一投影面）。

【实施过程】

一、创建装配工程图

1. 加载万向节装配体文件

打开桌面中望 3D 软件，打开"万向节 . Z3"文件，在管理器列表中双击"万向节"，激活装配，如图 11-54 所示。

2. 选择模板

在 DA 工具栏中单击"2D 工程图"按钮，在弹出的"选择模板"对话框中，根据装配体的大小选取合适的模板，这里继续选用任务一中的自定义模板"我的 A4 模板文件"，如图 11-55 所示，单击"确认"按钮，进入工程图环境。

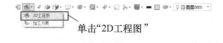

单击"2D工程图"

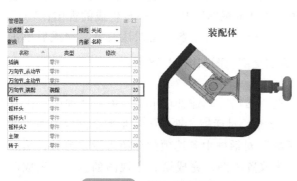

装配体

图 11-54　万向节装配体

图 11-55　选择模板

注意：选择模板的方式也可以是在绘图区空白处单击鼠标右键，在弹出的快捷菜单中选择"2D 工程图"。

二、视图布局

1. 放置主视图

选择好装配工程图模板后，弹出"标准"对话框（图 11-56），"视图"选择"前视图"来作为工程图的主视图（可以单击不同的视图看预览来决定视图方向），修改比例为 1∶2，在图纸上选择合适位置单击，来放置第一个视图；然后单击按钮 或按鼠标中键，完成第一个视图的投影。

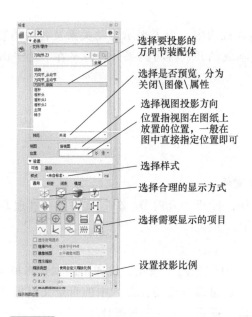

图 11-56 放置主视图时"标准"对话框设置

11.20

11.21

2. 创建全剖视图

在"布局"功能选项卡中，单击"视图"工具栏中的"全剖视图"按钮，进入"全剖视图"对话框，"基准视图"选取上一步生成的视图；"点"选择剖面的点，选取点如图 11-57 所示，其他参数按默认设置，完成后单击按钮 或单击鼠标中键，完成的全剖视图如图 11-58 所示。

3. 创建俯视图

第 3 个视图选择俯视图，在"布局"功能选项卡中，单击"视图"工具栏中的"投影"按钮，弹出"投影"对话框，选择上一步的全剖视图作为基准视图，其他选项可参照"标准"对话框中各选项的介绍来设定参数，然后在绘图区中选择合适位置单击来放置视图，完成第 3 个视图的投影，完成后单击按钮 或按鼠标中键，如图 11-59 所示。

11.22

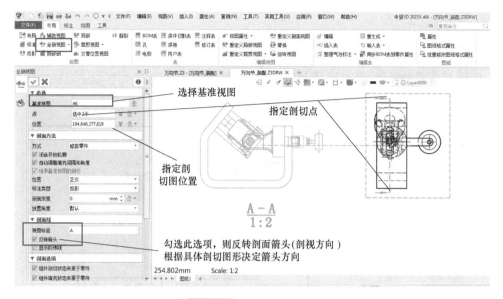

图 11-57　添加全剖视图

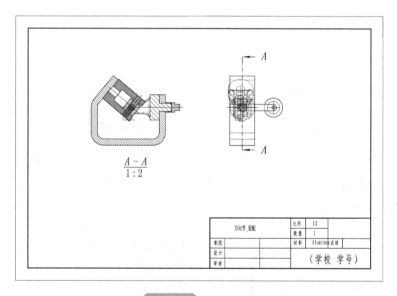

图 11-58　全剖视图

4. 创建局部剖视图

在"布局"功能选项卡中，单击"视图"工具栏中的"局部剖"按钮，弹出"局部剖"对话框，边界样式选取其中一种，本次选择了矩形边界（此图圆形和多段线也可）；"基准视图"选取上一步生成的俯视图；"深度"选择"点"，"深度点"通过在主视图上指定点来获取，如图 11-60 所示，其他参数按默认设置，完成后单击按钮 或单击鼠标中键，完成的局部剖视图如图 11-61 所示。

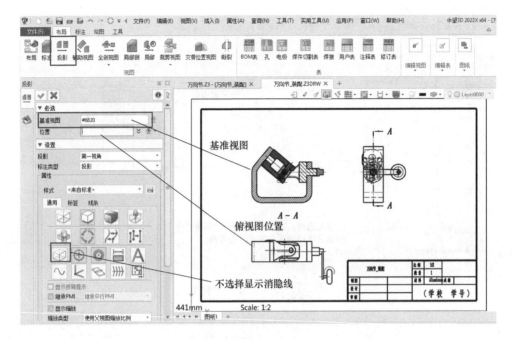

图 11-59　创建俯视图

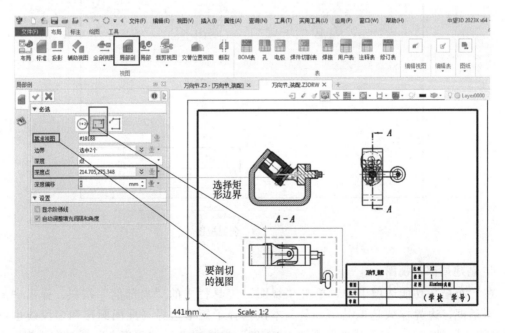

图 11-60　局部剖视设置

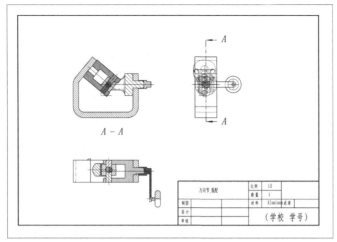

11.23

图 11-61 局部剖视图

5. 修改视图属性

双击右视图（或在右视图上单击鼠标右键，在弹出的快捷菜单中选择"属性"），系统弹出"视图属性"对话框，在"通用"栏中，单击"显示消隐线"来取消右视图中线的显示，如图 11-62 所示，然后单击"应用"按钮，最后单击"确定"按钮，退出视图属性编辑，至此完成了 3 个视图的大体布局。

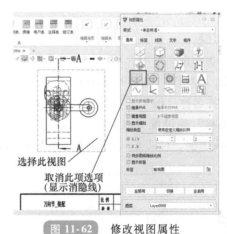

11.24

图 11-62 修改视图属性

三、插入 BOM 表

1. 插入 BOM 表

在"布局"功能选项卡中，单击"表"工具栏中的"BOM 表"按钮，在弹出的"BOM 表"对话框中，"视图"选择全剖视图，"名称"可以按照自己的需要命名，比如输入"WXJ"，此名称将出现在图纸管理器中；"层级设置"选择"仅顶层"，表示列举零件和子装配体，但是不列举子装配体零部件，此例中的装配体没有子装配体；"设置"栏按默认选项即可；"条目编号"栏中启动 ID 从 1 开始，"排序"选择"按名称排序"；在"表格式"栏的"有效的"列表中选取需要的项目名称双击（或者单击按钮▷），使其移到"选定"列表中"选定"

11.25

列表就是将要生成的 BOM 表中的列，"选定"列表中不需要的"成本"可以在选取后再单击按钮◁，将其移到左边"有效的"列表中，"排序方式"选择为序号升序 A→Z，如图 11-63 所示；完成设置后，单击按钮 ✔；完成 BOM 表的设置。

此后软件会自动跳转到"插入表"对话框，如图 11-64 所示，在"设置"栏里修改表格"原点"为"右下"，然后在图中捕捉标题栏右上角的点与 BOM 表的原点重合，来定位表的位置，单击鼠标左键，放置 BOM 表，如图 11-65 所示。

图 11-63　插入 BOM 表

图 11-64　插入表对话框

2. 创建气泡注释

在"标注"功能选项卡中，单击"注释"工具栏中的"自动气泡"的按钮，打开"自动气泡"对话框，"视图"选择全剖视图，"文字"指气泡里要显示的内容，这里选序号"ID"，还可以选择名称、编号、类别等；"布局"栏中选择"忽略多实例"，"排列类型"选"凸包"，"偏移"指设置气泡形状的大小，"限制方向"可选择"无""左""上""右"或"下"，使用该选项，可防止气泡标签全部置于视图的一边，如图 11-66 所示。

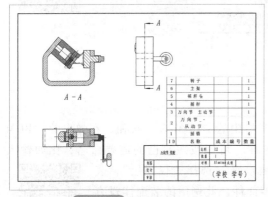

图 11-65　放置 BOM 表

图 11-66　标注气泡

在"自动气泡"对话框"设置"栏中"样式"选择"气泡样式 GB"，"气泡类型"选择"下划线"，"文字"选项卡里，修改文字的大小，设置如图 11-67 所示，完成后单击按钮 ✔，自动在全剖视图周围创建气泡序号标注。

3. 补充气泡注释

在全剖视图上并没有将本装配中所用到的 7 个组件全部表达出来，"摇杆头"在全剖视图上没有出现，因此气泡注释中也没有 ID 号为 5 的气泡注释，这时候就需要在别的视图中手工补上。

在"标注"功能选项卡中单击"注释"工具栏中的"气泡"按钮，打开"气泡"对话框，"位置"选取俯视图的摇杆头上的合适位置，然后在另外一个位置放置气泡，其他选项设置可参考自动气泡命令；然后单击按钮或单击鼠标中键，结束位置选择后单击按钮，如图 11-68 所示。

11.26

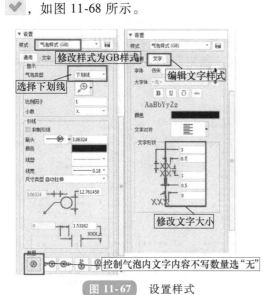

图 11-67　设置样式

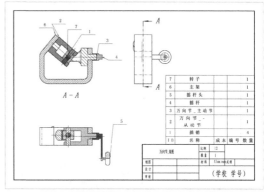

图 11-68　补充气泡注释

4. 编辑 BOM 表

插入的 BOM 表有几个地方需要进行调整：表中的字体、ID 位置、气泡文字等。

11.27

（1）编辑 BOM 表属性　将鼠标置于 BOM 表的左下角，单击鼠标右键，在弹出的快捷菜单中单击"属性"，如图 11-69 所示，弹出 BOM 表的"表格属性"对话框，将字体改为"仿宋"，同时将字高也作适当的调整，其他参数按默认值，然后单击按钮完成文字的调整，如图 11-70 所示。

图 11-69　编辑 BOM 表属性

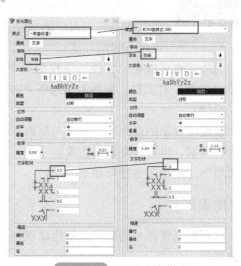

图 11-70　调整文字样式

（2）编辑 ID 序列　如果 BOM 表的 ID 号的排列顺序不是按要求排列的，可进行修改。将鼠标置于 BOM 表的左下角，单击鼠标右键，在弹出的快捷菜单中单击"属性"，打开"表格属性"对话框，将"定向"修改为"从顶部到底部"，单击"确定"按钮。调整后的 BOM 表如图 11-71 所示。

（3）调整 BOM 表中其他内容　调整完 ID 号的排列顺序后，可查看表中是否还有需要修改的内容，如果想再做调整，譬如去掉"成本""编号"列，可双击 BOM 表左上角，弹出"BOM 表"对话框，在对话框中"表格式"栏，从"选定"列表中移除多余的"成本""编号"，如图 11-72 所示。

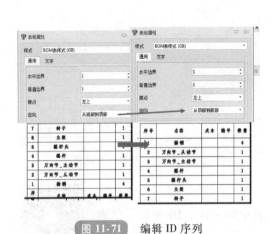

图 11-71　编辑 ID 序列

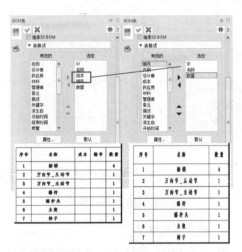

图 11-72　调整 BOM 表中其他内容

调整视图的位置，将不需要显示的元素逐个隐藏。

四、添加尺寸

11.28

为视图创建装配时必要的尺寸，在"标注"功能选项卡中，单击"标注"工具栏中对应的标注按钮，完成标注如图 11-73 所示，然后保存文件并退出工程图环境。

另外，也可以在"文件"下拉菜单中选择"输出"→"单个文件输出"选项；打开"选择输出文件"对话框，文件类型选择 PDF File（＊.pdf），将工程图保存为 PDF 格式。

小结：

装配工程图的视图投影方式与前面所学习的一般零件的基本视图的操作方式基本上没有太大的区别，也都是要求视图简洁、明了、全面、合理地表达工程的意图，在装配工程图中主要增加了添加气泡注释和 BOM 表。

【技能训练】

打开配套资源中的减速曲柄传动机构装配体文件，在中望 3D 软件中完成该装配体工程图的创建。

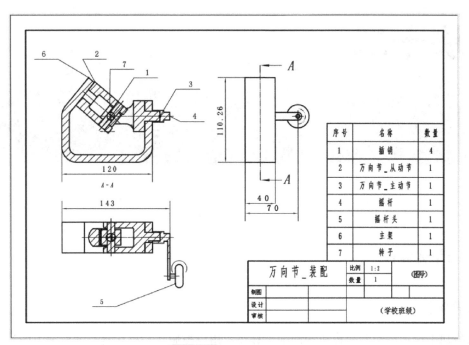

序号	名称	数量
1	插销	4
2	万向节_从动节	1
3	万向节_主动节	1
4	摇杆	1
5	摇杆头	1
6	主架	1
7	转子	1

万向节_装配

比例	1:2	（图号）
数量	1	

制图			
设计			（学校班级）
审核			

图 11-73　万向节装配图

模块十二

数控加工编程

任务　凸模编程

【任务导入】

数控加工编程是编制数控机床的加工程序，用以控制数控机床进行零件加工的过程。

通过本模块的学习，完成图 12-1 所示零件的加工程序编制任务。通过实际操作，了解计算机辅助数控加工编程的流程，掌握利用计算机软件进行数控加工编程的基本思路和方法。

【任务分析】

计算机辅助数控加工编程是利用计算机软件计算刀具加工过程中刀位点的位置，解决人工计算繁琐等问题。因此，数控编程需要考虑零件材料、刀具、机床性能参数、装夹方式等诸多细节问题，需要操作人员严谨认真、精益求精的工作态度。

对于给定的加工对象，要实现加工目的，必须保证刀具能够完全、准确到达加工位置，即需要根据零件结构和加工几何要素合理选择刀具直径，特别是在加工小尺寸结构时，需要确定零件最小特征的尺寸。

图 12-1　凸模零件图

【知识链接】

执行 2 轴铣削 - 轮廓切削工序（图 12-2）时，可对任意数量的开放或闭合曲线边界（CAM 轮廓特征）或包含几何体轮廓的 CAM 组件进行切削，只需要将刀具位置参数设置为"在边界上"，该方式支持自相交轮廓。

1）坐标：该工序在加工时使用的坐标系。

2）刀轨公差：在曲线轮廓上对应的弦高公差，用于控制刀轨点的密度。

3）侧面余量：此参数定义了到零件边界的最终精切削厚度，即零件本次工序加工完成后的侧面余量。

4）底部余量：定义本次工序加工完成后零件底部的余量。

5）刀轨间距：需要多次切削时，相邻切削之间的刀具间距。

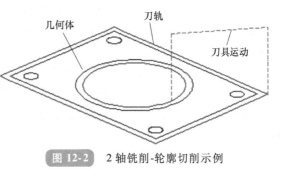

图 12-2　2 轴铣削-轮廓切削示例

【实施过程】

一、工艺规程设计

进行数控编程之前，首先需要明确加工的顺序、要素及要求，编制合理的加工工序。对零件及加工工序进行分析可知：零件由 1 个正方体的底座和 1 个带有圆角和中心槽的正方体构成，零件的三维尺寸长、宽、高分别是 100mm、100mm、30mm，其中最大特征尺寸是 100mm，最小圆角半径 10mm。

12.1

在对零件进行加工时应该选择尺寸大于加工件的毛坯，机床根据需要选择使用 FANUC 系统的三轴数控铣床。

根据零件图中所体现的结构特征，零件可以先进行粗加工去除多余材料，粗加工时可以采用从外到内的加工顺序，先顺时针方向加工外围部分，再加工中心凹槽部分；然后进行精加工，将毛坯剩余部分加工至指定的尺寸。

因此需要加工的零件没有复杂的结构特征，进行零件加工时刀具可以选择 ϕ10mm 的端铣刀。

二、工艺准备

新建毛坯、刀具，设置坐标系，选定加工工序和方法，设置参数，选择加工系统及机型，导出 NC 代码。

三、仿真验证

打开中望 3D 软件，导入需加工文件（凸模 .x_t），在绘图区单击鼠标右键，在弹出的快捷菜单中选择"加工方案"，如图 12-3 所示，在弹出的对话框中模板选择"默认"。

进入加工程序后，单击"加工系统"功能选项卡中的"添加坯料"按钮，如图 12-4 所示，进行坯料的添加。

图 12-3　选择"加工方案"

图 12-4　添加坯料

在弹出的"添加坯料"对话框中，"标注"栏可调整坯料的各项尺寸，软件会辅助确定坯料的尺寸，如果有需要可在 X、Y、Z 各方向留一定余量，也可根据要求设置余量，如图 12-5 所示。

退出"添加坯料"对话框后弹出询问是否隐藏加工零件的对话框，选择"是"。单击"加工系统"中的"坐标"按钮。在弹出的"坐标"对话框中可修改其"名称""安全高度"等，修改后单击"确认"按钮，如图 12-6 所示。当然，也可以跳过这一步直接使用默认坐标系。

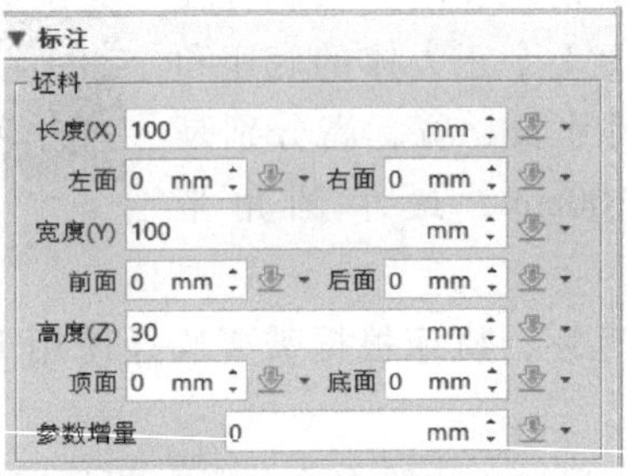

图 12-5　毛坯尺寸设置

图 12-6　坐标系设置

单击"加工系统"功能选项卡中的"加工安全高度"按钮。在弹出的"加工安全高度"对话框中可设置安全高度（加工安全高度指刀具离毛坯上表面的距离，默认值为 100）及"自动防碰"选项，如图 12-7 所示。修改完成后单击"确认"按钮，设置结果如图 12-8 所示。

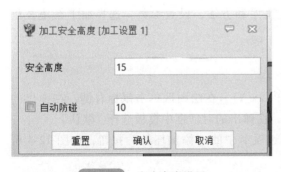

图 12-7　安全高度设置

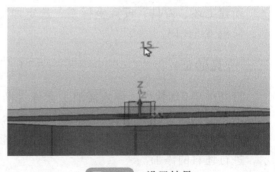

图 12-8　设置结果

插入工序：选中左侧管理器中的"工序"，并单击鼠标右键，在弹出的快捷菜单中选择"插入工序"，如图 12-9 所示，在弹出的"工序类型"对话框中选择"2 轴铣削"中"二维轮廓"的"轮廓"，如图 12-10 所示。

双击左侧管理器中已经建立的"轮廓切削 1"，弹出"轮廓切削 1"对话框，单击"特征"栏中的"添加"按钮，然后在弹出的"选择特征"对话框中单击"新建"按钮，如图 12-11～图 12-13 所示。

图 12-9　插入工序

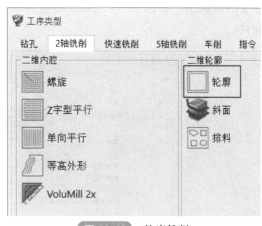

图 12-10　轮廓铣削

图 12-11　双击"轮廓切削 1"

图 12-12　工序参数

图 12-13　新建加工特征

单击轮廓 1，弹出"轮廓特征"对话框，在选择轮廓时要按住〈Shift〉键并单击选择要加工的轮廓边，如图 12-14 所示。按住〈Shift〉键选择轮廓，可使轮廓自动连贯形成封闭轮廓线。

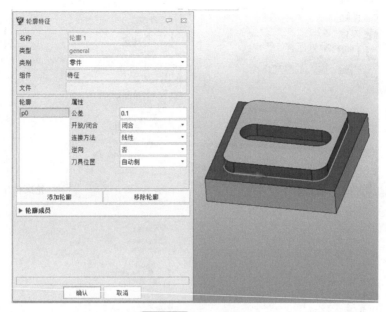

选择完轮廓后，单击"刀具与速度进给"，再单击"刀具"，将刀具名称改为"D10"（如出现使用多把刀具情况，方便进行区分）。可根据实际情况单击刀具右侧的"编辑"按钮，如图 12-15 所示，对刀具总长，刀刃长、角度、刀刃数、半径以及刀体直径进行预编辑，为后续真实加工提供便利。这里可使用部分默认的刀具数值，只需要对"半径""刀体直径"进行修改即可，如图 12-16 所示。

在图 12-15 中对主轴速度和进给速度进行选择。主轴速度及进给速度可参考图中的数据，也可根据具体加工材料选择具体的数值。

主轴速度和进给速度计算方法如下。

1）主轴速度 $=1000v_c/\pi D$。式中 v_c 为切削速度，D 为工件直径。

2）一般刀具的最高切削速度（v_c）如下。高速钢刀具为 50m/min；涂层刀具为 250m/min；陶瓷-钻石刀具为 1000m/min。

图 12-15　刀具与速度进给设置

在图 12-17 中单击"限制参数"中的"边界"，单击"Z"栏中的"顶部""底部"并选择相对应的图形点，其中顶部对应工序加工的最高点、底部对应工序加工的最低点，然后单击"计算"按钮。如图 12-18 所示，单击 DA 工具栏中的 下拉菜单中的"线框"，图形转变为线框显示，如图 12-17 所示，图中红色区域为加工件的各加工面的最终状态，绿色线条为加工路径，青色文字显示的两段数字分别为加工的顶部与底部的坐标。

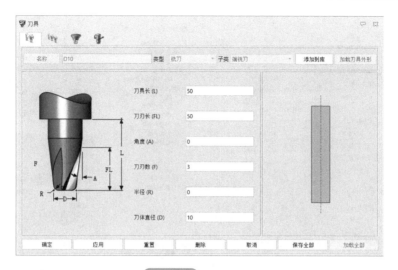

图 12-16　刀具设置

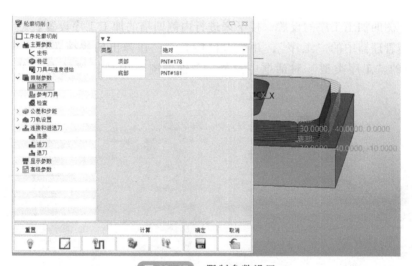

图 12-17　限制参数设置

在图 12-19 中单击"公差和步距"完成其他切削要求（可根据粗加工要求进行选择）。"刀轨公差"（加工圆弧时，数值越小，加工出的圆弧越圆润）、"侧面余量"（X 和 Y 方向粗加工所留下的加工余量）、"底部余量"（Z 方向粗加工时距离切削底面所留下的余量）、"步进"（下一刀与上一刀重合部分，一般在

图 12-18　显示模式图

60% 以上）、"切削数"（切削圈数）、"下切类型"和"下切步距"（切削一层的深度，一般为 1mm 或者 2mm），可参考图 12-19 中数值，设置完后单击"计算"按钮。

单击"刀轨设置"，"加工侧"选择"右，外侧"，如图 12-20 所示。单击"计算"按钮，完成刀轨设置。刀轨路线如图 12-21 所示。

图 12-19　切削参数设置

图 12-20　加工侧选择

以上为外侧的加工工序的设置，接下来进行内侧凹槽的加工工序设置。

选中左侧管理器中的"工序"，并单击鼠标右键，在弹出的快捷菜单中选择"插入工序"，在弹出的"工序类型"对话框中选择"2 轴铣削"中"二维轮廓"的"斜面"，如图 12-22 所示。

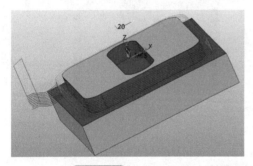

图 12- 21　刀轨路线

图 12-22　加工方式选择

双击左侧管理器中已经创建的"斜面切削 1"，弹出"斜面切削 1"对话框，单击"特征"栏中的"添加"按钮，然后在弹出的"选择特征"对话框中单击"新建"按钮，单击"新建特征"栏中的"轮廓"，弹出"轮廓特征"对话框，如图 12-23～图 12-25 所示，在选择轮廓时，按住〈Shift〉键，再单击选择要加工的轮廓边。按住〈Shift〉键选择轮廓可使轮廓自动连贯形成封闭轮廓线。

单击"刀具与速度进给"，"刀具"选择 D10（内部槽的左右距离为 20mm），如图 12-26 所示；"主轴速度"和"进给"可以参考外侧加工时的主轴速度和进给速度的数值（因为是同一块加工材料）。

单击"限制参数"中的"边界"，单击"Z"栏中的"顶部""底部"，设置 Z 轴方向上的加工范围，如图 12-27 所示。然后单击"公差和步距"，按照图 12-27 所示设置参数。

图 12-23 新建加工特征

图 12-24 选择新建加工特征

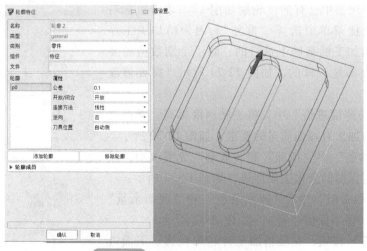

图 12-25 选择凹槽底部轮廓曲线

图 12-26　刀具设置

单击"刀轨设置","加工侧"选择"左，内侧"，完成后单击"计算"按钮，完成刀轨设置，如图 12-28 所示。

图 12-27　切削参数设置

图 12-28　加工侧设置

以上是粗加工部分的设置，接下来继续完成精加工工序设置。

选中左侧管理器中已有的"轮廓切削 1"，单击鼠标右键，在弹出的快捷菜单中选择"重复"。因为精加工工序是在已经完成粗加工的基础上进行的，除了个别数值需要修改，其余部分都是一样的，如图 12-29 所示。需要修改的参数如下。

1)"刀具与速度进给"中，将主轴速度提高，降低进给速度，满足精加工对表面质量的要求，如图 12-30 所示。

2)"限制参数"中"顶部"和"底部"无需改动，只需要将粗加工时保留的余量去除即可，如图 12-31 所示。

3)"公差和步距"中，"侧面余量"和"底面余量"都修改为"0"（即不保留余量），如图 12-32 所示。

单击"计算"按钮，完成精加工外轮廓设置。下面进行精加工内轮廓设置。选中左侧管理器中已有的"斜面切

图 12-29　工序重用

图 12-30 速度进给设置

削 1",单击鼠标右键,在弹出的快捷菜单中选择"重复"。

同理,双击"斜面切削 2",并做如下参数设置。

图 12-31 底面设置

图 12-32 余量设置

1)"刀具与速度进给"中,提高主轴速度和进给速度,以获取较好的表面质量,如图 12-33 所示。

2)"公差和步距"中,"侧面余量"和"底面余量"设置为"0","斜坡间距"设置为"1",如图 12-34 所示。

单击"计算"按钮完成设置。选中左侧管理器中"工序",并单击鼠标右键,在弹出的快捷菜单中选择"实体仿真",查看虚拟加工件的仿真结果,如图 12-35 所示。

确认仿真结果无误后单击"文件"→"保存"按钮,再选择加工设备。在左侧管理器中,选中"设备",并单击鼠标右键,在弹出的快捷菜单中选择"选择",在弹出的"后置处理器配置"列表中进行数控系统选择,这里选择 ZW_Fanuc 系统,"后置处理器"选择"ZW-Post","后置处理器配置"选择"ZW_Fanuc_3X",单击"确定"按钮,如图 12-36、图 12-37 所示。

图 12-33　主轴速度和进给速度设置

图 12-34　余量以斜坡间距设置

最后将加工代码输出。选中左侧管理器中的"工序",并单击鼠标右键,在弹出的快捷菜单中选择"创建全部的输出",在左侧"管理器"底部找到"输出"中的"NC"文件,里边包含了加工件的所有加工代码。选中"输出"并单击鼠标右键,在弹出的快捷菜单中选择"输出 NC",对所有加工工序的程序进行运算,完成后的代码就可以通过数据传输到机床上,进行实际加工,如图 12-38~图 12-40 所示。

图 12-35　仿真结果

图 12-36　后置处理器选择

图 12-37　后置处理器配置选择

图 12-38　创建 NC 输出

图 12-39　输出 NC

图 12-40　输出的 NC 程序

四、数据处理

对加工件的数据处理，主要包括数控编程和机床操作两个方面。

1. 数控编程

1）数控编程软件的选择：根据所使用的机床和工艺要求，选择适合的数控编程软件。

2）创建零件模型：使用 CAD 软件创建零件的三维模型，确保模型的准确性和完整性。

3）刀具路径的选择：根据零件的几何形状和加工要求，选择适当的刀具路径，包括粗车、精车。

4）加工参数的设置：根据机床的性能和加工零件的要求，设置合适的加工参数，如进给速度、切削速度、背吃刀量等。

5）生成 NC 程序：根据刀具路径和加工参数，在数控编程软件中生成相应的数控程序代码（NC 代码），用于控制机床进行加工。

2. 机床操作

1）加载 NC 程序：将生成的 NC 程序通过 U 盘等方式加载到机床的数控系统中。

2）导入工件和刀具数据：根据程序的要求，将工件安装在机床工作台上，并装夹固定好，同时，选择合适的刀具并安装在机床的刀库中。

3）安全检查：加工前，对机床和工件进行安全检查，确保机床和工件的完好无损，检查刀具是否正确安装、机床各轴是否正常运动。

4）启动加工：按照机床操作规程，启动机床进行加工，通过数控系统控制刀具的运动轨迹和切削参数。

5）监控和调整：在加工过程中，定期检查零件加工质量和机床的运行状态，根据需要进行必要的调整和修正。

【技能训练】

尝试完成如图 12-41 所示零件的数控加工编程。零件模型从教学资源包下载。

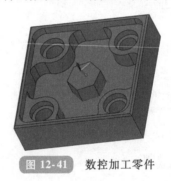

图 12-41 数控加工零件

模块十三

综合实训

任务一　手机壳的设计

【任务导入】

手机壳是日常生活中常见的模型，它可以保护手机，也可以装饰手机。随着手机使用的普及，手机美容在生活中逐渐成为时尚。本任务用中望 3D 软件完成如图 13-1 所示的手机壳的设计。

【任务分析】

手机壳设计按照由简入繁的顺序进行，先绘制手机壳主体，后进行美容装饰设计，需要运用到扫掠、曲面、旋转、阵列等复杂命令。

图 13-1　手机壳模型

【实施过程】

一、创建手机壳外壳模型

1）在 *XY* 平面绘制草图，如图 13-2 所示，绘制宽度为 155mm、高度为 75mm 的矩形，并进行圆角处理，半径设置为 10mm。

2）在 *XZ* 平面绘制草图，如图 13-3、图 13-4 所示，圆弧半径设置为 5mm。

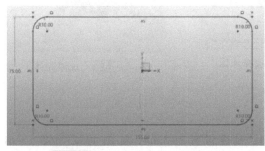

图 13-2　绘制矩形并做圆角处理

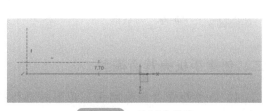

图 13-3　绘制参考线

3）运用"扫掠"命令，获得壳体外曲面；运用"直纹曲面"命令，进行底面创建，并进行缝合、合并操作，如图 13-5、图 13-6 所示。

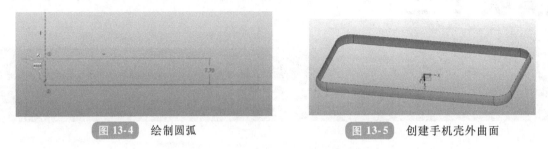

图 13-4　绘制圆弧　　　　　　　　　图 13-5　创建手机壳外曲面

4）运用"槽"命令在手机壳外曲面绘制各按键草图如图 13-7～图 13-9 所示，并拉伸切除特征。

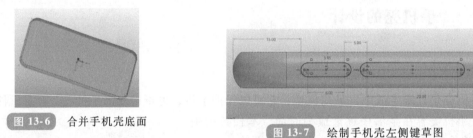

图 13-6　合并手机壳底面

图 13-7　绘制手机壳左侧键草图

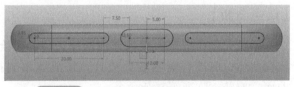

图 13-8　绘制手机壳右侧键草图　　　图 13-9　绘制手机壳充电口、音量口草图

5）运用"编辑模型"工具栏中的"加厚"命令，对手机壳体进行加厚，如图 13-10～图 13-12 所示。

图 13-10　"加厚"对话框　　　　图 13-11　选择片体　　　　图 13-12　加厚壳体

二、创建手机壳背面模型

1）在手机壳背面绘制正三角形并进行拉伸，高度设置为 3mm，如图 13-13、图 13-14 所示。

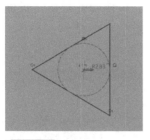

图 13-13　绘制正三角形

图 13-14　拉伸正三角形

2）在 *YZ* 平面绘制草图，如图 13-15 所示，圆弧半径设置为 10mm。然后进行旋转、修剪操作，获得修剪体，如图 13-16、图 13-17 所示。

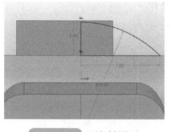

图 13-15　绘制圆弧

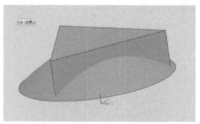

图 13-16　生成旋转体

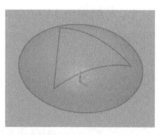

图 13-17　生成修剪体

3）新建基准面，如图 13-18 所示，并在基准面上绘制如图 13-19 所示的草图，旋转草图后获得旋转体，如图 13-20 所示。

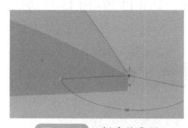

图 13-18　新建基准面

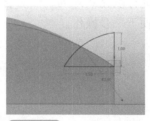

图 13-19　绘制旋转草图

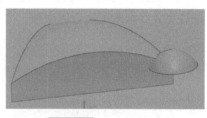

图 13-20　生成旋转体

4）新建基准面，如图 13-21 所示，并在基准面上绘制半径为 0.2mm 的圆，如图 13-22 所示，运用"扫掠"命令获得扫掠体，如图 13-23 所示。

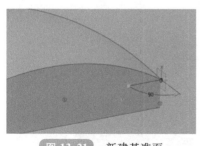

图 13-21　新建基准面

图 13-22　扫掠草图

图 13-23　扫掠体

5）通过阵列半圆、合并、修剪操作，获得修剪体，如图 13-24 所示。

6）通过实体分割、实体移动（图 13-25）、实体阵列、实体合并操作，获得如图 13-26 所示实体。

图 13-24　修剪体

图 13-25　实体移动

7）复制如图 13-27 所示的草图轮廓获得如图 13-28 所示的草图。

图 13-26　阵列、合并后的实体

图 13-27　选择草图

图 13-28　复制草图

8）运用"阵列几何体"命令进行填充式阵列，然后合并，如图 13-29 ~ 图 13-32 所示，设置完成后将阵列集合体隐藏，方便下一步操作。

图 13-29　阵列几何体

图 13-30　设置基体

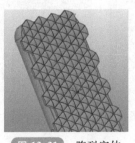

图 13-31　阵列实体

图 13-32　合并后得到实体

9）将阵列的实体隐藏后在手机壳背部平面（图 13-33），创建如图 13-34 所示的草图后拉伸切除实体，如图 13-35 所示。

图 13-33　选择草图平面

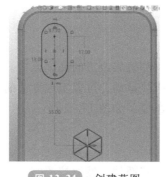
图 13-34　创建草图

图 13-35　拉伸切除实体

10）在手机壳背部平面创建如图 13-36 所示的草图，进行曲线偏移后拉伸切除实体，如图 13-37、图 13-38 所示。

图 13-36　偏移草图

图 13-37　拉伸切除实体

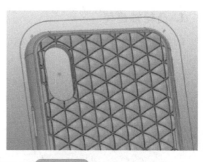
图 13-38　切除后的实体

11）在 XY 平面绘制草图，如图 13-39、图 13-40 所示，然后扫掠获得手机壳实体，如图 13-41 所示。

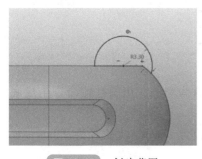
图 13-39　创建草图

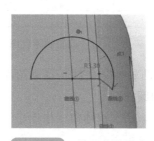
图 13-40　设置草图尺寸

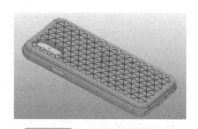
图 13-41　完成手机壳体设计

三、保存文件

创建完成后，单击"文件"下拉菜单中的"保存"按钮，进行保存。

任务二　凸轮机构的设计与装配

【任务导入】

凸轮机构，是由凸轮、从动件和机架组成的高副机构，是一种常见的运动机构。凸轮可将连续的旋转运动转化为往复的直线运动，可以实现复杂的运动。本任务的凸轮机构主要由凸轮轴、顶杆、螺纹端盖和箱体组成，如图 13-42 所示。

【任务分析】

首先绘制组成凸轮机构的各个零部件，然后按照实际运动原理完成凸轮机构的三维装配。

【实施过程】

一、零件三维建模

1. 凸轮轴建模

凸轮轴零件图如图 13-43 所示。

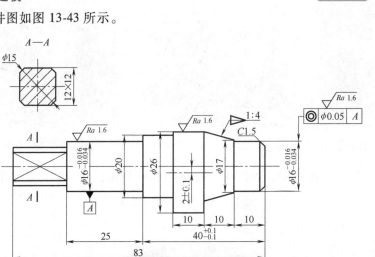

图 13-42 凸轮机构

图 13-43 凸轮轴零件图

1）在中望 3D 软件中新建"凸轮轴"文件，以草图原点为圆心，用圆柱体命令生成底圆直径为 16mm、长度为 10mm 的圆柱。

2）以圆柱顶面圆心为中心点，用圆锥体命令生成小直径为 17mm、大直径为 22mm、长度为 10mm 的圆锥。

3）以圆锥底面为草图平面，绘制偏心距为 2mm、直径为 26mm 的圆，并用拉伸命令拉伸此轮廓，长度为 10mm。

4）用同样的方法拉伸不偏心的两个圆柱，尺寸分别为直径为 20mm、长度为 10mm 的圆柱和直径为 16mm、长度为 25mm 的圆柱。

5）以圆柱底面为草图平面，绘制断面图轮廓草图，用拉伸命令拉伸此草图 18mm，并和上一圆柱进行布尔加运算。

6）对第一段直径为 16mm 的圆柱进行 C1.5 倒角特征的创建。创建的凸轮轴模型如图 13-44 所示。

2. 螺纹端盖建模

螺纹端盖零件图如图 13-45 所示。

图 13-44 凸轮轴模型

1）在中望 3D 软件中新建"螺纹端盖"文件，以草图原点为圆心，用圆柱体命令生成底圆直径为 30mm、长度为 6.5mm 的圆柱。

2）继续用圆柱体命令生成底圆直径为 26mm、长度为 3mm 的圆柱和底圆直径为 35mm、长度为 6.5mm 的圆柱，并分别和上一个圆柱进行布尔加运算。

3）以 φ35mm 圆柱底面为草图平面，绘制内切圆直径为 26mm 的正六边形，用拉伸命令沿 Z 轴正方向拉伸 8mm。

4）以草图原点为圆心，用圆柱体命令生成底圆直径为 16mm、长度为 24mm（或大于 24mm）的圆柱，布尔运算选择减运算，完成切除圆柱孔特征。

5）对切除特征的两个端面创建 C0.5 的倒角。

6）对创建的底圆直径为 30mm 的圆柱用标记外部螺纹命令创建直径为 30mm、螺距为 1.5mm、长度为 6.5mm（或大于 6.5mm）的螺纹特征，并对端面创建 C1.5 的倒角。创建的螺纹端盖模型如图 13-46 所示。

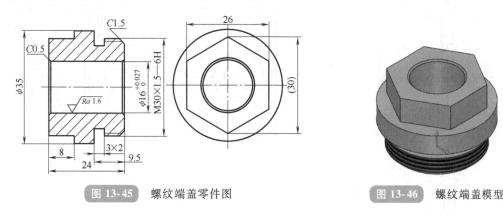

图 13-45 螺纹端盖零件图

图 13-46 螺纹端盖模型

3. 顶杆建模

顶杆零件图如图 13-47 所示。

1）在中望 3D 软件中新建"顶杆"文件，因为顶杆是回转类零件，所以使用旋转命令就可以完成顶杆主体的建模。

2）在 XY 平面创建如图 13-48 所示的截面草图，具体尺寸参见顶杆零件图。

3）绕 X 轴进行 360°单边旋转。创建的顶杆模型如图 13-49 所示。

4. 箱体建模

箱体零件图如图 13-50 所示。

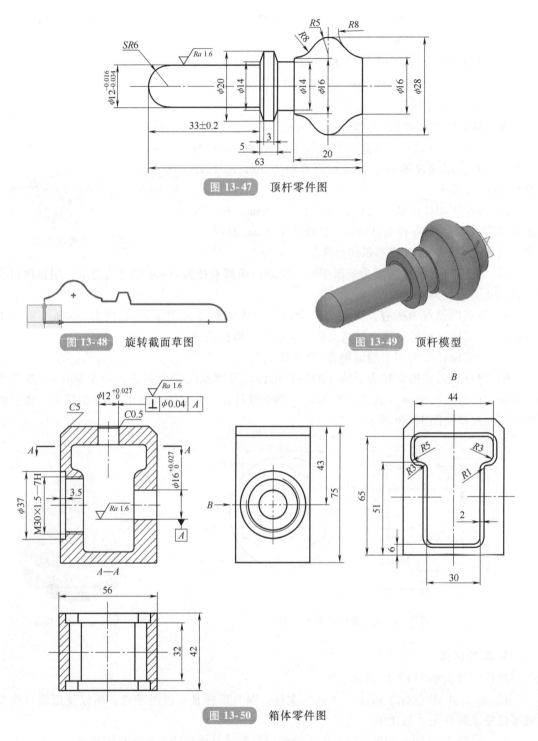

图 13-47 顶杆零件图

图 13-48 旋转截面草图

图 13-49 顶杆模型

图 13-50 箱体零件图

1）在中望 3D 软件中新建"箱体"文件，在 XY 平面绘制长度为 56mm、宽度为 75mm 的矩形，并在上面两个顶点处创建倒角 C5，完成草图后进行长度为 21mm 的对称拉伸。

2）以拉伸特征的前面为草图平面，绘制 T 形草图，并用布尔减运算完成 T 形拉伸切除特征的创建。

3）进入上一步的草图平面，用参考命令选取已创建的 T 形草图，用偏移命令向外偏移 2mm，完成草图后用拉伸命令进行深度为 5mm 的布尔减运算，完成 T 形小凹台特征的创建。

4）用镜像特征命令，把小凹台特征镜像到另外一侧。

5）在拉伸特征的基体上，以侧面为草图平面，在正确位置绘制 ϕ37mm 的圆，用拉伸命令进行深度为 3.5mm 的布尔减运算，完成侧面小凹台特征的创建。

6）捕捉小凹台圆心位置绘制螺纹孔的中心点，用孔命令完成 M30×1.5 的螺纹孔特征的创建。

7）在另一个侧面，用拉伸命令创建与螺纹孔同轴的 ϕ16mm 圆柱通孔特征。

8）在顶面中心位置处，用拉伸命令创建 ϕ12mm 的圆柱通孔，在通孔端部创建倒角 C0.5。创建的箱体模型如图 13-51 所示。

二、零件装配

凸轮机构的 4 个主要零件的装配步骤如下。

1. 插入箱体

插入箱体零件，在弹出的"插入"对话框中，设置放置类型为"默认坐标"，勾选"复制零件"和"固定组件"。

2. 螺纹端盖装配

1）插入螺纹端盖零件，设置放置类型为"点"类型。

2）添加螺纹端盖的螺纹面和箱体内螺纹面的同心约束，如图 13-52a 所示。

图 13-51 箱体模型

3）添加螺纹端盖凸台与箱体螺纹孔小凹台平面的重合约束，如图 13-52b 所示。

4）添加螺纹端盖六棱柱一侧面与箱体前面的平行约束，如图 13-52c 所示。

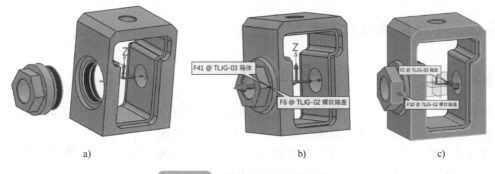

a)   b)   c)

图 13-52 箱体与螺纹端盖的装配

3. 凸轮轴装配

1）插入凸轮轴零件，添加凸轮轴中直径为 16mm 的圆柱面与螺纹端盖内孔的同心约束，如图 13-53a 所示。

2）添加凸轮轴中直径为 20mm 的圆柱端面与螺纹端盖底面的重合约束，如图 13-53b 所示。

4. 顶杆装配

1）插入顶杆零件，添加顶杆回转中心线与箱体顶面 ϕ12mm 的圆柱孔中心线的同心约

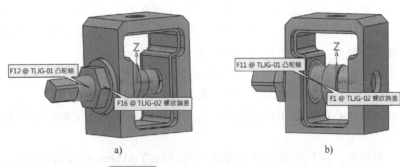

a)   b)

图 13-53   凸轮轴与螺纹端盖的装配

束，如图 13-54a 所示。

2）添加顶杆圆底面与凸轮轴偏心轴段的相切约束，如图 13-54b 所示。

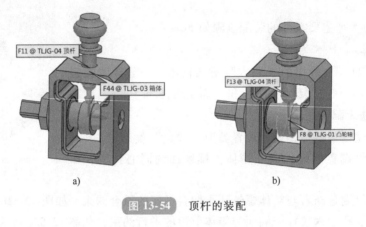

a)   b)

图 13-54   顶杆的装配

任务三   千斤顶的设计与装配

【任务导入】

如图 13-55 所示的千斤顶是一个手动起重部件，一般用于重物的起升、下降。它包括 5 个零件：手杆、螺钉、底座、顶盖、螺杆。本任务主要完成 5 个零件的三维建模及装配。通过从零件建模到模拟装配的训练，学生进一步掌握草图的绘制与编辑、拉伸特征、旋转特征、孔特征、筋特征、阵列特征、组件装配、约束等工具的合理使用，拥有更加清晰的创建三维模型和实施约束装配的整体思路。

【任务分析】

千斤顶各零件建模时应遵循从简到繁的顺序进行，依次为：手杆、螺钉、底座、顶盖、螺杆。零件建模完成后进行虚拟装配，即：先插入底座并固定，然后将螺杆插入到底座孔中，再将顶盖放在螺杆正上方，螺钉拧入顶盖内，手杆插入螺杆的小孔中。

图 13-55   千斤顶

【实施过程】

一、零件三维建模

1. 手杆建模

手杆零件图如图 13-56 所示。

1）打开中望 3D 软件，新建一个零件文件，命名为"手杆"。

2）在 *XY* 平面绘制草图，如图 13-57 所示。

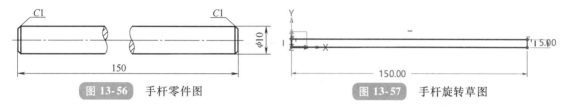

图 13-56　手杆零件图　　　　　图 13-57　手杆旋转草图

3）创建旋转特征和倒角特征，完成手杆建模，如图 13-58 所示。

图 13-58　手杆模型

4）保存文件。

2. 螺钉建模

螺钉零件图如图 13-59 所示。

1）新建一个零件文件，命名为"螺钉"。

2）在 *XY* 平面绘制草图，如图 13-60 所示。

3）创建旋转和倒角特征，如图 13-61 所示。

4）切除一字槽和螺纹，完成螺钉建模，结果如图 13-62 所示。

5）保存文件。

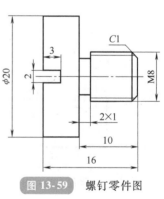

图 13-59　螺钉零件图

图 13-60　螺钉旋转草图　　　图 13-61　旋转和倒角特征　　　图 13-62　螺钉模型

3. 顶盖建模

顶盖零件图如图 13-63 所示。

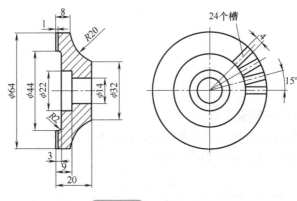

图 13-63　顶盖零件图

1）新建一个零件文件，命名为"顶盖"。

2）在 XY 平面绘制草图，如图 13-64 所示。

3）创建旋转和圆角特征，如图 13-65 所示。

4）在顶盖左端面切除 1 个小槽并均匀阵列成 24 个，完成顶盖建模，结果如图 13-66 所示。

5）保存文件。

图 13-64　顶盖旋转草图　　　图 13-65　创建旋转和圆角特征　　　图 13-66　顶盖模型

4. 底座建模

底座零件图如图 13-67 所示。

1）新建一个零件文件，命名为"底座"。

2）在 XZ 平面绘制草图，如图 13-68 所示。

3）创建旋转、圆角和倒角特征，如图 13-69 所示。

4）绘制筋草图，如图 13-70 所示；创建筋特征，如图 13-71 所示。

5）对筋创建阵列特征，如图 13-72 所示。

6）创建螺旋扫掠特征，完成底座建模，结果如图 13-73 所示。底座的内部结构显示，如图 13-74 所示。

7）保存文件。

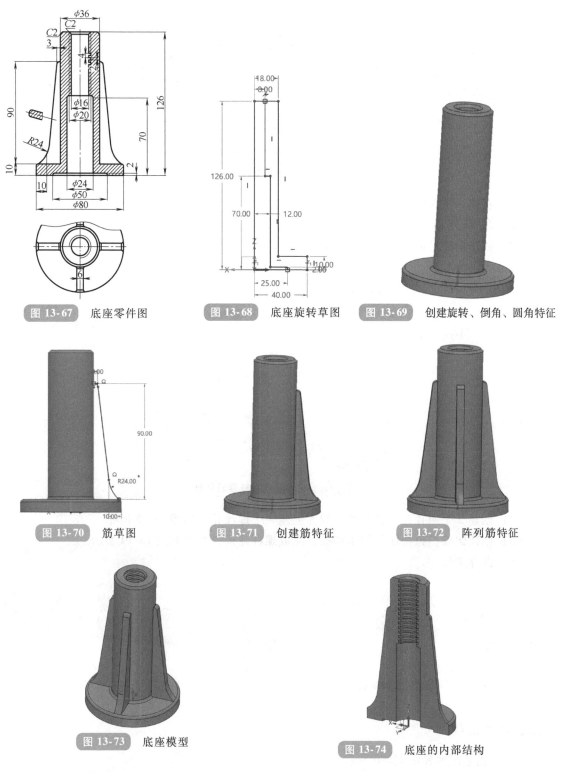

图 13-67 底座零件图

图 13-68 底座旋转草图

图 13-69 创建旋转、倒角、圆角特征

图 13-70 筋草图

图 13-71 创建筋特征

图 13-72 阵列筋特征

图 13-73 底座模型

图 13-74 底座的内部结构

5. 螺杆建模

螺杆零件图如图 13-75 所示。

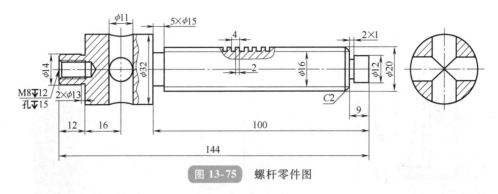

图 13-75　螺杆零件图

1）新建一个零件文件，命名为"螺杆"。

2）在 XY 平面绘制草图，如图 13-76 所示。

3）创建旋转特征，如图 13-77 所示。

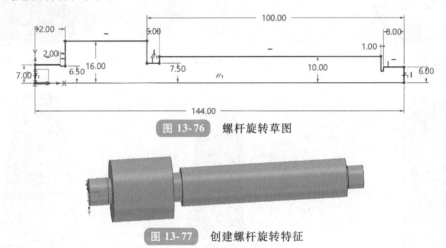

图 13-76　螺杆旋转草图

图 13-77　创建螺杆旋转特征

4）创建 2 个通孔并在螺杆的左端面创建一个螺纹孔，如图 13-78 所示。

5）创建螺旋扫掠特征和倒角特征，完成螺杆建模，结果如图 13-79 所示。

6）保存文件。

图 13-78　创建通孔和螺纹孔

图 13-79　螺杆模型

二、零件装配

千斤顶装配图如图 13-80 所示。

1. 新建文件

新建文件，设置"类型"为"装配"，文件命名为"千斤顶"，完成后确认，进入装配环境。

2. 装配底座

1）单击"组件"工具栏中的"插入"按钮，弹出"插入"对话框。

2）插入的文件为千斤顶文件夹中的"底座"，勾选"固定组件"。

3）单击按钮　，完成底座装配。

3. 装配螺杆

1）单击"插入"按钮，弹出"插入"对话框。

2）插入的文件为千斤顶文件夹中的"螺杆"，勾选"对齐组件"，插入后列表中选择"插入后对齐"。

3）在"放置"栏中"类型"选择"多点"，在绘图区内任意位置单击，弹出"约束"对话框。

4）按图 13-81 所示添加一个两圆柱面同心约束、一个两面距离约束和一个螺旋约束，结果如图 13-82 所示。

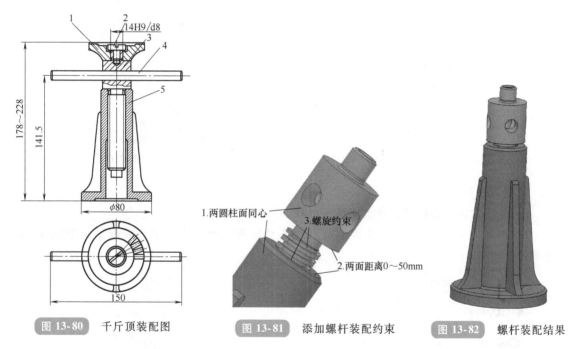

图 13-80　千斤顶装配图　　图 13-81　添加螺杆装配约束　　图 13-82　螺杆装配结果

4. 装配顶盖

1）使用与插入螺杆同样的方法插入顶盖。

2）按图 13-83 所示添加一个两圆柱面同心约束和一个两面重合约束，装配结果如图 13-84 所示。

5. 装配螺钉

1）使用与插入螺杆同样的方法插入螺钉。

2）按图 13-85 所示添加一个两圆柱面同心约束和一个两面重合约束，装配结果如图 13-86 所示。

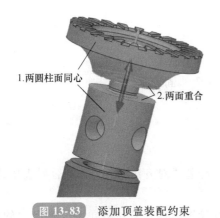

图 13-83　添加顶盖装配约束

图 13-84　顶盖装配结果

图 13-85　添加螺钉装配约束

图 13-86　螺钉装配结果

6. 装配手杆

1）使用与插入螺杆同样的方法插入手杆。

2）按图 13-87 所示添加一个两圆柱面同心约束和一个置中约束，装配结果如图 13-88 所示。

图 13-87　添加手杆装配约束

图 13-88　手杆装配结果

7. 保存文件

任务四　节流阀的设计与装配

【任务导入】

节流阀在工程上的应用主要是通过改变节流截面或节流长度以控制流体流量的。如图 13-89 所示，该节流阀部件主要由 5 个零件组成：阀套、阀盖、端盖、阀体、阀体套。

【任务分析】

零件的绘制按照由简入繁的顺序进行，依次完成端盖、阀套、阀体套、阀盖、阀体的三维建模，最后按照实际运动原理完成节流阀的三维装配。

【实施过程】

一、零件三维建模

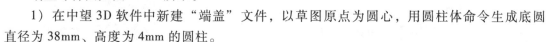

图 13-89　节流阀

1. 端盖建模

端盖零件图如图 13-90 所示。

1）在中望 3D 软件中新建"端盖"文件，以草图原点为圆心，用圆柱体命令生成底圆直径为 38mm、高度为 4mm 的圆柱。

2）以圆柱顶面为草图平面，绘制与其同心的 $\phi 25$mm 圆及 $\phi 18$mm 圆，用拉伸命令创建深度为 2mm 的环形圆凹槽。

3）以 $\phi 18$mm 圆为轮廓向外再拉伸 1mm。

4）在中心创建 $\phi 5$mm 的通孔。

5）对图中 3 个位置创建 C0.5 倒角。创建的端盖模型如图 13-91 所示。

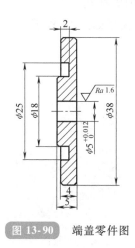

图 13-90　端盖零件图

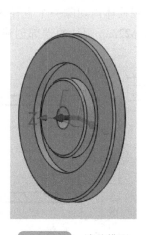

图 13-91　端盖模型

2. 阀套建模

阀套零件图如图 13-92 所示。

1）在中望 3D 软件中新建"阀套"文件，以草图原点为圆心，用圆柱体命令生成底圆直径为 35mm、长度为 18mm 的圆柱体。

2）继续拉伸生成底圆直径为 32mm、长度为 38mm 的圆柱。

3）在圆柱体内切除一个直径为 26mm、深度为 15mm 的圆柱孔。

4）在圆柱体内切除一个直径为 22mm、深度为 40mm 的圆柱孔。

5）对 ϕ32mm 圆柱创建椭圆圆角，圆角距离为 15mm、9mm。创建的阀套模型如图 13-93 所示。

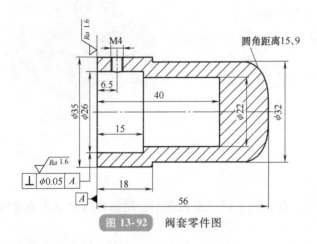

图 13-92　阀套零件图

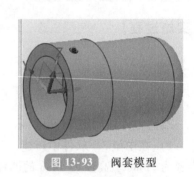

图 13-93　阀套模型

3. 阀体套建模

阀体套零件图如图 13-94 所示。

1）在中望 3D 软件中新建"阀体套"文件，以草图原点为圆心，用圆柱体命令生成底圆直径为 34mm、长度为 26mm 的圆柱。

2）继续拉伸生成底圆直径为 22mm、长度为 7mm 的圆柱。

3）在圆柱体内切除一个直径为 28mm、深度为 23mm 的圆柱孔。

4）对 ϕ22mm 圆柱的端部创建倒角 C2。创建的阀体套模型如图 13-95 所示。

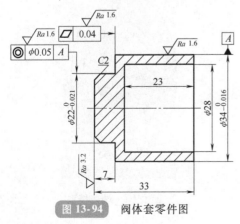

图 13-94　阀体套零件图

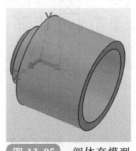

图 13-95　阀体套模型

4. 阀盖建模

阀盖零件图如图 13-96 所示。

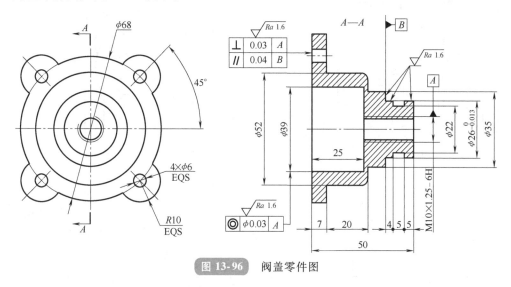

图 13-96　阀盖零件图

1）在中望 3D 软件中新建"阀盖"文件，以草图原点为圆心，按右视图所给尺寸绘制固定板的外轮廓草图，并进行厚度为 7mm 的拉伸。

2）依次在固定板上创建底面直径为 52mm、长度为 20mm，底面直径为 35mm、长度为 9mm，底面直径为 26mm、长度为 4mm，底面直径为 22mm、长度为 5mm，底面直径为 26mm、长度为 5mm 的 5 个圆柱。

3）在固定板一侧拉伸切除，创建 φ39mm、深 25mm 的孔。

4）在另一侧创建 M10 螺纹孔为通孔。

5）在底面直径为 52mm 的圆柱端部倒圆角 R2，在底面直径为 35mm、26mm 的圆柱端部创建倒角 C0.5。创建的阀盖模型如图 13-97 所示。

5. 阀体建模

阀体零件图如图 13-98 所示。

1）在中望 3D 软件中新建"阀体"文件，以 XY 面为草图平面，草图原点为圆心，绘制 φ63mm 圆与 4 个 R9 圆弧组成的草图轮廓，对该草图轮廓进行拉伸，拉伸厚度为 14mm，生成上凸台；以 XY 面为草图平面，草图原点为圆心，绘制 φ52mm 圆，以该圆为轮廓，使用拉伸命令，生成高 53mm 的圆柱；在圆柱体下端面绘制 φ68mm 圆与 4 个 R10mm 圆弧组成的草图轮廓，对该草图轮廓进行拉伸，拉伸厚度为 12mm，生成下凸台；在模型中心切除 φ22mm 通孔，如图 13-99 所示。

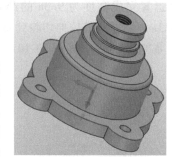

图 13-97　阀盖模型

2）腔体内自上向下共由 5 段组成。上两段的直径、深度分别为 φ22mm 深 16mm，φ34mm 深 14mm。下两段的直径、深度分别为 φ34mm 深 36mm，φ38mm 深 7mm。中间段的直径为 φ22mm，深度为开环 79mm 减去其余 4 段的余量。

以 φ68mm 凸台下端面为草图平面绘制 φ34mm 圆及 R3mm 圆弧组成的草图轮廓，拉伸切

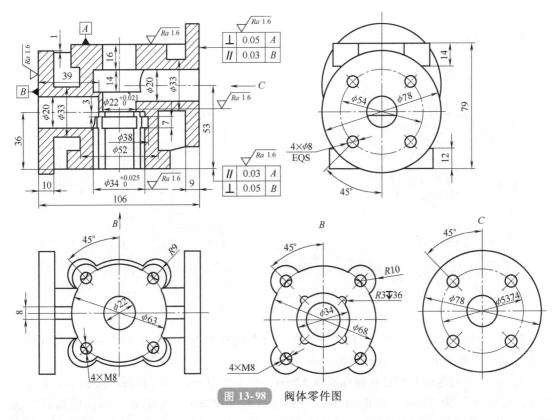

图 13-98 阀体零件图

除深度为 36mm；以刚切除后的台面为草图平面绘制 φ38mm 圆，拉伸切除深度为 7mm；以阀体上端面为草图平面绘制 φ34mm 圆，端面向下 16mm 处向下拉伸切除深度为 14mm，如图 13-100 所示。

3）以 YX 面为草图平面，分别绘制 2 个 φ78mm 与 8 个 φ8mm 圆组成的凸台轮廓，拉伸加运算完成高度为 9mm 的凸台；分别选择 2 个 φ78mm 凸台端面为草图平面，绘制 2 个 φ33mm 圆并将其拉伸切除到 φ52mm 圆柱面；分别以 φ78mm 凸台端面的圆心为圆心，切除 2 个 φ20mm 通孔，如图 13-101 所示。

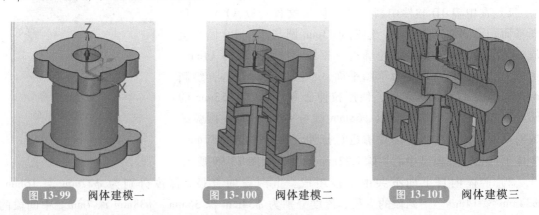

| 图 13-99 阀体建模一 | 图 13-100 阀体建模二 | 图 13-101 阀体建模三 |

4）在上、下凸台上分别创建 4 个 M8 的螺纹通孔。以 XZ 面为草图平面，分别绘制 4 个筋的线条，全部生成厚度为 8mm 的筋特征，如图 13-102 所示。

二、零件装配

节流阀的 5 个主要零件的装配步骤如下。

1）插入阀体零件，并对其添加固定约束；插入阀体套零件，先添加阀体套圆柱面与阀体内孔面的同心约束，第二个约束关系由于阀体套在阀体内的位置不易观察，可以利用打开剖面选择两零件距离约束对应的面，此处阀体套的环形端面与阀体上凸台的上端面距离为 10mm，如图 13-103 所示。

2）为端盖与阀盖回转体添加同心约束，为端盖下端面与阀盖上端面添加重合约束，如图 13-104 所示。

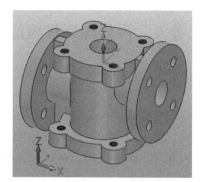

图 13-102 阀体建模四

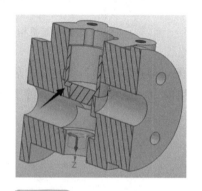

图 13-103 阀体与阀体套的装配

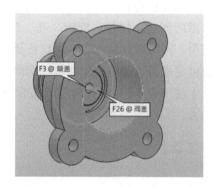

图 13-104 端盖与阀盖的装配

3）为阀盖与阀体主回转体添加同心约束，为阀盖固定板上的 4 个小圆与阀体上凸台上的 4 个螺纹孔添加同心约束，为阀盖固定板下端面与阀体上凸台的上端面添加重合约束，如图 13-105 所示。

4）为阀套与阀盖回转体添加同心约束，为阀套 $\phi26$mm 孔的表面与阀盖 $\phi26$mm 圆柱体外表面添加重合约束。装配结果如图 13-106 所示。

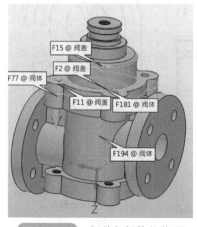

图 13-105 阀盖与阀体的装配

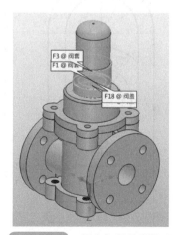

图 13-106 阀套与阀盖的装配

任务五　齿轮螺旋机构的设计与装配

【任务导入】

　　齿轮螺旋机构是比较常见的一种传动机构，如图 13-107 所示，它由导柱、端盖、机盖、机座、输出齿轮轴、输入齿轮轴、移动滑块、支撑座、螺母、螺栓组成。本任务主要完成各零件的三维建模及装配。

图 13-107　齿轮螺旋机构

【任务分析】

　　齿轮螺旋机构各零件的建模都比较简单，主要涉及草图的创建、拉伸、旋转、孔、倒角等命令的合理使用，同时还涉及齿轮、螺纹特征的三维建模。零件建模完成后需按照齿轮螺旋机构的组装规则完成装配。通过零件的三维建模及装配训练培养学生使用中望 3D 软件确定机构装配方案的综合应用能力，以及独立思考、善于创新的职业能力。

【实施过程】

一、零件三维建模

1. 机座建模

机座零件图如图 13-108 所示。

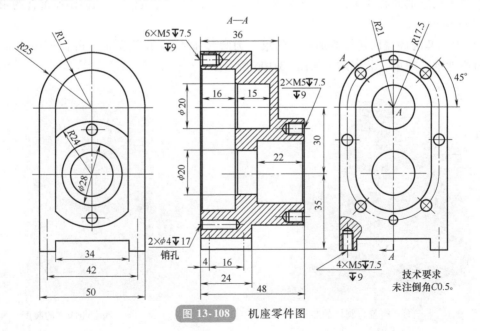

图 13-108　机座零件图

1）打开中望 3D 软件，新建一个零件文件，命名为"机座"。

2）按照零件图分 3 次绘制机座主体草图，并分别创建拉伸特征，布尔运算选择"基体"，结果如图 13-109 所示。

3）按照零件图分 2 次绘制机座背面凹槽的草图，并分别创建拉伸特征，布尔运算选择"减运算"，结果如图 13-110 所示。

4）按照零件图分 2 次绘制机座 φ20mm、φ28mm 圆的草图，并分别创建拉伸特征，布尔运算选择"减运算"，结果如图 13-111 所示。

图 13-109　拉伸特征 1

图 13-110　拉伸特征 2

图 13-111　拉伸特征 3

5）在机座背面绘制草图确定螺纹孔与销孔位置，并 2 次创建孔特征，结果如图 13-112 所示。

6）在机座底部绘制草图确定机座底部螺纹孔位置，并创建孔特征，结果如图 13-113 所示。

7）在机座凸台绘制草图确定螺纹孔位置，并创建孔特征，结果如图 13-114 所示。

图 13-112　孔特征 1

图 13-113　孔特征 2

图 13-114　孔特征 3

8）创建倒角特征，完成机座建模，结果如图 13-115 所示。

2. 机盖建模

机盖零件图如图 13-116 所示。

1）新建一个零件文件，命名为"机盖"。

2）分 2 次绘制机盖主体的草图，并分别创建拉伸特征，布尔运算选择"基体"，结果如图 13-117 所示。

图 13-115　机座

3）分 2 次绘制机盖 2 个 φ20mm 圆的草图，并分别创建拉伸特征，布尔运算选择"减运算"，结果如图 13-118 所示。

4）绘制草图确定 2 个 φ4mm 孔与 6 个 φ5mm 孔的位置，并创建 2 个孔特征。

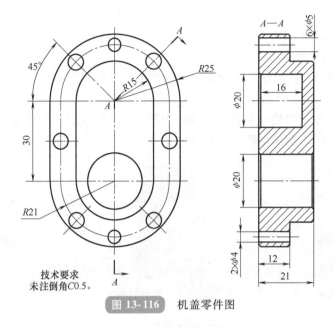

图 13-116 机盖零件图

5）创建倒角特征，完成机盖建模，结果如图 13-119 所示。

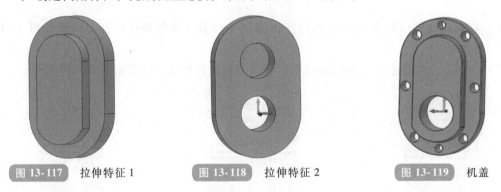

| **图 13-117** 拉伸特征 1 | **图 13-118** 拉伸特征 2 | **图 13-119** 机盖 |

3. 输入齿轮轴建模

输入齿轮轴零件图如图 13-120 所示。

1）新建一个零件文件，命名为"输入齿轮轴"。

2）在 XY 平面绘制齿轮轴主体的草图，创建旋转特征，结果如图 13-121 所示。

3）绘制键槽的草图，并创建拉伸特征，布尔运算选择"减运算"，结果如图 13-122 所示。

4）绘制一个齿槽的草图，并创建拉伸特征，布尔运算选择"减运算"，结果如图 13-123 所示。

5）创建倒角特征，然后再创建齿槽阵列特征，完成所有轮齿的创建，结果如图 13-124 所示。

6）对齿轮轴两端进行倒角，完成输入齿轮轴建模。

4. 输出齿轮轴建模

输出齿轮轴零件图如图 13-125 所示。

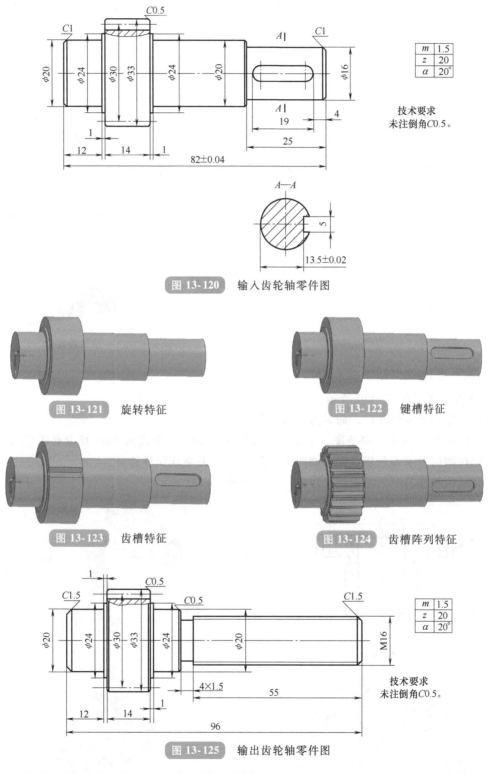

m	1.5
z	20
α	20°

技术要求
未注倒角C0.5。

图 13-120　输入齿轮轴零件图

图 13-121　旋转特征

图 13-122　键槽特征

图 13-123　齿槽特征

图 13-124　齿槽阵列特征

m	1.5
z	20
α	20°

技术要求
未注倒角C0.5。

图 13-125　输出齿轮轴零件图

1）新建一个零件文件，命名为"输出齿轮轴"。

2）在 XY 平面绘制齿轮轴主体的草图，创建旋转特征，结果如图 13-126 所示。

3）绘制一个齿槽的草图，并创建拉伸特征，布尔运算选择"减运算"，结果如图 13-127 所示。

图 13-126　旋转特征　　　　　　　图 13-127　齿槽特征

4）创建倒角特征，然后再创建齿槽阵列特征，完成所有轮齿的创建，结果如图 13-128 所示。

5）创建螺纹特征，然后再对输出轴两端倒角，完成齿轮输出轴的建模，结果如图 13-129 所示。

图 13-128　齿槽阵列特征　　　　　　图 13-129　输出齿轮轴

5. 端盖建模

端盖零件图如图 13-130 所示。

1）新建一个零件文件，命名为"端盖"。

2）根据图 13-130 绘制草图，生成一个直径为 ϕ28mm、厚度为 5mm 且带有凹槽的圆筒。

3）在圆筒上端面新建草图，如图 13-131 所示，并创建拉伸特征。

4）镜像拉伸特征，完成端盖建模，结果如图 13-132 所示。

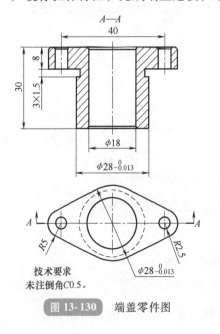

图 13-130　端盖零件图

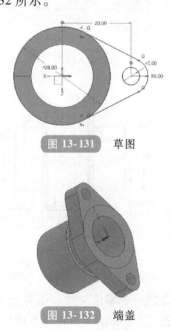

图 13-131　草图

图 13-132　端盖

6. 导柱建模

导柱零件图如图 13-133 所示。

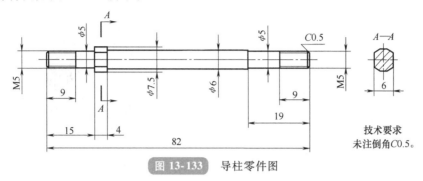

图 13-133 导柱零件图

1）新建一个零件文件，命名为"导柱"。

2）根据图 13-133，在 *XY* 平面绘制草图，创建旋转特征，生成导柱基体，结果如图 13-134 所示。

3）绘制草图，将直径为 7.5mm 的导柱基体部分生成两个平面，创建拉伸切除特征。

4）在导柱两端分别创建螺纹特征，并倒角，完成导柱建模，结果如图 13-135 所示。

图 13-134 旋转特征   图 13-135 导柱

7. 移动滑块建模

移动滑块零件图如图 13-136 所示。

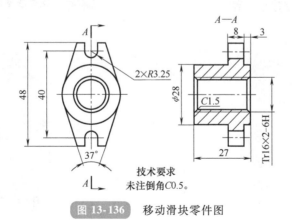

图 13-136 移动滑块零件图

1）新建一个零件文件，命名为"移动滑块"。

2）在 *XY* 平面绘制 φ28mm 圆，并创建拉伸特征 1，得到一个高度为 27mm 的圆筒。

3）新建基准平面，该平面沿 Z 正方向偏移 *XY* 平面 3mm。

4）在基准平面绘制草图，并创建拉伸特征，结果如图 13-137 所示。

5）创建孔特征，螺纹孔，添加螺纹特征。

6）对螺纹孔两端创建倒角，完成移动滑块的建模，结果如图 13-138 所示。

图 13-137　拉伸特征

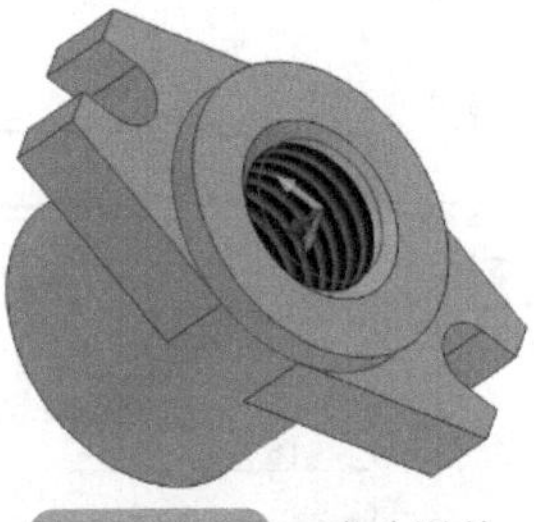

图 13-138　移动滑块

8. 支撑座建模

支撑座零件图如图 13-139 所示。

1）新建一个零件文件，命名为"支撑座"。

2）在 *XY* 平面绘制支撑座主体的草图，创建两次拉伸特征，并倒角，结果如图 13-140 所示。

3）在支撑座底部绘制草图确定螺纹孔的位置，使用孔命令，创建两个螺纹孔。

4）对剩余未创建倒角的棱进行倒角，完成支撑座建模，结果如图 13-141 所示。

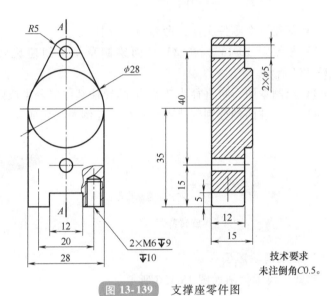

图 13-139　支撑座零件图

图 13-140　拉伸特征

图 13-141　支撑座

二、零件装配

齿轮螺旋机构装配图如图 13-142 所示。

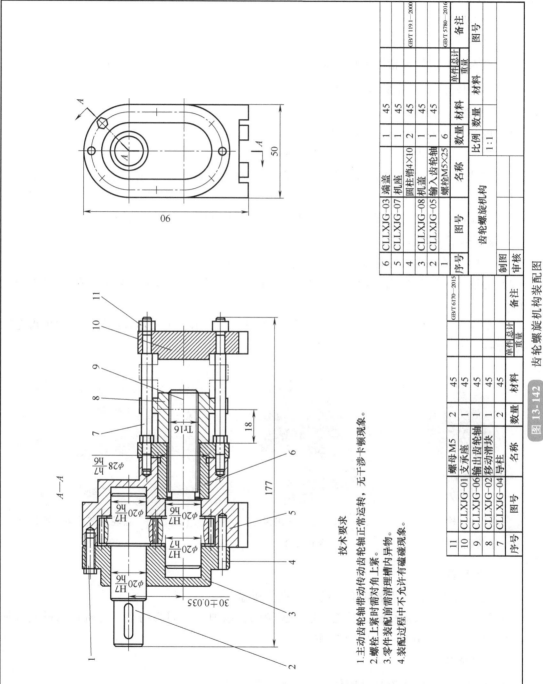

技术要求

1. 主动齿轮轴带动传动齿轮轴正常运转，无干涉卡顿现象。
2. 螺栓上紧时需对角上紧。
3. 零件装配前需清理槽内异物。
4. 装配过程中不允许有碰撞现象。

11		螺母 M5	2			
10	CLLXJG-01	支承座	1	45		
9	CLLXJG-06	输出齿轮轴	1	45		
8	CLLXJG-02	移动滑块	1	45		
7	CLLXJG-04	导柱	2	45		
序号	图号	名称	数量	材料	单件总计 重量	备注
						GB/T 6170—2015

6	CLLXJG-03	端盖	1	45		
5	CLLXJG-07	机座	1	45		
4		圆柱销4×10	2	45		GB/T 119.1—2000
3	CLLXJG-08	机盖	1	45		
2	CLLXJG-05	输入齿轮轴	1	45		
1		螺栓M5×25	6			GB/T 5780—2016
序号	图号	名称	数量	材料	单件总计 重量	备注

齿轮螺旋机构				比例 1:1	材料	图号
制图						
审核						

图 13-142 齿轮螺旋机构装配图

1. 新建文件

新建装配文件，设置"类型"为"装配"，文件命名为"齿轮螺旋机构"，完成后确认，进入装配环境。

2. 装配机座

1）单击"组件"工具栏中的"插入"按钮，系统弹出"插入"对话框。

2）插入的文件为齿轮螺旋机构文件夹中的"机座"，勾选"固定组件"。

3）单击按钮 ✔ ，完成机座装配。

3. 装配输入齿轮轴

1）单击"插入"按钮，"文件"为"输入齿轮轴"。

2）勾选"对齐组件"，插入后列表中选择"插入后对齐"。

3）在"放置"栏中"类型"选择"多点"，在绘图区内任意位置单击，弹出"约束"对话框。

4）为输出齿轮轴与机座添加一个同心约束和一个面重合约束，结果如图 13-143 所示。

4. 装配输出齿轮轴

1）使用与插入输入齿轮轴同样的方法插入输出齿轮轴。

2）为输出齿轮轴与机座添加一个同心约束和一个面重合约束，装配结果如图 13-144 所示。

3）单击"机械约束"按钮，参数设置如图 13-145 所示，定义输入齿轮轴与输出齿轮轴的机械约束。

图 13-143　输入齿轮轴装配结果

图 13-144　输出齿轮轴装配结果

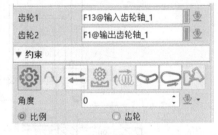
图 13-145　齿轮机械约束参数设置

5. 装配机盖

1）使用与插入输入齿轮轴同样的方法插入机盖。

2）为机盖与输入齿轮轴、机盖与输出齿轮轴各添加一个同心约束，为机盖与机座添加一个面重合约束，装配结果如图 13-146 所示。

6. 装配端盖

1）使用与插入输入齿轮轴同样的方法插入端盖。

2）为机座与端盖添加两个同心约束和一个面重合约束，装配结果如图 13-147 所示。

7. 装配导柱

1）使用与插入输入齿轮轴同样的方法插入两根导柱。

图 13-146　机盖装配结果

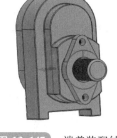

图 13-147　端盖装配结果

2）为每根导柱与端盖添加一个同心约束和一个面重合约束，为每根导柱与端盖添加一个平行约束，装配结果如图 13-148 所示。

8. 装配移动滑块

1）使用与插入输入齿轮轴同样的方法插入移动滑块。

2）为两根导柱与移动滑块各添加一个同心约束，为移动滑块与端盖添加一个面重合约束，面重合约束参数设置如图 13-149 所示，装配结果如图 13-150 所示。

图 13-148　导柱装配结果

图 13-149　面重合约束参数

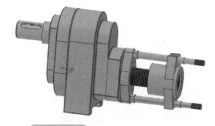

图 13-150　移动滑块装配结果

3）单击"机械约束"按钮，参数设置如图 13-151 所示，定义移动滑块与输出齿轮轴的机械约束。

图 13-151　移动滑块与输出齿轮轴的机械约束参数设置

9. 装配支撑座

1）使用与插入输入齿轮轴同样的方法插入支撑座。

2）为两根导柱与支撑座各添加一个同心约束，为支撑座与上部的导柱添加一个面重合约束，装配结果如图 13-152 所示。

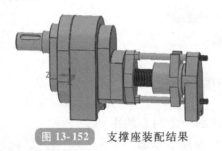

图 13-152　支撑座装配结果

10. 装配螺栓

1）在界面右侧"重用库"中找到六角头螺栓并双击，如图 13-153 所示，系统弹出"添加可重用零件"对话框，如图 13-154 所示，更改"值"一列中的参数，完成后单击"确认"按钮。

图 13-153　重用库列表

图 13-154　螺栓参数值设置

2）单击"插入"按钮，放置"类型"选择"多点"，将光标移动到需要放置螺栓的圆上并单击，系统自动为螺栓添加约束，依次放置 6 个螺栓，结果如图 13-155 所示。

11. 装配螺母

1）隐藏 2 根导柱。

2）在界面右侧"重用库"中找到六角薄螺母并双击，系统弹出"添加可重用零件"

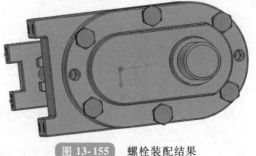

图 13-155　螺栓装配结果

对话框，"公称直径"设置为"5"，完成后单击"确认"按钮。

3）单击"插入"按钮，放置"类型"选择"多点"，将光标移动到需要放置螺母的圆上并单击，系统自动为螺母添加约束，依次放置2个螺母，结果如图13-156所示。

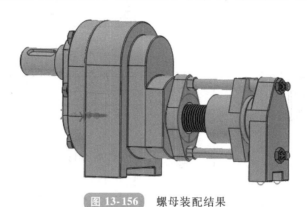

图 13-156 螺母装配结果

12. 装配圆柱销

1）在界面右侧"重用库"中找到圆柱销并双击，系统弹出"添加可重用零件"对话框，"公称直径"设置为"4"，"长度"设置为"26"，完成后单击"确认"按钮。

2）单击"插入"按钮，放置"类型"选择"多点"，将鼠标光标移动到需要放置圆柱销的圆上并单击，系统自动为圆柱销添加约束，依次放置2个圆柱销，完成后单击按钮 ✔ 退出。

任务六　机用虎钳的设计与装配

【任务导入】

如图13-157所示的机用虎钳是安装在机床工作台上，用于夹紧工件以便进行切削加工的一种通用工具。它主要包括固定钳身、活动钳身、螺母、螺杆、螺钉、垫圈、圆环、圆柱销等零部件。

【任务分析】

分析机用虎钳的装配图，初步了解主要零件之间的装配关系：螺母从固定钳座的下方空腔装入工字形槽内，再装入螺杆，并用垫圈以及环、圆柱销将螺杆轴向固定；通过螺钉将活动钳身与螺母块连接；最后用螺钉将两块护口板分别与固定钳座和活动钳身连接。

【实施过程】

一、零件三维建模

1. 简单零件三维造型

对螺钉、圆环、垫圈、护口板等零件进行三维建模。零件图如图13-158所示。

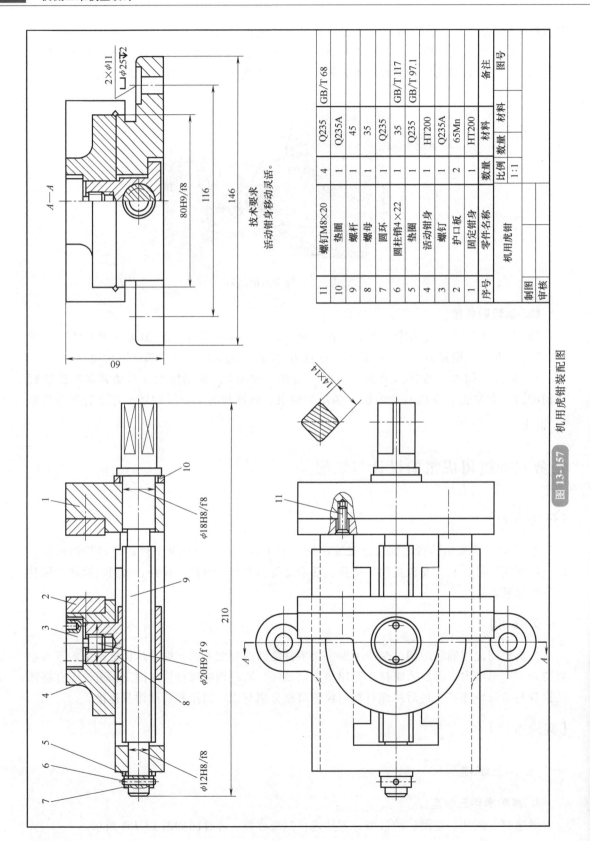

序号	零件名称	数量	材料	备注
11	螺钉M8×20	4	Q235	GB/T 68
10	垫圈	1	Q235A	
9	螺杆	1	45	
8	螺母	1	35	
7	圆环	1	Q235	
6	圆柱销4×22	1	35	GB/T 117
5	垫圈	1	Q235	GB/T 97.1
4	活动钳身	1	HT200	
3	螺钉	1	Q235A	
2	护口板	2	65Mn	
1	固定钳身	1	HT200	

	机用虎钳		比例	数量	材料	材料	图号
			1:1				
制图						
审核						

技术要求

活动钳身移动灵活。

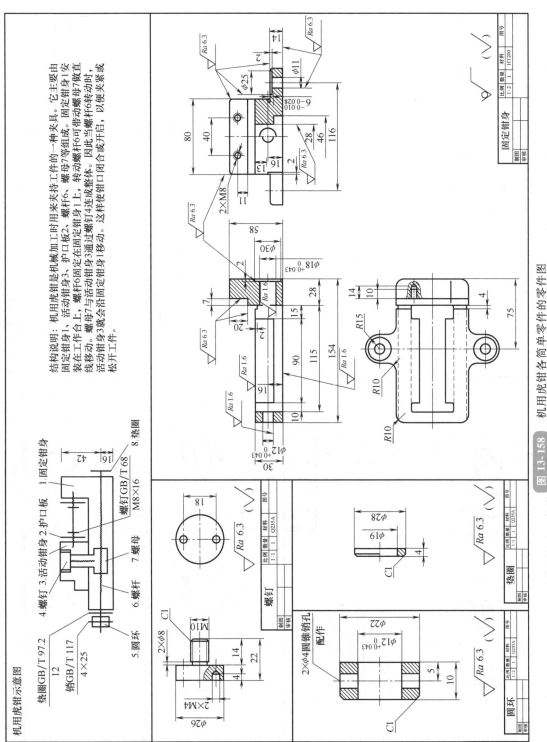

机用虎钳示意图

结构说明：机用虎钳是机械加工时用来持工件的一种夹具。它主要由固定钳身1、活动钳身3、护口板2、螺杆6、螺母7等组成。固定钳身1安装在工作台上，螺母7与活动钳身3通过螺钉4连成整体。转动螺杆6时，因此当螺杆6转动时，螺母7可带动螺母7做垂直移动。螺母7可带动螺母7做上、下移动。活动钳身3就会沿固定钳身1移动。这样使钳口闭合或开启，以便夹紧或松开工件。

机用虎钳各简单零件的零件图

图 13-158

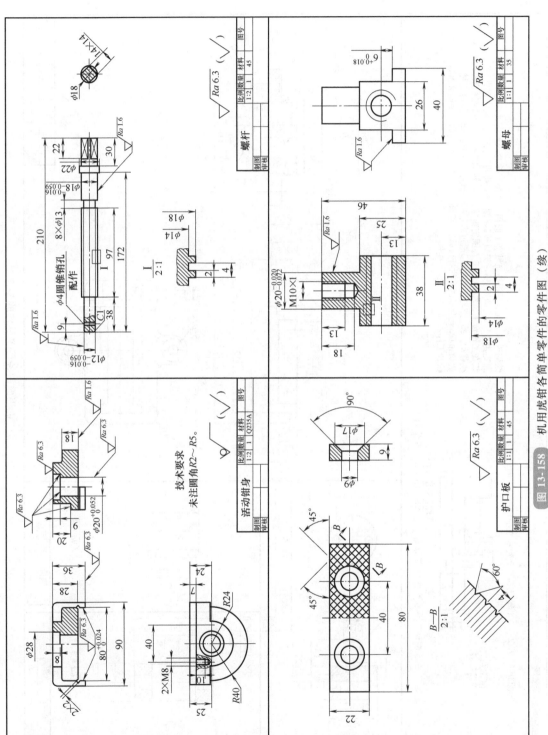

图 13-158　机用虎钳各简单零件的零件图（续）

2. 固定钳身三维造型

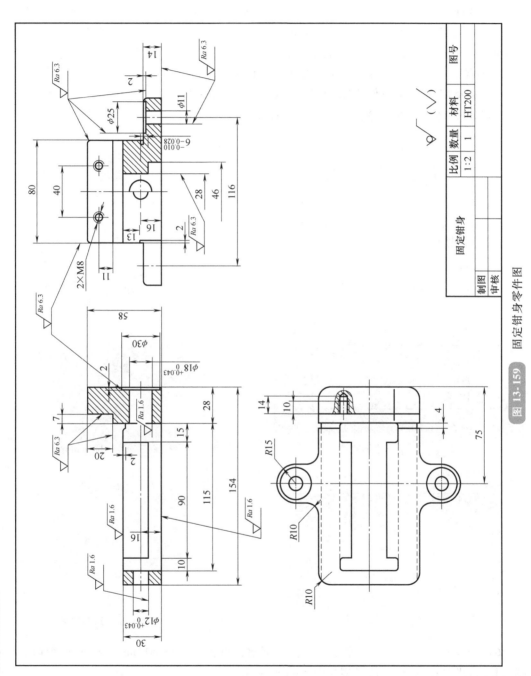

图 13-159 固定钳身零件图

1）根据零件图创建底座，如图 13-160 所示。

2）选择底座上表面作为草图平面，绘制如图 13-161 所示的草图，然后进行拉伸切除，如图 13-162 所示。

3）选择底座下底面作为草图平面，绘制如图 13-163 所示的草图，然后拉伸切除，完成后如图 13-164 所示。

4）选择底座上表面作为草图平面，绘制如图 13-165 所示的草图，然后拉伸切除，完成后如图 13-166 所示。

5）选择底座左侧面作为草图平面，绘制如图 13-167 所示的草图，然后拉伸切除，完成后如图 13-168 所示。

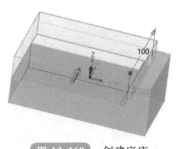

图 13-160　创建底座

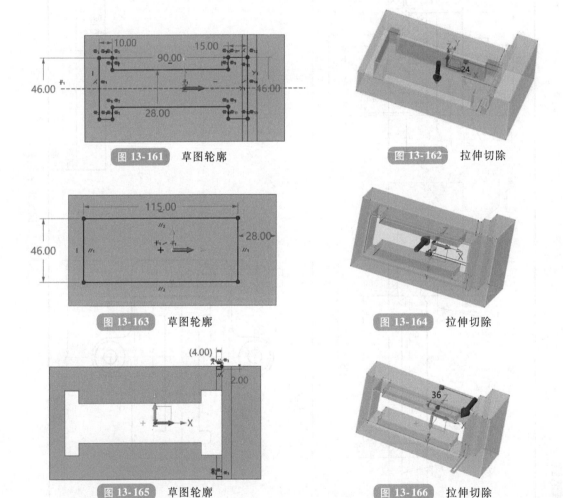

图 13-161　草图轮廓

图 13-162　拉伸切除

图 13-163　草图轮廓

图 13-164　拉伸切除

图 13-165　草图轮廓

图 13-166　拉伸切除

6）创建左、右吊耳，并完成台阶孔的创建；再创建底座 ϕ12mm、ϕ30mm 台阶孔，M8 螺纹孔以及倒角。最终零件模型如图 13-169 所示。

二、机用虎钳装配

根据机用虎钳各个零件之间的约束关系进行装配。

图 13-167 草图轮廓　　图 13-168 拉伸切除　　图 13-169 固定钳身零件模型

1）插入固定钳身，设为固定组件。

2）插入螺母，设置约束几何关系，螺母与固定钳身之间存在同心、面平行约束，如图 13-170 所示。

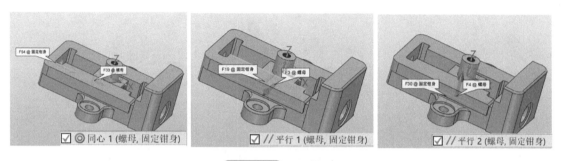

图 13-170 螺母装配

3）插入垫圈，设置约束几何关系，垫圈与固定钳身存在同心、面重合约束，如图 13-171 所示。

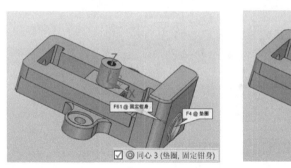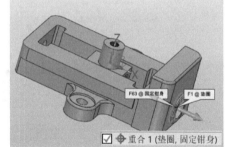

图 13-171 垫圈装配

4）插入螺杆，设置约束几何关系，螺杆与固定钳身之间存在同心约束，与垫圈存在面重合约束，如图 13-172 所示。

5）插入活动钳身，设置约束几何关系，活动钳身与螺母存在同心约束，与固定钳身存在面平行、面重合约束，如图 13-173 所示。

6）插入螺钉、护口板 1、护口板 2，设置约束几何关系。螺钉与活动钳身存在同心、面重合约束，如图 13-174 所示。护口板 1 与活动钳身存在同心、面重合约束，如图 13-175 所示。护口板 2 与固定钳身存在同心、面重合约束，如图 13-176 所示。

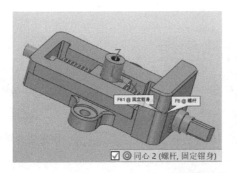
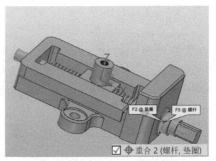

图 13-172　螺杆装配

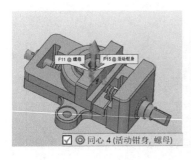

图 13-173　活动钳身装配

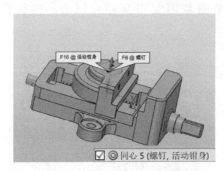
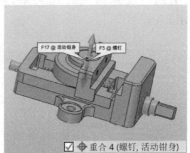

图 13-174　螺钉装配

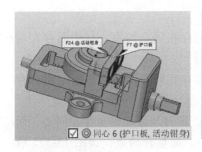

图 13-175　护口板 1 装配

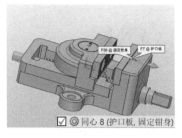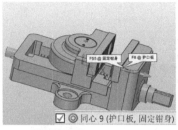

图 13-176　护口板 2 装配

7）插入 M8 螺钉、垫圈、圆环、销、M4 螺钉并设置约束几何关系，如图 13-177 ~
图 13-181 所示。螺钉与活动钳身存在同心约束，与护口板存在面重合约束。然后利用镜像
命令完成另一个螺纹的安装。垫圈与螺杆存在同心约束，与固定钳身存在面重合约束。固定
螺钉与活动钳身上螺钉存在同心、面重合约束。

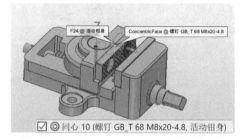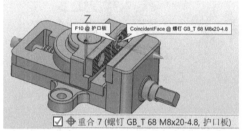

图 13-177　M8 螺钉装配

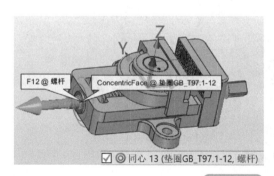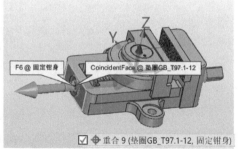

图 13-178　垫圈装配

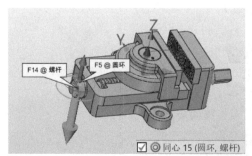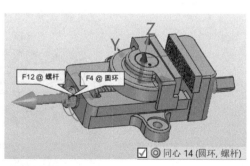

图 13-179　圆环装配

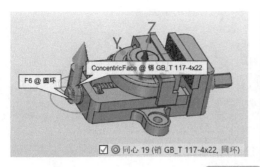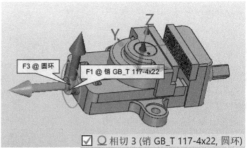

图 13-180　销装配

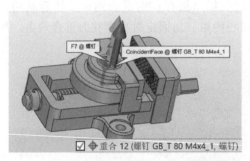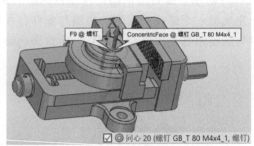

图 13-181　M4 螺钉装配

8）约束两护口板极限位置，设置约束两护口板移动的极限距离，如图 13-182 所示。

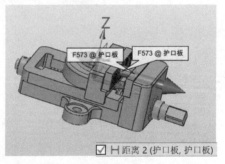

图 13-182　约束两护口板的极限位置

9）为螺母和螺杆添加机械约束——螺旋约束，如图 13-183 所示。

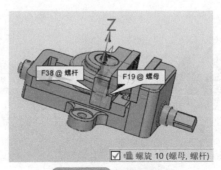

图 13-183　螺旋约束

任务七 单动卡盘的设计与装配

【任务导入】

单动卡盘是一种常见的夹具,它利用均布在卡盘体上的活动卡爪的径向移动,将工件夹紧和定位。此次设计的单动卡盘结构尺寸较小,可在中望 3D 软件中模拟装配及其运动,并可通过 3D 打印设备将零件打印出来,进行实际装配。

【任务分析】

单动卡盘由卡盘体、活动卡爪、夹头、齿轮盘、端盖、螺栓、控制齿轮构成,其装配以卡盘体为固定组件。通过齿轮盘的旋转运动卡爪可进行平移,从而实现夹紧工件。单动卡盘装配图如图 13-184 所示。

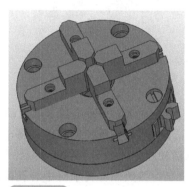

图 13-184 单动卡盘装配图示意

【实施过程】

一、卡盘体三维建模

卡盘体零件图如图 13-185 所示。

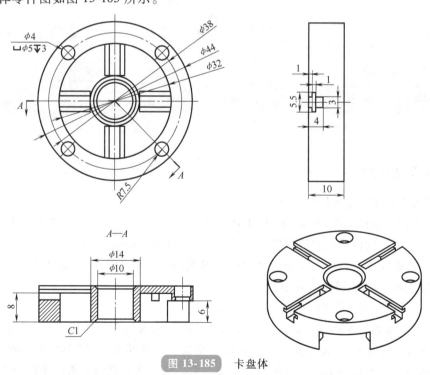

图 13-185 卡盘体

1)新建名称为"卡盘体"的零件文件,通过圆柱体命令或先绘制草图后拉伸的方法创建如图 13-186 所示模型。

2）通过孔命令创建台阶孔，并通过阵列命令创建出 4 个台阶孔，如图 13-187 所示。

3）通过草图绘制直径为 16mm 的圆，并拉伸 6mm 切除壳体一部分特征，创建出控制齿轮腔体，如图 13-188 所示。

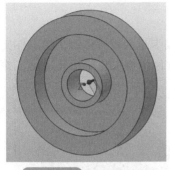 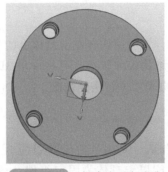 

图 13-186　拉伸出壳体　　　图 13-187　创建阵列台阶孔　　　图 13-188　控制齿轮腔体

4）在 XY 平面绘制卡爪活动腔体的草图，如图 13-189 所示。

5）然后进行拉伸切除，将卡盘体切割，形成卡爪活动腔体，并进行阵列，得到 4 个卡爪活动腔体，如图 13-190 所示。

6）按照图样要求对中心孔两端进行倒角，完成卡盘体的建模，如图 13-191 所示。

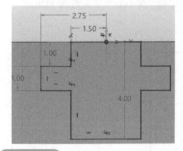 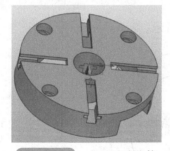 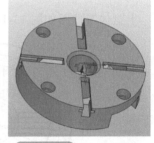

图 13-189　绘制卡爪活动腔体草图　　　图 13-190　卡爪活动腔体　　　图 13-191　卡盘体模型

二、单动卡盘装配

1）插入卡盘体，添加固定约束。

2）插入活动卡爪 kp7、kp8、kp9、kp10，添加约束。装配时要注意活动卡爪安装顺序，从控制齿轮腔体左侧按照逆时针顺序安装 kp7、kp8、kp9、kp10。为活动卡爪的端面与卡盘体上的卡爪活动腔体端面之间添加距离约束，设置约束距离为 5mm，如图 13-192 所示，约束完成后装配效果如图 13-193 所示。

3）为 4 个卡爪装配夹头，如图 13-194 所示。

4）安装齿轮盘，添加同心约束与重合约束，使齿轮盘与卡盘体同心，齿轮盘底面与卡盘体底面重合，确保齿轮盘安装到位。旋转齿轮盘，调整至如图 13-195 所示的位置状态，消除齿轮盘与 4 个卡爪的干涉。添加齿轮齿条约束，齿条选择旋转夹头的端面与齿轮选择齿轮盘的圆柱面，要注意方向的控制，若与图 13-196 所示方向不同，尝试单击"反向"进行修改。使用同样的方法添加其他 3 个齿轮齿条约束，约束完成后的状态如图 13-197 所示。

图 13-192　添加距离约束

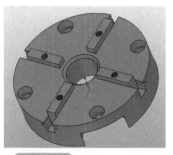

图 13-193　活动卡爪装配

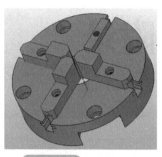

图 13-194　夹头装配

图 13-195　消除干涉

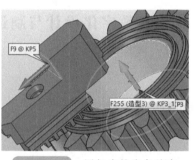

图 13-196　添加齿轮齿条约束

图 13-197　齿轮盘装配

5）安装端盖、螺栓、控制齿轮，如图 13-198 所示。

为控制齿轮和齿轮盘添加齿轮约束，具体方法见模块九任务三。

三、动画制作

将活动卡爪与卡盘体的距离约束作为参数，设置 0s 时为 0，5s 时为 5，6s 时为 1，10s 时为 0，具体操作步骤见模块九任务一。

四、爆炸图制作

操作步骤见模块九任务三。

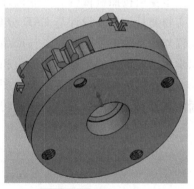

图 13-198　安装端盖、
螺栓、控制齿轮

附录

附录A　职业院校技能大赛数字化设计与制造样题

一、任务名称与时间

1. 任务名称：手动剥线机数字化设计与制造。
2. 竞赛时间：7 小时。

二、已知条件

本赛项按照机械行业工业设计技术岗位真实工作过程设计竞赛内容，主要包括逆向建模与实物测量、创新设计与 CAE 分析、工程图绘制与产品展示、产品质量分析与控制、数控编程与仿真加工及数控加工与产品验证等知识、技术技能以及职业素养等内容，全面检验高职学生工业设计的工程实践能力和创新能力。

剥线机工作原理示意图如附图 1 所示，通过夹具（压线板和 V 形过线轮）将电线电缆固定在设备上，然后通过高速旋转的刀片将电线电缆的外皮削掉。

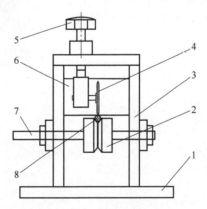

1—底板　2—V 形过线轮　3—侧板　4—刀片　5—调刀螺母　6—压线板　7—动力输入轴　8—电线电缆

附图 1　剥线机工作原理示意图

三、M1 数字化设计阶段任务、要求、评分要点和提交成果

M1 模块电子文件位于教学资源包文件夹 "M1-SJ"。

M1 模块竞赛工作流程如附图 2 所示。

附图 2　工作流程图

任务一　逆向建模与实物测量（10 分）

情境描述：请分别以测绘员、三维造型师的角色，完成以下三项子任务。

子任务一：利用赛场给定软件，对产品中的调刀手柄、出线板两个零件的 STL 格式数据进行逆向建模，并对照实物结合手工测量数据还原零件重要部位的尺寸精度和几何公差。

子任务二：对产品的实物关键部位进行测量以获取产品重要尺寸信息。利用通用测量工具，手工测量产品中的侧板，绘制零件三维模型，并根据使用功能确定产品零件重要部位的尺寸精度和几何公差。

子任务三：利用逆向建模和测绘建模的数据模型和现场提供的 stp 模型，并调用标准件，结合附图 1 对除连接杆、手摇柄、手摇柄固定螺栓之外所有零件模型进行虚拟装配。

1. 设计要求

1）合理还原产品数字模型，对尺寸进行圆整处理，合理拆分特征，圆润衔接转角。

2）实物的表面特征不得改变，数字模型比例（1∶1）不得改变。

3）标准件需要通过测量确定型号，并在软件标准件模型库中调用。

2. 提交材料

1）调刀手柄、出线板的源文件和 stp 格式文件，并以"调刀手柄""出线板"命名文件。

2）侧板的源文件和 stp 格式文件，并以"侧板"命名文件。

3）产品三维装配模型的源文件和 stp 格式文件，并以"剥线机"命名文件。

3. 提交位置

将以上三类文件保存到"1-逆向建模与实物测量"子文件夹。

分值指标分配见附表 1。

附表 1　分数指标分配

指标	调刀手柄	出线板	侧板	三维装配
分值	2	2	1	5

任务二　创新设计与 CAE 分析（30 分）

情境描述：请以机械设计工程人员的角色，根据任务一生成的三维模型、设计资料，结合机械设计相关知识，完成以下两项子任务。

子任务一：由于剥线机在运输过程中，丢掉了位于手摇柄和动力输入轴之间的连接杆，请根据手摇柄和动力输入轴合理设计连接杆，确保连接可靠、美观省力、操纵方便。为提高剥线机的适应性，现需要对过线板进行合理优化设计，使剥线机可以剥 $1 \sim 20\text{mm}^2$ 的电线电缆，确保进线顺畅、剥线可靠、调节方便，生成优化后的过线板和新增连接杆的三维模型。

子任务二：对设计的连接杆进行有限元受力分析，将优化后的三维零件重新虚拟装配，完成运动仿真并对产品创新设计进行验证。

请按照如下要求，对设计的连接杆进行有限元分析。

1）连接杆材料：铝材 6061，密度为 2720kg/m^3，泊松比为 0.35，弹性模量为 $6.89 \times 10^{10}\text{N/m}^2$，抗压强度为 $2.9 \times 10^8\text{N/m}^2$，屈服强度为 $2.55 \times 10^8\text{N/m}^2$。

2）工作时，在手柄处顺着转动方向施加一始终垂直于连接杆的力 F（$F = 10\text{N}$）并使其匀速转动。假定连接杆与动力输入轴连接处为固定约束，请分析连接杆的变形情况。

1. 设计要求

1）增加了连接杆和对过线板优化之后，剥线机操作更省力、使用更方便、结构更美观，并符合加工的可行性、工艺性、经济性等要求。

2）摇动手摇柄时，剥线机可对预设的不同规格电线电缆剥线顺畅、无卡滞。

3）对连接杆设置合理的边界和约束条件，进行有限元受力分析，生成带有应力云图的PDF 格式分析报告。

4）根据该剥线机工作原理对整个装配体进行虚拟运动仿真，展示剥线机在工作状态下的运动，并导出产品 360°旋转展示动画，时长 $10 \sim 15\text{s}$。

2. 提交材料

1）过线板（优化）、连接杆（新增）的源文件和 stp 格式文件，并以"过线板（优化）""连接杆"命名文件。

2）产品三维装配模型（优化）的源文件和 stp 格式文件，并以"剥线机装配模型（优化）"命名文件。

3）连接杆的有限元受力分析报告的源文件和 PDF 格式文件，以连接杆应力云图命名文件。

4）产品运动仿真动画的源文件和 avi 格式文件，以"剥线机（优化）"命名文件。

3. 提交位置

将以上四类文件保存到"2-创新设计与 CAE 分析"子文件夹。

分值指标分配见附表 2。

附表 2　分值指标分配

指标	过线板	连接杆	装配三维（优化）	应力云图	产品仿真动画
分值	4	4	7	5	10

任务三　工程图绘制与产品展示（20分）

情境描述：请以机械设计工程人员的角色，根据任务二生成的产品三维模型，完成以下两项子任务。

子任务一：生成产品的爆炸图（彩图）；绘制产品的装配工程图；绘制过线板（优化）、U 形调刀块、连接杆（新增）的二维工程图。

子任务二：采用图文结合的方式编制包含创新设计、运动仿真、有限元分析等内容的创新设计报告，展示创新后的产品功能和特点。

1. 设计要求

1）零件图与装配图须符合机械制图国家标准中规定。要求结构表达完整，图形清晰，看图方便，尺寸标注做到规范、正确，排列整齐。

2）创新设计内容包含创新件的设计思路和工作原理。

3）运动仿真部分包含剥线机在运动状态下的工作原理说明。

4）有限元分析部分包含应力云图的结果分析，并提出改进方案。

5）创新报告要求逻辑性强，言简意赅，采用规范技术术语，排版整齐美观。

2. 提交材料

1）产品爆炸图（彩图）的源文件和 PDF 格式文件，以"剥线机爆炸图"命名文件。

2）产品装配工程图的源文件和 PDF 格式文件，以"剥线机装配工程图"命名文件。

3）过线板（优化）、U 形调刀块、连接杆（新增）的二维工程图源文件和 PDF 格式文件，分别以"过线板（优化）"、"U 形调刀块"、"连接杆（新增）"命名文件。

4）创新设计报告的源文件和 PDF 格式文件，以《剥线机创新设计报告》命名文件。

3. 提交位置

将以上四类文件保存到"3-工程图绘制与产品展示"子文件夹。

分值指标分配见附表 3。

附表 3　分值指标分配

指标	爆炸图	装配工程图	过线板工程图	U 形调刀块工程图	连接杆工程图	创新设计报告
分值	5	7	1	1	1	5

4. M2 数字化制造阶段任务、要求、评分要点和提交成果

M2 模块电子文件位于教学资源包文件夹"M2-ZZ"中。

任务四　产品质量分析与控制（10 分）

情境描述：请分别以产品设计主管、设计人员和质量管控员的角色，完成以下子任务。

子任务：动力输入轴的尺寸为 $\phi 10_{-0.032}^{0}$ mm，对生产线加工的动力输入轴的尺寸进行质量检测，尺寸测量数据见附表 4，根据质量检测结果，形成 SPC 质量控制图，分别计算特征平均值和上控制限（UCL）及下控制限（LCL），分析相关原因并给出解决方案，形成整体质量控制分析报告。

1. 提交材料

动力输入轴质量控制答题纸的源文件和 PDF 格式文件，以"动力输入轴质量控制"命名文件。

2. 提交位置

将以上文件保存到"4-产品质量分析与控制"子文件夹。

附表 4   尺寸测量数据表

零件	动力输入轴	样品数量	N=15	时间间隔	检测频次	5 次/件
测量特征	直径	φ10	UCL		LCL	
样件	次数					平均值
	1	2	3	4	5	
1	10.97	10.98	10.99	10.97	10.99	
2	10.96	10.98	10.97	10.97	10.98	
3	10.99	10.98	10.97	10.98	10.99	
4	10.96	10.97	10.99	10.96	10.99	
5	10.97	10.98	10.99	10.97	10.98	
6	10.98	10.98	10.97	10.98	10.99	
7	10.96	10.97	10.99	10.98	10.99	
8	10.97	10.98	10.97	10.98	10.99	
9	10.97	10.97	10.98	10.95	10.99	
10	10.99	10.95	10.91	10.97	10.99	
11	10.96	10.97	10.99	10.96	10.99	
12	10.95	10.96	10.99	10.97	10.99	
13	10.95	10.96	10.97	10.95	10.92	
14	10.96	10.91	10.94	10.95	10.97	
15	10.95	10.95	10.91	10.95	10.97	

分值指标分配见附表 5。

附表 5   分值指标分配

指标	SPC 质量控制图	质量控制分析报告
分值	4	6

任务五   数控编程与仿真加工（15 分）

情境描述：请以数控编程工艺员的角色，完成以下两项子任务。

子任务一：利用指定的机床、刀具、毛坯等和任务三中输出的工程图样，按照加工任务编制过线板（优化）、U 形调刀块、连接杆等零件的加工工艺过程卡和工序卡。

子任务二：利用 CAM 编程软件编制零件的数控加工程序并完成仿真加工验证。选手利用预装好的编程软件，正确导入机床、刀具清单、毛坯，完成数控加工程序编制并进行仿真加工。

1. 提交材料

1）提交过线板（优化）、U 形调刀块、连接杆的加工工艺过程卡和工序卡的源文件和 PDF 格式文件，分别以"过线板（优化）""U 形调刀块""连接杆"命名文件。

2）数控加工程序的源文件（刀路模拟）和 txt 格式（程序代码）文件。

3）仿真加工录屏文件的源文件和 avi 格式文件，分别以"过线板（优化）""U 形调刀块""连接杆"命名文件。

2. 提交位置

将以上三类文件保存在"5-数控编程与仿真加工"子文件夹。

分值指标分配见附表 6。

附表 6 分值指标分配

指标	加工工艺过程卡和工序卡	数控加工程序	仿真加工录屏文件
分值	6	3	6

任务六 数控加工与产品验证（15 分）

情境描述：请以数控加工操作员和质量检验员的角色，完成以下两项子任务。

子任务一：利用现场给定机床及其加工条件，按要求完成过线板（优化）、U 形调刀块、连接杆三个零件的数控加工。根据任务一创新设计后的数据模型和赛场提供的机床、夹具和毛坯，利用仿真加工验证后的数控程序完成零件的加工，并保证零件的加工精度和表面质量。选手自行检测产品的加工精度，并填写过线板（优化）、U 形调刀块、连接杆零件的加工检测工序卡。

子任务二：将加工好的零件与现场提供的样机零件进行装配与调试，保证装配质量，并进行功能性验证。验证内容如下：

1）各部分定位准确、装配可靠。

2）剥线机能流畅地实现各种预设规格电线电缆的剥线功能。

1. 提交材料

1）加工检测工序卡的源文件和 PDF 格式文件，分别以"过线板（优化）""U 形调刀块""连接杆"命名文件。

2）加工好的零件实物。

提交要求：将加工好的零件按要求装入密封箱提交给当值裁判。

2. 提交位置

将加工检测工序卡保存在"6-数控加工与产品验证"子文件夹。

分值指标分配见附表 7。

附表 7 分值指标分配

指标	产品质量	检验卡片	产品功能验证
分值	3	3	9

附录 B 机械产品三维模型设计职业技能等级证书（初级）样题

满分：100 分

※※※※※※※※※※※※※※※※※※※※※※※※※※※※※

操作任务须知：

1. 请依据提供的图纸进行作答，共分为四个工作任务。

2. 请仔细阅读任务要求，实操成果文件上传至考试系统的指定位置。

任务一：完成机械理论知识单项选择题（总分 30 分，共 30 题，每题 1 分）。

1. 图样上标注的尺寸应是零件的（　　）尺寸，与所采用的绘图比例（　　）关。

A. 实际、有　　　　　B. 图形、无　　　　　C. 图形、有　　　　　D. 实际、无

2. A3 图幅的尺寸是（　　）。

A. 420mm×594mm　　B. 297mm×210mm　　C. 420mm×297mm　　D. 297mm×594mm

3. 图形的轮廓线、轴线或对称中心线及其引出线可作为（　　）。

A. 相贯线　　　　　B. 素线　　　　　C. 尺寸界线　　　　　D. 尺寸线

4. 图样中的图形只能表达零件的形状，零件的真实大小应以图样上所注的（　　）为依据。

A. 技术要求　　　　B. 尺寸　　　　　C. 比例　　　　　D. 文字说明

5. 左视图与右视图为（　　）。

A. 长对正　　　　　B. 高平齐　　　　　C. 宽相等　　　　　D. 以上均需

6. 尺寸线和尺寸界线用（　　）绘制。

A. 粗实线　　　　　B. 虚线　　　　　C. 细实线　　　　　D. 点画线

7. 图中哪种尺寸标注更合理？（　　）

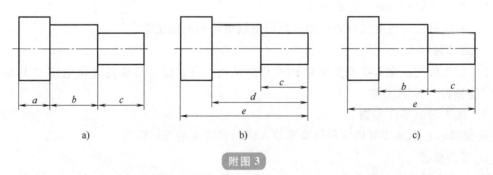

a)　　　　　　　　　　　b)　　　　　　　　　　　c)

附图 3

A. a　　　　　　　　B. b　　　　　　　　C. c　　　　　　　　D. 无法判断

8. 已知图纸比例为 5∶1，图纸上某特征测量长度为 62.5mm，标注长度为 20mm，该特征的实际长度为（　　）mm。

A. 100　　　　　　　B. 62.5　　　　　　C. 20　　　　　　　D. 25

9. 回转体一般只标注（　　）的尺寸。

A. 轴向　　　　　　　B. 径向　　　　　　　C. 轴向和径向　　　　D. 以上均不正确

10. 一个完整的尺寸应该包括尺寸数字、尺寸线和（　　　）3部分。

A. 尺寸箭头　　　　B. 尺寸符号　　　　C. 尺寸单位　　　　D. 尺寸界线

11. 国家标准规定采用（　　　）来表达机件的内部结构形状。

A. 视图　　　　　　B. 剖视图　　　　　C. 断面图　　　　　D. 局部放大图

12. 附图4中所示的零件，主视图采用的表达方法是（　　　）。

A. 全剖视图　　　　B. 半剖视图　　　　C. 局部剖视图　　　　D. 阶梯剖视图

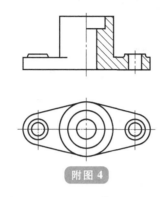

附图 4

13. 表面粗糙度符号"⩗"表示表面用（　　　）方法获得，"√"表示表面用（　　　）方法获得。

A. 不去除材料加工、任意加工

B. 去除材料加工、不去除材料加工

C. 任意加工、去除材料加工

D. 不去除材料加工、去除材料加工

14. 如附图5所示，零件采用的表达方法是（　　　）。

A. 单一剖切面全剖　　　　　　　　　B. 平行剖切面全剖

C. 单一剖切面半剖　　　　　　　　　D. 平行剖切面半剖

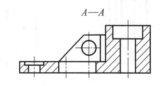

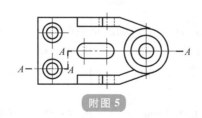

附图 5

15. 如附图6所示，零件采用（　　　）来表达零件中间连接部分的截面形状。

A. 移出断面图　　　　B. 剖视图　　　　C. 重合断面图　　　　D. 局部剖视图

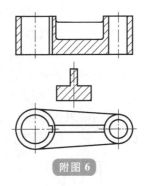

附图 6

16. 附图 7 中标注符号"⊳1:6"的含义是（　　）。

A. 斜面的斜度是 1：6

B. 锥面的锥度是 1：6

C. 斜面的锥度是 1：6

D. 锥面的斜度是 1：6

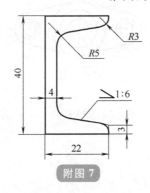

附图 7

17. 附图 8 中采用了（　　）表达零件结构。

A. 简单画法　　　　B. 放大画法　　　　C. 省略画法　　　　D. 详细画法

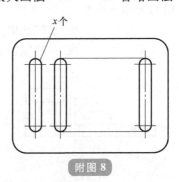

附图 8

18. 一个轴的尺寸为 $\phi14^{\ 0}_{-0.24}$ mm 下列说法正确的是（　　）。

A. $\phi14$ mm 轴允许的最大直径为 14mm

B. $\phi14$ mm 轴允许的最小直径为 14mm

C. $\phi14$ mm 轴的上极限偏差为 240μm

D. $\phi14$ mm 轴的下极限偏差为 240μm

19. $C2$ 的含义为（　　）。

A. 45° 倒角，倒角直角边长为 1mm

B. 45° 倒角，倒角直角边长均为 2mm

C. 60° 倒角，倒角直角边长为 1mm

D. 30° 倒角，倒角直角边长均为 2mm

20. 图中 $\sqrt{^{Ra32}}$（√）的含义是（　　）。

A. 零件所有表面 *Ra* 上限值为 3.2μm   B. 零件其余表面 *Ra* 上限值为 3.2μm

C. 零件所有表面 *Ra* 下限值为 3.2μm   D. 零件其余表面 *Ra* 下限值为 3.2μm

21. 表面粗糙度是衡量零件表面质量的一个重要指标，它的单位是（   ）。

A. cm   B. mm   C. m   D. μm

22. 主视图是（   ）所得的视图。

A. 由左向右投射   B. 由右向左投射

C. 由上向下投射   D. 由前向后投射

23. 当直线垂直于投影面时，其投影为一点，这种性质称为（   ）。

A. 类似性   B. 真实性   C. 垂直性   D. 集聚性

24. 一个完整的尺寸应该包括（   ）、尺寸线和尺寸界线 3 部分。

A. 尺寸箭头   B. 尺寸符号   C. 尺寸单位   D. 尺寸数字

25. 俯视图是（   ）所得的视图。

A. 由左向右投射   B. 由右向左投射

C. 由上向下投射   D. 由前向后投射

26. 影响相贯线变化的因素有（   ）。

A. 形状变化   B. 大小变化   C. 位置变化   D. 以上均正确

27. 当图线重合时，线型的选用顺序为：（   ）。

A. 粗实线>虚线>点画线   B. 点画线>粗实线>虚线

C. 点画线>虚线>粗实线   D. 粗实线>点画线>虚线

28. $8^{+0.036}_{0}$mm 是传动轴上键槽的宽度，这个宽度最大值是（   ）mm。

A. 8   B. 8.36   C. 8.036   D. 8.00

29. 已知螺纹的代号为 M24×1.5，下列表达正确的是（   ）。

A. 粗牙普通螺纹   B. 细牙普通螺纹

C. 螺纹小径为 24mm   D. 螺纹底径为 24mm

30. 附图 9 中采用了（   ）表达方法。

A. 简化画法   B. 放大画法   C. 省略画法   D. 详细画法

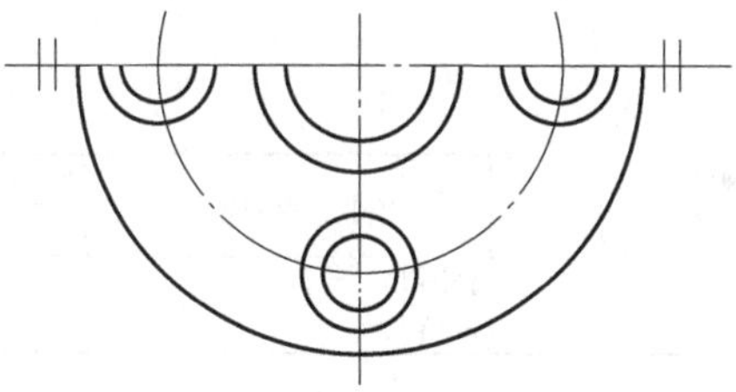

附图 9

任务二：抄绘基本图样（30 分）

考生根据给定零件图及尺寸，完成基本图样的抄绘。

提交作品：

以"基本图样抄绘"命名，保存为"DWG"格式，上传至考试系统的指定位置。

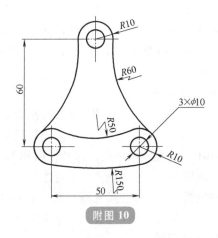

附图 10

任务三：抄绘零件工程图（30分）

考生根据给定的图样，在 CAD 软件中按要求设置绘图环境并完成如附图 11 所示的零件图样绘制，最后进行虚拟打印。

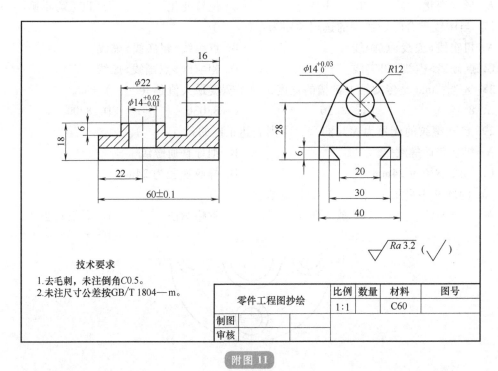

技术要求

1. 去毛刺，未注倒角C0.5。
2. 未注尺寸公差按GB/T 1804—m。

零件工程图抄绘	比例	数量	材料	图号
	1:1		C60	
制图				
审核				

附图 11

1. 设置图幅要求

1）绘制或调用 A4、横向图幅，抄绘零件图。

2）正确填写标题栏。

2. 设置绘图环境

按附表 8 的要求设置图层，赋予各类图线的线型、颜色等属性。

附表8 图层、线型、颜色等属性

序号	名称	颜色	线型	线宽
1	轮廓实线层	白色	Continuous	0.50mm
2	细线层	青色	Continuous	0.25mm
3	中心线层	红色	Center(.5x)	0.25mm
4	剖面线层	黄色	Continuous	0.25mm
5	标注层	青色	Continuous	0.25mm
6	文字层	绿色	默认	0.25mm

注：可调用软件自带的层名、线型，但线宽、颜色等属性必须同上表的要求相一致。

3. 标题栏填写要求

1）标题栏样式为软件自带样式。

2）只填写零件名和比例，其余保持空白。

4. 打印设置

1）配置打印机/绘图仪名称为"DWG TO PDF.pc5"。

2）纸张幅面为A4、横向。

3）可打印区域页边距设置为0，采用单色打印，打印比例为1：1。

4）进行虚拟打印。

提交作品：

以"零件工程图抄绘"命名，保存"DWG"格式文件和虚拟打印的"PDF"格式图样，最后将两种格式文件上传至考试系统的指定位置。

任务四：基础建模（10分）

根据附图12，完成三维模型创建。

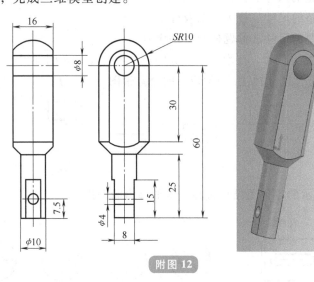

附图 12

提交作品：

以"基础建模"命名，保存"Z3PRT"或"STP"格式文件，上传至考试系统的指定位置。

附录C 机械产品三维模型设计职业技能等级证书（中级）样题

满分：<u>100分</u>

※※※※※※※※※※※※※※※※※※※※※※※※※※※※※※

操作任务须知：
1. 请依据提供的图样进行作答，共分为五个工作任务。
2. 请仔细阅读任务要求，实操成果文件上传至考试系统的指定位置。
3. 任务提供的模型文件请从教学资源包"给定数据"中下载。

任务一：完成机械理论知识单项选择题（总分30分，共30题，每题1分）。

1. 可以自由配置的基本视图称为（ ）。

A. 主视图 B. 半剖视图 C. 局部剖视图 D. 向视图

2. 连接螺纹的牙型多为（ ）。

A. 矩形 B. 锯齿形 C. 梯形 D. 三角形

3. 完整的装配图包括（ ）。

A. 一组视图、完整的尺寸、标题栏及明细栏

B. 一组视图、完整的尺寸、技术要求及标题栏

C. 一组视图、必要的尺寸、标题栏及零件序号

D. 一组视图、必要的尺寸、技术要求、标题栏、零件序号及明细栏

4. 完整的零件图，包括（ ）。

A. 一组视图、完整的尺寸、标题栏及明细栏

B. 一组视图、完整的尺寸、技术要求及标题栏

C. 一组视图、必要的尺寸、标题栏及零件序号

D. 一组视图、必要的尺寸、技术要求、标题栏、零件序号及明细栏

5. 下列哪个选项符合尺寸标注"$\phi35f9$"的公差带图（ ）。

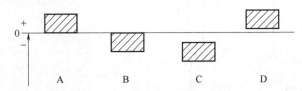

6. 根据附图13所示的零件图结构选择正确的移出断面图（ ）。

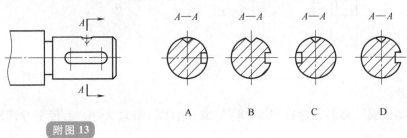

附图13

7. 根据附图 14 所示的三视图，选择对应的立体图（　　　　）。

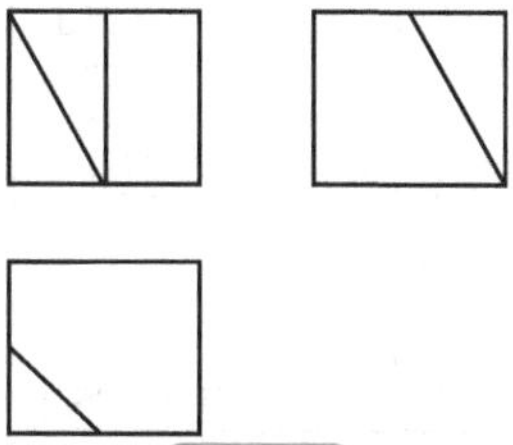

附图 14

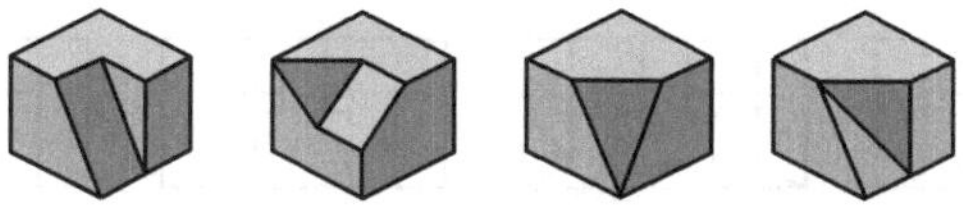

A　　　　　　B　　　　　　C　　　　　　D

8. 图样中的尺寸大小均以（　　　）为单位，在尺寸数字后面不必写出单位名称。

A. km　　　　　　　　B. dm

C. cm　　　　　　　　D. mm

9. 表面粗糙度值越小，加工精度（　　　）。

A. 越高　　　　　　B. 越低　　　　　　C. 不确定　　　　　　D. 不受影响

10. 当同一视图上有几个局部放大的部分时，应用（　　　）数字编号。

A. 阿拉伯　　　　　B. 罗马　　　　　　C. 英文　　　　　　　D. 中文

11. 用剖切面完全地剖开机构所得到的剖视图称为（　　　）。

A. 全剖视图　　　　B. 半剖视图　　　　C. 局部剖视图　　　　D. 不确定

12. M45×1.5-6g 中 1.5 和 6g 的含义（　　　）。

A. 1.5 是螺距；6g 是螺纹大径、小径公差代号

B. 1.5 是螺距；6g 是螺纹中径、大径公差代号

C. 1.5 是导程，6g 是螺纹大径、小径公差带代号

D. 1.5 是导程，6g 是螺纹中径、大径公差带代号

13. 根据附图 15 所示的组合体的主视图与左视图，正确的俯视图是（　　　）。

附图 15

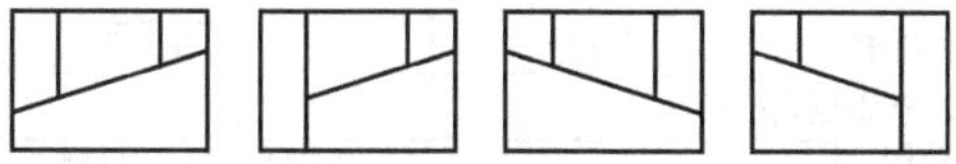

A　　　　　　B　　　　　　C　　　　　　D

14. 根据附图 16 所示的组合体的左视图与俯视图，正确的主视图是（　　　）。

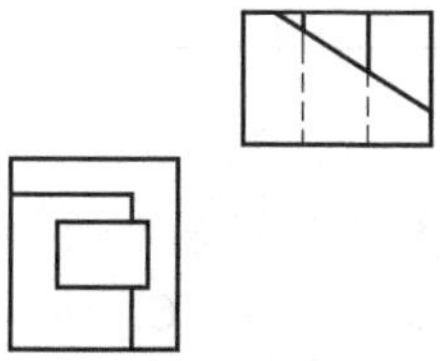

附图 16

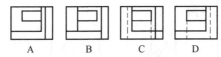

15. 根据附图 17 所示的组合体的主视图与左视图，正确的俯视图是（   ）。

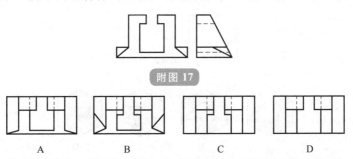

附图 17

16. 根据附图 18 所示的组合体的左视图与俯视图，正确的主视图是（   ）。

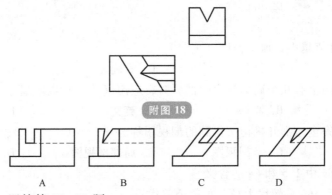

附图 18

根据附图 19，回答第 17~23 题。

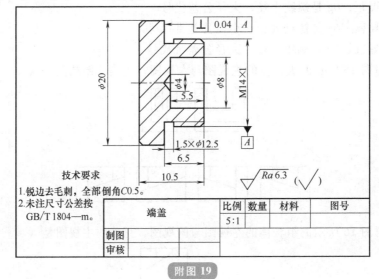

附图 19

17. 在图中，表面几何结构 $Ra6.3$ 的单位是（   ）。

A. μm   B. mm   C. cm   D. m

18. 图中尺寸"$\phi4$"标注的目的是（   ）。

A. 表示 $\phi8mm$ 与 $\phi4mm$ 形成圆环平面

B. 表示直径 8mm 的不通孔是一次钻削而成的

C. 表示此处有钻孔锥面

D. 不标注就会遗漏尺寸

19. 在附图 18 技术要求中，全部倒角 C0.5 的含义是（　　　）。

A. 轴向距离 0.5mm，与轴线夹角 45°　　　B. 轴向距离 0.5mm，与轴线夹角 60°

C. 轴向距离 0.5mm，与轴线夹角任意　　　D. 轴向距离 1mm，与轴线夹角任意

20. 该端盖上有一处（　　　）。

A. 砂轮越程槽　　　B. 退刀槽　　　C. 减载槽　　　D. 油槽

21. 端盖零件图轴向尺寸的主要基准是（　　　）。

A. $\phi20mm$ 左端面　　　B. $\phi20mm$ 右端面　　　C. M14 右端面　　　D. $\phi12.5mm$ 右端面

22. 在端盖零件图中，M14×1 螺纹是（　　　）。

A. 细牙普通螺纹　　　B. 普通螺纹　　　C. 细牙梯形螺纹　　　D. 三角形螺纹

23. 图中标注"1.5×$\phi12.5$"处槽深是（　　　）mm。

A. 1.5　　　B. 1　　　C. 0.75　　　D. 0.5

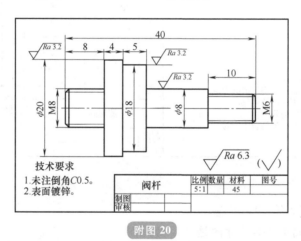

附图 20

根据附图 20，回答第 24~28 题。

24. 该零件大部分加工表面的表面粗糙度值是（　　　）。

A. $Ra3.2\mu m$　　　B. $Ra6.3\mu m$　　　C. $R4\mu m$　　　D. 无

25. 零件右端面的表面粗糙度值是（　　　）。

A. $Ra3.2\mu m$　　　B. $Ra6.3\mu m$　　　C. $R3.2\mu m$　　　D. $Rc0.5\mu m$

26. 该零件的总体长、宽、高的尺寸是（　　　）。

A. 40mm、20mm、18mm　　　B. 40mm、20mm、20mm

C. 20mm、40mm、40mm　　　D. 20mm、20mm、20mm

27. 直径为 8mm 的圆柱长度为（　　　）mm。

A. 8　　　B. 10　　　C. 13　　　D. 20

28. 径向的尺寸基准是（　　　）。

A. 最下边　　　B. 最上边　　　C. 左端面　　　D. 回转体的中心线

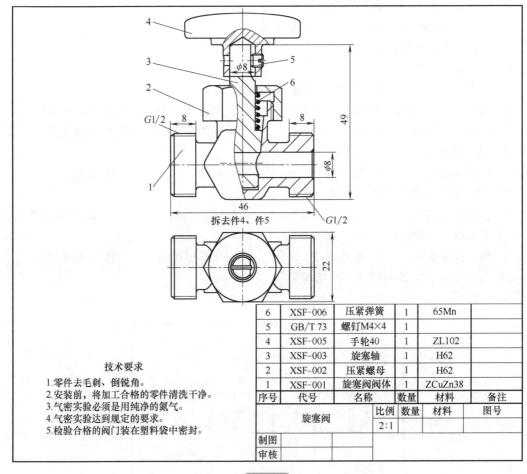

6	XSF-006	压紧弹簧	1	65Mn	
5	GB/T 73	螺钉M4×4	1		
4	XSF-005	手轮40	1	ZL102	
3	XSF-003	旋塞轴	1	H62	
2	XSF-002	压紧螺母	1	H62	
1	XSF-001	旋塞阀阀体	1	ZCuZn38	
序号	代号	名称	数量	材料	备注

技术要求
1. 零件去毛刺、倒锐角。
2. 安装前,将加工合格的零件清洗干净。
3. 气密实验必须是用纯净的氮气。
4. 气密实验达到规定的要求。
5. 检验合格的阀门装在塑料袋中密封。

旋塞阀	比例	数量	材料	图号
	2:1			
制图				
审核				

附图 21

根据附图 21,回答第 29~30 题。

29. 下面尺寸中属于安装尺寸的是（　　　）。

A. 8　　　　　　B. φ8　　　　　　C. G1/2　　　　　　D. 49

30. 旋塞轴底部与旋塞阀阀体之间留有间隙的目的是（　　　）。

A. 储存液体　　　　　　　　　　B. 保证旋塞轴与旋塞阀阀体紧密接触

C. 防止旋塞轴底面撞击旋塞阀阀体　　D. 使旋塞轴移动时具有缓冲作用

任务二:零件三维造型（30 分）

考生根据给定的附图 22 所示工程图,结合任务条件和总体要求,使用现场提供的 CAD/CAM 软件,绘制零件的三维模型。具体要求如下:

1）零件的造型特征需完整。

2）零件的造型尺寸正确。

提交作品:

以“壳体”命名,保存为“Z3PRT”或“STP”格式。

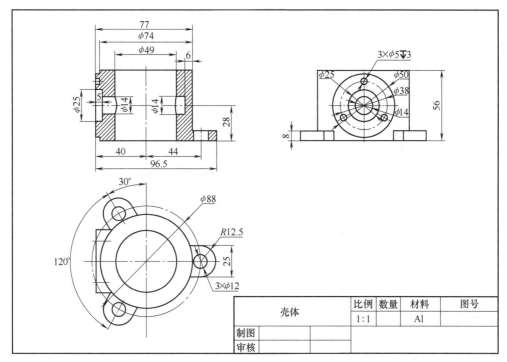

附图 22

任务三：部件装配（20分）

考生根据任务二创建的三维模型，以及给定的其他零件（端盖、键、连杆、心轴）三维模型数据，使用现场提供的 CAD/CAM 软件，参照附图 23 所示装配示意图，完成三维模型装配。具体要求如下。

1）装配关系正确。

2）零件间约束正确。

3）零件极限位置约束准确，不得干涉。

提交作品：

以"装配模型"命名，保存格式为所用软件的默认格式。使用单对象文件保存时，确保将所有零件与装配文件均保存在同一文件夹下打包上传。

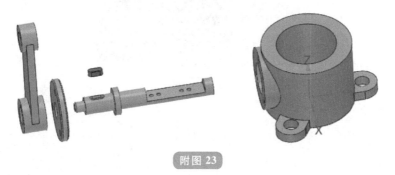

附图 23

任务四：绘制装配工程图（15 分）

考生根据任务三中装配好的三维模型，结合任务条件和总体要求，使用现场提供的绘图软件，绘制二维装配图。具体要求如下。

1）基本设置：包括设置图层及其属性，所有设置应尽可能满足机械制图国家标准要求和计算机绘图的绘图环境要求。

2）选择合适比例、标准图幅。

3）表达方案合理，视图绘制正确。

4）尺寸标注正确、齐全、清晰，与零件加工工艺相适应。

5）进行虚拟打印。

提交作品：

以"装配工程图"命名，保存为"DWG"和"PDF"两种格式文件，上传至考试系统的指定位置。

任务五：模型仿真验证（5 分）

根据给定数据中的加工件模型，对指定的加工表面进行数控程序编制（如附图 24 中标记为红色的面），具体要求如下。

1）整个加工过程一次装夹完成。

2）毛坯为 100mm×100mm×30mm 的方料，编制出粗加工和精加工刀路，粗加工余量为 0.2mm，精加工余量为 0mm。

3）程序编制要科学、合理，并且实体仿真验证正确。

4）选用 FANUC 系统数控机床后处理生成 NC 代码，命名为"数控加工"，保存格式为"nc"。

提交作品：

1）加工件模型（程序编制完成后的源文件格式）。

2）"数控加工"文件。

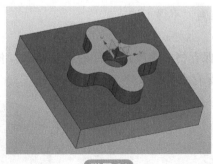

附图 24

参 考 文 献

［1］ 闫旭辉. AutoCAD 计算机辅助设计模块教程［M］. 北京：电子工业出版社，2013.

［2］ 徐家忠，刘明俊. 机械产品三维模型设计：中级［M］. 北京：机械工业出版社，2022.

［3］ 王寒里，陈饰勇. 零部件测绘与 CAD 成图技术［M］. 北京：机械工业出版社，2018.

［4］ 奉远财. 中望 3D 三维设计实例教程［M］. 北京：电子工业出版社，2014.

［5］ 张方阳，马彩梅. 机械产品三维模型设计：初级［M］. 北京：机械工业出版社，2022.